燃料电池催化剂
——结构设计与作用机制

陈 鑫 赖南君 著

化学工业出版社

·北京·

内 容 简 介

《燃料电池催化剂——结构设计与作用机制》共10章，在概述了国内外能源状况和燃料电池的分类、特点、发展壁垒的基础上，详细介绍了氧还原电催化剂的结构与催化机制、密度泛函理论在氧还原反应研究中的应用、过渡金属-氮-碳催化剂的结构与作用机制、二维碳材料的结构与作用机制、富勒烯与其他笼形材料的结构与作用机制、金属有机骨架催化剂的结构与作用机制、氮化碳的结构与作用机制及载体增强作用，最后对燃料电池催化剂的研究情况进行了总结，并展望了未来的发展方向。

本书具有较强的专业性和先进性，可供从事电催化、燃料电池及相关领域科学研究和技术研发的专业人员参考，也可供高等学校化学类、能源类、材料类等专业的师生参阅。

图书在版编目（CIP）数据

燃料电池催化剂：结构设计与作用机制/陈鑫，赖南君著．—北京：化学工业出版社，2020.11（2023.1重印）
ISBN 978-7-122-37693-0

Ⅰ.①燃⋯　Ⅱ.①陈⋯②赖⋯　Ⅲ.①燃料电池-催化剂-研究　Ⅳ.①TM911

中国版本图书馆CIP数据核字（2020）第168746号

责任编辑：刘兴春　刘　婧　　　　　装帧设计：刘丽华
责任校对：刘　颖

出版发行：化学工业出版社（北京市东城区青年湖南街13号　邮政编码100011）
印　　装：北京虎彩文化传播有限公司
787mm×1092mm　1/16　印张15¼　彩插13　字数305千字　2023年1月北京第1版第4次印刷

购书咨询：010-64518888　　　　　　　　售后服务：010-64518899
网　　址：http://www.cip.com.cn
凡购买本书，如有缺损质量问题，本社销售中心负责调换。

定　价：86.00元　　　　　　　　　　　　　　　　　　　版权所有　违者必究

前言

随着全球经济发展对能源的需求不断加大,若继续大规模使用化石燃料,无疑会使生态环境进一步恶化,因此发展清洁能源技术显得极其重要。低温燃料电池是将化学能直接转化为电能的电化学装置,其在固定式和移动式应用方面都具有巨大的潜力,有望帮助解决社会中普遍存在的能源和环境问题。然而,低于预期的效率以及电极上的高成本电催化剂阻碍了燃料电池的大规模商业化。在氢燃料电池中,作为阳极反应的氢气氧化是一个非常快的过程,但阴极上发生的氧还原反应动力学缓慢,是导致燃料电池过电位高和成本高的主要原因。在过去的20多年中,尽管铂基催化剂取得了显著发展,但铂价格的持续上涨让其应用形势更为严峻。因此,设计开发来源广泛、价格低廉的替代铂的高效催化剂尤为重要。

材料的催化性能原则上完全取决于其电子结构,所以设计全新的催化剂需要对决定催化活性的因素有足够的了解,以便能够逐个原子地调整催化剂的结构和组分,以达到改变电子结构的目的。近年来,量子力学的发展使研究者对电催化过程和电催化基础理论的认识不断深入。相较于传统的实验方法而言,利用理论计算方法可以从分子/原子尺度上设计催化剂结构,详细且准确地描述表面催化反应,进而了解催化剂活性的影响因素,理性探究催化剂的"结构-性能"关系。

本书紧紧围绕当前燃料电池催化剂的研究前沿,介绍了低成本高活性催化剂的结构设计与作用机制,以及我们对燃料电池催化反应的理解。本书既适合选择理论与计算化学、电催化、催化化学、表面科学、材料科学等学科作为研究方向的研究生参考使用,也适合从事电催化及相关领域科学研究和技术研发的科技工作者参阅。

在本书出版之际,感谢国家自然科学基金的资助,感谢化学工业出版社的支持,感谢课题组成员为保证本书的质量和顺利出版所付出的艰辛劳动。

限于著者水平和写作时间,书中不足和疏漏之处在所难免,敬请读者提出修改建议,不胜感激。

著者
2020年1月

目录

第1章　绪论 / 001

1.1　当前国内外能源状况 ⋯⋯⋯⋯⋯⋯⋯⋯⋯⋯⋯⋯⋯⋯⋯⋯⋯⋯⋯⋯⋯⋯⋯⋯⋯⋯⋯⋯⋯⋯⋯ 001
1.2　燃料电池的分类及特点 ⋯⋯⋯⋯⋯⋯⋯⋯⋯⋯⋯⋯⋯⋯⋯⋯⋯⋯⋯⋯⋯⋯⋯⋯⋯⋯⋯⋯⋯⋯ 002
1.3　燃料电池的发展壁垒 ⋯⋯⋯⋯⋯⋯⋯⋯⋯⋯⋯⋯⋯⋯⋯⋯⋯⋯⋯⋯⋯⋯⋯⋯⋯⋯⋯⋯⋯⋯⋯ 003
参考文献 ⋯⋯⋯⋯⋯⋯⋯⋯⋯⋯⋯⋯⋯⋯⋯⋯⋯⋯⋯⋯⋯⋯⋯⋯⋯⋯⋯⋯⋯⋯⋯⋯⋯⋯⋯⋯⋯⋯ 004

第2章　氧还原电催化剂的结构与催化机制 / 005

2.1　概述 ⋯⋯⋯⋯⋯⋯⋯⋯⋯⋯⋯⋯⋯⋯⋯⋯⋯⋯⋯⋯⋯⋯⋯⋯⋯⋯⋯⋯⋯⋯⋯⋯⋯⋯⋯⋯⋯⋯⋯ 005
2.2　催化机制的理论研究方法 ⋯⋯⋯⋯⋯⋯⋯⋯⋯⋯⋯⋯⋯⋯⋯⋯⋯⋯⋯⋯⋯⋯⋯⋯⋯⋯⋯⋯ 006
　　2.2.1　密度泛函理论 ⋯⋯⋯⋯⋯⋯⋯⋯⋯⋯⋯⋯⋯⋯⋯⋯⋯⋯⋯⋯⋯⋯⋯⋯⋯⋯⋯⋯⋯⋯ 006
　　2.2.2　第一性原理分子动力学方法 ⋯⋯⋯⋯⋯⋯⋯⋯⋯⋯⋯⋯⋯⋯⋯⋯⋯⋯⋯⋯⋯⋯⋯ 010
2.3　氧还原催化机理 ⋯⋯⋯⋯⋯⋯⋯⋯⋯⋯⋯⋯⋯⋯⋯⋯⋯⋯⋯⋯⋯⋯⋯⋯⋯⋯⋯⋯⋯⋯⋯⋯ 012
2.4　金属催化剂催化的氧还原机理 ⋯⋯⋯⋯⋯⋯⋯⋯⋯⋯⋯⋯⋯⋯⋯⋯⋯⋯⋯⋯⋯⋯⋯⋯⋯ 016
　　2.4.1　纯铂 ⋯⋯⋯⋯⋯⋯⋯⋯⋯⋯⋯⋯⋯⋯⋯⋯⋯⋯⋯⋯⋯⋯⋯⋯⋯⋯⋯⋯⋯⋯⋯⋯⋯⋯⋯ 016
　　2.4.2　铂基合金 ⋯⋯⋯⋯⋯⋯⋯⋯⋯⋯⋯⋯⋯⋯⋯⋯⋯⋯⋯⋯⋯⋯⋯⋯⋯⋯⋯⋯⋯⋯⋯⋯ 020
　　2.4.3　非铂基金属 ⋯⋯⋯⋯⋯⋯⋯⋯⋯⋯⋯⋯⋯⋯⋯⋯⋯⋯⋯⋯⋯⋯⋯⋯⋯⋯⋯⋯⋯⋯⋯ 022
2.5　非贵金属催化剂催化的氧还原机理 ⋯⋯⋯⋯⋯⋯⋯⋯⋯⋯⋯⋯⋯⋯⋯⋯⋯⋯⋯⋯⋯⋯ 024
　　2.5.1　过渡金属大环类化合物 ⋯⋯⋯⋯⋯⋯⋯⋯⋯⋯⋯⋯⋯⋯⋯⋯⋯⋯⋯⋯⋯⋯⋯⋯⋯ 025
　　2.5.2　金属氧化物、氮化物、硫化物 ⋯⋯⋯⋯⋯⋯⋯⋯⋯⋯⋯⋯⋯⋯⋯⋯⋯⋯⋯⋯⋯ 027
　　2.5.3　导电聚合物复合催化剂 ⋯⋯⋯⋯⋯⋯⋯⋯⋯⋯⋯⋯⋯⋯⋯⋯⋯⋯⋯⋯⋯⋯⋯⋯⋯ 029
　　2.5.4　碳基材料 ⋯⋯⋯⋯⋯⋯⋯⋯⋯⋯⋯⋯⋯⋯⋯⋯⋯⋯⋯⋯⋯⋯⋯⋯⋯⋯⋯⋯⋯⋯⋯⋯ 030
2.6　小结 ⋯⋯⋯⋯⋯⋯⋯⋯⋯⋯⋯⋯⋯⋯⋯⋯⋯⋯⋯⋯⋯⋯⋯⋯⋯⋯⋯⋯⋯⋯⋯⋯⋯⋯⋯⋯⋯⋯⋯ 032
参考文献 ⋯⋯⋯⋯⋯⋯⋯⋯⋯⋯⋯⋯⋯⋯⋯⋯⋯⋯⋯⋯⋯⋯⋯⋯⋯⋯⋯⋯⋯⋯⋯⋯⋯⋯⋯⋯⋯⋯ 033

第3章　密度泛函理论在氧还原反应研究中的应用 / 048

3.1　概述 ⋯⋯⋯⋯⋯⋯⋯⋯⋯⋯⋯⋯⋯⋯⋯⋯⋯⋯⋯⋯⋯⋯⋯⋯⋯⋯⋯⋯⋯⋯⋯⋯⋯⋯⋯⋯⋯⋯⋯ 048

3.2 评估氧还原催化活性的方法 049
3.2.1 中间体的吸附能 049
3.2.2 反应势能曲线 050
3.2.3 由线性吉布斯能量关系计算可逆电势 052
3.2.4 反应能垒 053
3.2.5 催化剂电子结构 054

3.3 评估氧还原稳定性的方法 056
3.3.1 金属溶解电势 056
3.3.2 金属共聚能 058
3.3.3 活性中心的金属结合能 058

3.4 GGA不同泛函的计算精确度 058
3.4.1 孤立的氧还原物种的键长 059
3.4.2 孤立的氧还原物种的键解离能 060
3.4.3 氧还原物种在催化剂表面的吸附能 061
3.4.4 反应过程分析 064

3.5 小结 065

参考文献 065

第4章 过渡金属-氮-碳催化剂的结构与作用机制 / 072

4.1 概述 072
4.2 单核钴（铁）酞菁与双核钴（铁）酞菁 073
4.2.1 在酸溶液中的稳定性 073
4.2.2 吸附与催化机制 074
4.2.3 电子结构分析 075

4.3 钴—聚吡咯催化剂 076
4.3.1 钴—聚吡咯的结构稳定性 077
4.3.2 钴—聚吡咯的催化过程分析 077
4.3.3 钴—聚吡咯的尺寸效应 080
4.3.4 协同效应 081

4.4 $Fe(Co)N_x$（$x=1\sim4$）内嵌石墨烯催化剂 084
4.4.1 结构与稳定性评估 084
4.4.2 氧分子的吸附 085
4.4.3 反应过程分析 087

4.5 FeN_4内嵌碳纳米管催化剂的尺寸效应 091
4.5.1 结构与稳定性评估 092
4.5.2 氧还原物种的吸附 094

4.5.3 基元反应的相对能量 …… 096
4.5.4 电子结构效应 …… 097

4.6 类 FeN$_x$ 的催化位点：FeS$_x$ 结构 …… 098
4.6.1 结构筛选 …… 098
4.6.2 氧气分子的吸附行为分析 …… 099
4.6.3 氧还原反应路径分析 …… 100
4.6.4 抗中毒能力分析 …… 102

4.7 金属效应与配体效应 …… 103
4.7.1 金属中心及配体结构 …… 103
4.7.2 吸附情况分析 …… 104
4.7.3 HOMO-LUMO 能隙分析 …… 105

4.8 小结 …… 106

参考文献 …… 106

第 5 章 二维碳材料的结构与作用机制 / 113

5.1 概述 …… 113

5.2 金属直接掺杂石墨烯的催化机制 …… 113
5.2.1 结构与稳定性评估 …… 114
5.2.2 吸附关系分析 …… 116
5.2.3 反应过程及限速步骤分析 …… 118

5.3 氮-氧共掺杂石墨烯的催化机制 …… 119
5.3.1 掺杂位置与形成能 …… 120
5.3.2 氧还原物种吸附情况比较 …… 120
5.3.3 催化反应能量与能垒 …… 122
5.3.4 氧还原活性起源 …… 124

5.4 硼、氮掺杂的 α-和 γ-石墨炔的催化机制 …… 125
5.4.1 硼掺杂的 α-石墨炔 …… 126
5.4.2 氮掺杂的 α-石墨炔 …… 127
5.4.3 硼、氮共掺杂的 α-石墨炔 …… 127
5.4.4 硼、氮分别掺杂的 γ-石墨炔 …… 128

5.5 小结 …… 129

参考文献 …… 129

第 6 章 富勒烯与其他笼形材料的结构与作用机制 / 133

6.1 概述 …… 133

6.2 氮掺杂富勒烯的催化机制 ··· 134
  6.2.1 稳定性与电荷分布 ··· 134
  6.2.2 氧还原中间体的线性吸附关系 ··· 136
  6.2.3 相对能量图 ··· 138
6.3 内嵌金属富勒烯的催化机制 ··· 140
  6.3.1 $Fe_n@C_{60}$（$n=1\sim7$）的结构和电子性质 ··· 140
  6.3.2 通过吸附性能预测活性 ··· 142
  6.3.3 抗中毒能力 ··· 145
6.4 富勒烯表面掺杂金属的催化机制 ··· 146
  6.4.1 结构与稳定性 ·· 147
  6.4.2 吸附强度比较 ·· 147
  6.4.3 吉布斯自由能 ·· 148
  6.4.4 线性关系与过电势 ··· 152
6.5 硼氮纳米笼与硅碳纳米笼 ·· 152
  6.5.1 硼氮纳米笼的催化机制 ··· 153
  6.5.2 硅碳纳米笼的催化机制 ··· 157
6.6 小结 ·· 161
参考文献 ·· 161

第7章 金属有机骨架催化剂的结构与作用机制 / 168

7.1 概述 ·· 168
7.2 $Ni_3(HITP)_2$：一种新的催化位点导致的高氧还原活性 ······································· 169
  7.2.1 $Ni_3(HITP)_2$ 片层材料的结构与性质 ··· 169
  7.2.2 含氧物种在 $Ni_3(HITP)_2$ 的吸附 ·· 171
  7.2.3 ORR 机理及活性位点分析 ·· 172
7.3 $X_3(HITP)_2$ 的结构与催化机制 ··· 174
  7.3.1 催化活性位点的选择及含氧物种的吸附 ·· 174
  7.3.2 氧还原路径 ·· 177
  7.3.3 含氧物种的吸附能线性关系与活性限速步 ·· 180
  7.3.4 相对稳定性与抗中毒能力 ··· 181
7.4 不同配体对 MOF 材料氧还原催化性能的影响 ··· 183
  7.4.1 材料模型构建与性质 ··· 184
  7.4.2 配体效应 ·· 185
  7.4.3 不同活性位点的相对能量变化 ·· 188
7.5 小结 ·· 190

参考文献 ·········· 191

第8章 氮化碳的结构与作用机制 / 197

8.1 概述 ·········· 197

8.2 非金属原子掺杂 g-C_3N_4 的 ORR 活性 ·········· 197
    8.2.1 催化活性位点的选择及氧气的吸附 ·········· 198
    8.2.2 能带结构和偏态密度分析 ·········· 200

8.3 过渡金属原子掺杂 g-C_3N_4 的催化机制 ·········· 203
    8.3.1 结构与稳定性 ·········· 203
    8.3.2 氧还原中间产物的吸附 ·········· 203
    8.3.3 氧还原路径及相对能量变化 ·········· 205

8.4 小结 ·········· 208

参考文献 ·········· 208

第9章 载体增强作用 / 213

9.1 概述 ·········· 213

9.2 石墨烯负载的 Au 纳米团簇与 O_2 分子相互作用 ·········· 213
    9.2.1 Au_n 团簇在 N 掺杂的石墨烯上的吸附性质 ·········· 214
    9.2.2 O_2 在 N 掺杂石墨烯负载 Au_n 团簇上的吸附性质 ·········· 215
    9.2.3 Au_n 团簇结构稳定性的改变 ·········· 219

9.3 氧气在缺陷石墨烯负载的铂纳米粒上的吸附 ·········· 220
    9.3.1 Pt_{13} 纳米粒子与缺陷石墨烯之间的相互作用 ·········· 220
    9.3.2 氧气在 Pt_{13}-缺陷石墨烯上的吸附作用 ·········· 222

9.4 载体 ·········· 225

9.5 小结 ·········· 228

参考文献 ·········· 228

第10章 结论与展望 / 235

第1章 绪 论

1.1 当前国内外能源状况

能源是人类生存和社会发展的重要物质基础。随着世界经济和社会的不断发展,世界能源的消费总量持续增长,化石能源仍是世界的主导燃料。据国际能源署统计数据,在 2018 年全球一次能源结构中,化石能源占总能源消费比重的 80%。其中,石油占比最高（31%）,其次是煤炭（26%）、天然气（23%）（见图 1-1）。但在化石燃料持续消耗助力经济社会发展的同时,其引发的环境问题也日益严峻。温室效应导致的全球气候变暖已然成为全世界关注的环境问题。国际能源署统计数据显示,在过去 10 年中,全球由能源消费产生的 CO_2 排放量总体呈上升趋势。2018 年全球由能源消费产生的 CO_2 排放量已达到 331 亿吨,根据国际能源署的预测,到 2040 年 CO_2 排放量约达 360 亿吨[1]。

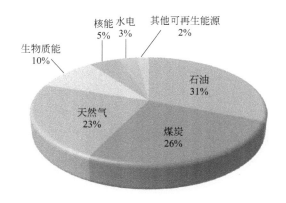

图 1-1 2018 年全球一次能源结构[1]

此外,为了应对全球气候变化,世界能源格局进行了新一轮的调整,非常规油气、低碳能源、可再生能源、安全先进的核能等一大批新兴能源正在改变传统能源的格局，成为解决环境问题的重大策略。在近 10 年中，许多国家在能源消费结构上实现了新能源对煤炭的规模性替代。以中国为例，从 2013 年开始，煤炭消费比重大幅度下降，可再生能源（水电、核电）的消费增长速度超过化石燃料[2]。此外，美国的页岩气革命对其能源结构也产生了深刻的影响，使其天然气消费的占比显著高于世界平均水平[3]。长期来看，全球发展对能源的需求只增不减，随着技术的发展和进步，低碳能源、可再生能源将逐步代替传统化石能源。

目前，天然气作为最为大众接受的且基础设施条件较好的清洁能源，从全球范围来看，其资源十分丰富。但就我国的情况而言，天然气的开采也存在着不容忽视的问题，例如对天然气资源认识不清、油气地质条件复杂、天然气埋藏深度增加、勘探开发仪器设备不足等[4]。在能源转型的背景下，风能和太阳能因储量大、分布广、清洁等特点，迅速进入了发展的快车道。但同时也存在供应不稳定、转换效率低、受地理位置限制等严重的弊端，不能完全满足社会的实际需求。然而世界范围内对清洁能源的探索和研究从未停止。发电效率高、环境污染小、比能量高、可靠性高的燃料电池成为了继水力发电、热能发电和原子能发电之后的第四种发电技术，同时也被认为是最具前途的发电技术。经过科研工作者的不断努力，燃料电池的性能已经得到很大的提升，技术逐渐成熟，并在一定程度上实现了商业化。

1.2 燃料电池的分类及特点

燃料电池是通过电化学反应，将燃料的化学能直接转化为电能的一种电化学装置。其主要由三部分组成：阴极、阳极和隔膜。自从 19 世纪中期发明燃料电池后，它就被认为是最有发展潜力的能量转化装置，并在许多方面得到了成功应用，尤其是在空间探索领域。燃料电池具有许多优点，例如，它的发电过程不经过热机，因而不受卡诺循环的限制，具有能量转化效率高的特点；燃料电池是一种洁净、环境友好的发电方式，大多数过程中不产生 SO_2、NO_x 和悬浮物等有害物质，也不放出温室气体 CO_2。燃料电池的这些优点使它被认为是 21 世纪首选的清洁、高效的发电技术。

燃料电池的分类方式很多。例如，按工作温度可分为低温燃料电池和高温燃料电池；按燃料的凝聚态特性可分为气态燃料电池和液态燃料电池等。出于实际原因，一般按照电解质种类的不同将燃料电池分为以下几类：碱性燃料电池（AFC）、质子交换膜燃料电池（PEMFC）、磷酸燃料电池（PAFC）、熔融碳酸盐燃料电池（MCFC）、固体氧化物燃料电池（SOFC）。

在各类燃料电池中，质子交换膜燃料电池（PEMFC），或者叫作聚合物电解质燃料电池（PEFC），由于具有工作温度低、结构简单紧凑、能量密度和功率密度比其他燃料电池更高、快速启动、维护方便等优点[5-8]，被认为是未来潜在的能源转换装置之一。

1.3 燃料电池的发展壁垒

由于人们对燃料电池的兴趣从 20 世纪 90 年代开始恢复，燃料电池在过去 20 多年里得到了迅速发展。然而，由于许多技术和社会政治因素，它们还没有进入广泛的商业化阶段，耐用性和成本是阻碍燃料电池在能源市场上具有经济竞争力的主要因素。

燃料电池存在耐用性不佳的问题。为了使燃料电池能够长期可靠地替代目前市场上可用的发电技术，燃料电池的耐用性需要提高到目前程度的 5 倍，因此需对燃料电池部件内的降解机制、失效模式以及可采取的预防失效的缓解措施进行检查和测试。此外还需对空气污染物和燃料杂质对燃料电池的污染机理进行深入研究。

目前燃料电池商业化面临的最大挑战之一是制氢。世界上 96% 的氢仍然是通过烃类化合物转化而获得的[9]。从化石燃料（主要是天然气）中生产氢气，然后将其用于燃料电池在经济上显然是不利的，因为从化石燃料中产氢所带来的每千瓦时成本高于直接使用化石燃料时的每千瓦时成本。因此，发展可再生氢气是解决该问题唯一可行的方案，其有助于从化石经济转向以可再生氢为基础的经济。此外，开发高能量密度的储氢机制，同时保持合理的成本，是制氢基础设施发展的另一个困境。由于氢气是一种非常轻、高度易燃的燃料，很容易从普通容器中泄漏，因此任何被广泛采用的储氢技术都必须是完全安全的。事实证明，金属氢化物储存技术比传统的压缩气体和液氢储存机制更安全、更有效。然而，为了降低氢化物储存技术相对较高的成本并进一步改善其性能，还需要进行更多的研究和开发。

燃料电池内的水迁移过程包括水从进口流入、由阴极反应生成、从一个组分向另一个组分迁移以及从出口流出。一般来说，一个成功的水管理策略将使膜保持良好的水化，而不会在膜电极或流场的任何部分引起水积聚和堵塞。因此，在不同的操作条件和负载要求下保持质子交换膜燃料电池内部微妙的水平衡是科学界亟须解决的一个主要技术难题[10]。膜浸水；水聚集于气体扩散层和流场的孔隙和孔道内；膜干化；冻结燃料电池内剩余的水；热、气体和水管理之间的依赖关系；进料气体的湿度等因素在 PEMFC 的水管理中全部都是微妙且相互依赖的[10-12]。在 PEMFC 内部，若水管理不当会导致永久性膜损伤、膜离子导电性低、电流密度分布不均匀、组件分层以及反应物匮乏等问题，从而致使燃料电池性能受损和耐久性退化[10,11]。

燃料电池同时还存在成本很高的问题。据估计，燃料电池每千瓦发电成本需下降至目前成本的 1/11 才能进入能源市场。目前燃料电池成本高有三个主要原因：对铂基催化剂的依赖、精细的膜制造技术以及双极板的涂层和板材。其中，对铂基催化剂的依赖是最主要的原因，其归结于阴极发生的缓慢的氧还原反应（oxygen reduction reaction，ORR）。铂目前是 ORR 的商业催化剂，但其价格和储量成为了决定 PEMFC 能否大规模应用的关键因素。此外，催化剂 Pt 对 CO 等杂质的毒化非常敏感，痕量的 CO 就会使催化剂失活。对质子交换膜而言，其寿命较短，湿度变化和化学降解均会导致质子交换膜衰减。湿度变化会使膜因含水率不同而膨胀和收缩，在膨胀和收缩的过程中产生的机械应力使膜损坏。此外，双极板和燃料电池堆的其他部件的化学降解产物附着在膜上，会加速膜的化学降解[13]。

参考文献

[1] 张所续，马伯永．世界能源发展趋势与中国能源未来发展方向．中国国土资源经济，2019，32：20-27，33.

[2] 王蕾，裴庆冰．全球能源需求特点与形式．专家分析，2018，40：13-18.

[3] 方圆，张万益，曹佳文，等．我国能源资源现状与发展趋势．矿产保护与利用，2018，4：34-47.

[4] 中国石油新闻中心．我国天然气发展的潜力与挑战．地质装备，2019，20：4.

[5] M. Z. Jacobson，W. G. Colella，D. M. Golden. Cleaning the air and improving health with hydrogen fuel-cell vehicles. Science，2005，308：1901-1905.

[6] V. Dusastre. Materials for clean energy. Nature，2001，414：331.

[7] R. Bashyam，P. Zelenay. A class of non-precious metal composite catalysts for fuel cells. Nature，2006，443：63-66.

[8] EG&G Service Parsons Inc. Fuel cell handbook. Seventh Edition. 2004：1-9.

[9] C. Grimes，O. Varghese，S. Ranjan. Light，water，hydrogen：the solar generation of hydrogen by water photoelectrolysis. New York：Springer，2008.

[10] K. Jiao，X. Li. Water transport in polymer electrolyte membrane fuel cells. Progress in Energy and Combustion Science，2011，37：221-291.

[11] S. Tsushima，S. Hirai. In situ diagnostics for water transport in proton exchange membrane fuel cells. Progress in Energy and Combustion Science，2011，37：204-220.

[12] H. Xu，R. Kunz，J. M. Fenton. Investigation of platinum oxidation in PEM fuel cells at various relative humidities. Electrochemical and Solid-State Letters，2007，10：B1-B5.

[13] W. Vielstich，A. Lamm，H. A. Gasteiger. Handbook of fuel cells：Fundamentals，technology，applications. New York：Wiley，2003.

第2章 氧还原电催化剂的结构与催化机制

2.1 概述

Pt 作为质子交换膜燃料电池（PEMFC）阴极氧还原反应（ORR）的商业催化剂，因具有价格高、储量少等不可忽视的缺点，限制了 PEMFC 的大规模应用。因此深入理解 Pt 催化 ORR 的机理，对于降低贵金属催化剂的使用量、提高 ORR 的动力学速率以及进一步设计合成性能优良的非贵金属催化剂具有重要的意义。实际上，PEMFC 阴极上的 ORR 是一个复杂的过程，涉及多步电子和质子转移以及多种反应中间体和反应路径[1-3]。迄今为止，尽管对 ORR 的机理以及动力学过程做了大量的研究，但在发展高效非铂催化剂方面仍然面临很大挑战。其中，量子化学方法在研究金属/气体界面上是一个强有力的手段，不仅可以提供反应物以及中间体和产物的电子结构和几何结构，而且能够给出反应的热力学数据（例如 O_2 在催化剂上的吸附能），因此可以有效地弥补实验手段在反映具体催化机理的不足[4]。尽管在处理金属/液体界面以及模拟电极电势等方面存在诸多不足[5]，但随着计算方法和计算机技术的飞速发展，量子化学在处理电化学问题这一领域无疑已成为必不可少的工具。

本章主要介绍了近年来第一性原理方法在燃料电池，特别是 PEMFC 的电化学催化 O_2 还原过程的研究。主要综述了两种计算方法在 PEMFC 中的应用：一种是密度泛函理论（density functional theory，DFT）方法；另一种是从头计算分子动力学（ab initio molecular dynamics，AIMD）方法。详细评述了 Pt 和 Pt 基催化剂、非 Pt 金属催化剂（如 Pa、Ir、CuCl）及非贵金属催化剂（如过渡金属大环化合物）催化氧还原机理的第一性原理研究现状。

2.2 催化机制的理论研究方法

2.2.1 密度泛函理论

密度泛函理论是当今研究原子、分子、晶体、界面等的结构以及它们之间相互作用的应用最广泛的从头计算方法之一。由于传统的 ab initio HF SCF 方法不能较好地考虑电子的相互作用，因此，研究者引入了密度泛函理论，这一理论把着眼点放到电子密度上，而不是多体波函数上，进而把体系的基态能量等性质表示为电子密度的泛函。DFT 为研究较大体系的量子化学性质提供了一条可能的途径。由于 DFT 方法的计算量只随电子数目的 3 次方增长，因此大大减少了计算量，而且结果的精度优于 Hartree-Fock 方法，对于含过渡金属的体系更显出优越性。这也是为什么 DFT 能够很好地处理含有很多电子的大体系的原因。图 2-1 给出了自 1980 年以来应用 DFT 方法所发表的 SCI 论文的数量（统计方法为使用"density"、"funtional"和"theory"以及"Hartree"和"Fock"为关键词在"Web of Science"数据库中搜索所得结果）。结果表明，从 1990 年以后，应用 DFT 方法所发表的论文数量每年都大幅度增加，且在 1995 年以后，其数量远远超过传统的 Hartree-Fock 方法。

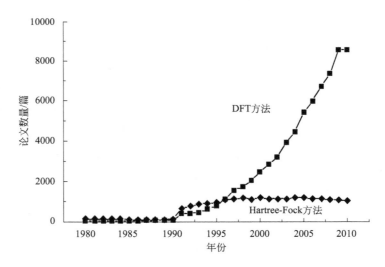

图 2-1 自 1980 年以来应用 DFT 方法和 Hartree-Fock 方法所发表的 SCI 论文数量（统计时间截至 2011 年 9 月 23 日）

DFT 方法用于处理大的体系不仅是因为它的计算精度高，还因为其表达式计算简单。DFT 的基本思想是原子、分子和固体的基态物理性质可以用粒子密度来描述，体系的能量可以表示为电子密度的泛函。为了得到电子密度，Kohn 和 Sham 提出了在密度泛函框架下，运用传统的平均势理论来解决电子的相关问题。他们引进了一个与相互作用 N 电子体系有相同电子密度的假想的非相互作用 N 电子体系作为参照体系。这个假象的非相互作用 N 电子体系的电子密度可以通过求解单电子 Schrödinger 方程（Kohn-Sham 轨道）[6] 得到。Kohn-Sham 自洽方程可以描述为：

$$\left[-\frac{1}{2}\nabla^2 + V_{\text{eff}}(r)\right]\varphi_i = \varepsilon_i \varphi_i \tag{2-1}$$

$$V_{\text{eff}}(r) = V(r) + \int \frac{\rho(r')}{|r-r'|}\mathrm{d}r' + V_{\text{XC}}(r) \tag{2-2}$$

式中 $-\frac{1}{2}\nabla^2$——电子的动能；

ε_i——Kohn-Sham 方程的本征值；

φ_i——密度函数对应的 Kohn-Sham 轨道；

$V_{\text{eff}}(r)$——有效势；

$V(r)$——外势；

$\int \frac{\rho(r')}{|r-r'|}\mathrm{d}r'$——Hartree 势；

$V_{\text{XC}}(r)$——交换相关势。

由迭代自洽可求出电子密度 $\rho(r)$，可得到体系的总能量 E 的表达式：

$$E = \sum_i^N \varepsilon_i - \frac{1}{2}\iint \frac{\rho(r)\rho(r')}{|r-r'|}\mathrm{d}r\mathrm{d}r' + E_{\text{XC}}[\rho] - \int V_{\text{XC}}(r)\rho(r)\mathrm{d}r \tag{2-3}$$

从形式上看 Kohn-Sham 方程与 Hartree-Fock 方程很相似，只不过 Kohn-Sham 方程中有效势 $V_{\text{eff}}(r)$ 是局域的，而 Hartree-Fock 方程中包含非局域的交换项，这就给计算带来极大的便利。

Kohn-Sham 方程中包含着一个未知的交换相关能 $E_{\text{XC}}[\rho]$，没有其具体形式无法展开实际的计算，但是精确的交换相关能泛函形式直至今日还是不得而知。目前，密度泛函理论的主要任务之一就是发展准确的交换相关泛函的形式以期望得到更好的计算结果。交换相关能的精确程度，决定了 Kohn-Sham 计算能达到的最高精确度。一般地，交换相关泛函有以下几种形式：局域密度近似（local density approximation，LDA）、广义梯度近似（generalized gradient approximation，GGA）以及杂化密度泛函等[7]。

局域密度近似的主要思想是定义空间每一点的交换相关能只与该点的电荷密度有关，而与密度的变化无关。LDA 方法用的是均匀电子气模型，对于真实体系非均匀电子气的情况则通过把空间分割成无穷个小区域，并认为这些区域内电子密度都是均匀的来进行处理。LDA 方法比较适用于密度变化缓慢的体系（如固体），但对于密度变化较大的原子、分子体系，计算效果不是很好[8]。

由于 LDA 是建立在理想的均匀电子气模型基础上，而实际原子和分子体系的电子密度远非均匀。因此，为了提高模型的合理性以及计算精度，就需要考虑真实体系电子密度分布的不均匀性，这一般通过在交换相关能泛函中引入电子密度的梯度来完成，这就是所谓的广义梯度近似 GGA。目前，比较重要的 GGA 交换能泛函有 P86[9]、PW91[10,11]、BPW91[12]、LYP[13]、BLYP[7,13]、B3LYP[12-14]、PBE[15]等。总的来说，GGA 较 LDA 在能量计算方面有了很大的提高，对键长键角的计算也更加准确。

由于在计算反应体系的诸多性质例如几何结构、振动频率、熵变等方面能给出很高的精确度，杂化密度泛函方法（HDFT，例如 B3LYP）迅速成为最受欢迎、使用最广泛的计算大分子体系和分子团簇的电子结构理论。与此同时，通过优化现有方法，可以研究体系动力学性质的新的 HDFT 方法已经得到了很大发展[16-18]。这些新方法在模拟势能面以及过渡态的势垒高度等方面有很高的计算精度。

前人研究表明，对于氧还原反应，MP2 方法得到的结果与实验值吻合得最好，误差为 0.1eV[19]。其他方法如四阶微扰 MP4 尽管精度更高，但误差为 0.17eV；HF 方法则严重低估了 O—O 键和 O—H 键的键强度。但 MP2 方法在处理较大的 ORR 体系，特别是含有大量 Pt 原子时，计算起来相当困难，甚至无法进行。因此，Albu 和 Mikel[20]用 25 种他们新发展的 HDFT 方法分别对非 Pt 催化（$O_2 + H_3O^+ + e^- \longrightarrow {}^*OOH + H_2O$）❶ 和 Pt 催化（$Pt—O_2 + H_3O^+ + e^- \longrightarrow Pt—OOH + H_2O$）的第一步 ORR 进行了电化学势和活化能的计算，以期待得到与 MP2 计算结果吻合的方法。在新的 HDFT 方法中，单参数杂化 Fock-Kohn-Sham 算符可以表示为：

$$F = F^H + \left(\frac{X}{100}\right)F^{HFE} + \left(1 - \frac{X}{100}\right)(F^{SE} + F^{GCE}) + F^C \quad (2-4)$$

式中　　F^H——Hartree 算符；

F^{HFE}——Hartree-Fock 交换算符；

X——Hartree-Fock 交换比例；

F^{SE}——Dirac-Slater 交换泛函；

F^{GCE}——梯度修正交换泛函；

F^C——总的相关泛函。

在他们发展的这类新 HDFT 方法中，X 的值与传统方法中的值是不同的。这类新方法的命名主要是基于传统的 HDFT 方法，但在其中加入了非标准的 X 值。例如，mPW1B95-50 是指基于修正的 Perdew-Wang（mPW）梯度校正交换泛函[21]和 B95 梯度校正交换泛函[22]，再加上包含 50%（$X=50$）Hartree-Fock 交换贡献的单参数 HDFT 方法。表 2-1 给出了 MP2/6-31G(d,p) 方法和多种不同的 HDFT

---

❶　*指催化位点或催化剂本身，后同。

方法的计算结果，以及这些 HDFT 方法的计算误差（与 MP2 相比）。表 2-2 为应用这些 HDFT 方法得到的 Pt 催化的氧还原过程的计算结果。

▫ 表 2-1　Hartree-Fock 交换贡献 X，反应 $O_2 + 4H^+ + 4e^- \longrightarrow 2H_2O$ 的可逆电势，反应 $O_2 + H_3O^+ + e^- \longrightarrow {}^*OOH + H_2O$ 的电化学势和活化能以及相对于 MP2/6-31G(d, p) 结果的平均误差[19]

基础设置/HDFT 方法	X	$U°$	$(U)E_a^{red} = 0$	$(E_a^{oxi})U_{red} = 0$	$(U)E_a^{oxi} = 0$	$(E_a^{red})U_{oxi} = 0$	平均误差
MP2/6-31G(d,p)	—	1.12	−1.867	2.278	3.513	3.102	0.00
6-31G(d,p)	—	—	—	—	—	—	—
B3PW91	20	1.12	−0.998	1.907	3.221	2.312	0.89
B3LYP	20	1.20	−0.837	1.816	3.301	2.322	0.97
BH&HLYP	50	1.24	−1.293	2.233	3.865	2.925	0.48
PBE1PBE	25	1.03	−1.084	1.910	3.213	2.387	0.82
mPW1PW91	25	1.10	−1.069	1.958	3.296	2.406	0.80
MPW1K	42.8	1.22	−1.240	2.193	3.708	2.755	0.52
mPW1PW91-60	60	1.32	−1.318	2.345	4.010	2.983	0.53
B1B95	28	1.06	−1.225	1.984	3.211	2.452	0.71
BB1K	42	1.17	−1.395	2.216	3.614	2.793	0.40
B1B95-50	50	1.22	−1.436	2.289	3.778	2.924	0.38
B1B95-60	60	1.28	−1.464	2.363	3.950	3.051	0.43
mPW1B95	31	1.08	−1.233	2.023	3.345	2.554	0.63
MPWB1K	44	1.16	−1.351	2.188	3.643	2.806	0.42
mPW1B95-50	50	1.20	−1.387	2.247	3.764	2.904	0.40
6-31G(d,p)	—	—	—	—	—	—	—
B3PW91	20	1.92	−0.448	1.913	3.787	2.323	1.15
B3LYP	20	2.08	−0.207	1.828	3.952	2.331	1.30
BH&HLYP	50	2.00	−0.695	2.178	4.361	2.878	1.03
PBE1PBE	25	1.83	−0.500	1.891	3.783	2.392	1.09
mPW1PW91	25	1.89	−0.506	1.948	3.852	2.410	1.09
MPW1K	42.8	1.91	−0.715	2.152	4.166	2.729	0.96
mPW1PW91-60	60	1.94	−0.833	2.283	4.377	2.927	0.96
B1B95	28	1.87	−0.650	1.981	3.791	2.461	0.98
BB1K	42	1.90	−0.845	2.178	4.111	2.778	0.85
mPW1B95	31	1.89	−0.637	2.002	3.920	2.555	0.97
MPWB1K	44	1.90	−0.782	2.144	4.147	2.786	0.90

注：电势的单位为 V，活化能的单位为 eV。

表 2-2 反应 Pt-O_2 + H_3O^+ + e^- ⟶ Pt-OOH + H_2O 的电化学势、活化能以及相对于 MP2/6-31G(d, p) 结果的平均误差[19]

HDFT 方法	$(U)E_a^{red} = 0$	$(E_a^{oxi})U_{red} = 0$	$(U)E_a^{oxi} = 0$	$(E_a^{red})U_{oxi} = 0$	平均误差
MP2/6-31G(d,p)	0.382	1.330	2.681	0.969	0.00
B3PW91/6-31G(d,p)	0.929	0.529	2.280	0.822	0.70
BH&HLYP/6-31G(d,p)	0.493	0.846	2.651	1.312	0.42
MPW1K/6-31G(d,p)	0.633	0.762	2.651	1.256	0.45
mPW1PW91-60/6-31G(d,p)	0.470	0.904	2.709	1.335	0.40
B1B95-50/6-31G(d,p)	0.451	0.877	2.636	1.307	0.40
mPW1B95-50/6-31G(d,p)	0.475	0.862	2.661	1.324	0.42

注：电势和活化能的单位分别为 V 和 eV，对 Pt 使用的基组为 LANL2DZ。

结果表明，使用包含弥散函数的 6-31G(d,p) 基组尽管计算量更大，但并不能给出更好的计算结果。与 MP2 方法相比，包含较低 Hartree-Fock 交换贡献的 HDFT 方法所得计算结果误差较大，原因在于上述方法低估了 ORR 的活化能。在他们研究的 25 种 HDFT 方法中，基于 Becke 交换泛函-B95 相关泛函，加上 50% 的 Hartree-Fock 交换贡献，配合 6-31G(d,p) 基组得到的结果精度最高。该方法可表示为 B1B95-50/6-31G(d,p)。同样地，基于 Becke 交换泛函-PW91 相关泛函，加上 50% 的 Hartree-Fock 交换贡献，配合 6-31G(d,p) 基组得到的结果与 B1B95-50/6-31G(d,p) 所得结果精度相当。该方法表示为 B1PW91-50/6-31G(d,p)。此外，这两种方法均可很好地计算氧物种在气相中的键能。因此，在研究大体系的电化学 ORR 时，上述两种方法无论在精度还是计算量上都是合适的。

2.2.2 第一性原理分子动力学方法

最近，基于 Car-Parrinello（CP）方法[23]的从头计算分子动力学，或者叫作第一性原理分子动力学（AIMD），在研究凝聚态结构和动力学领域，特别是液体、表面和团簇等方面得到了广泛应用。该方法主要是依靠牛顿力学来模拟分子体系的运动，由分子体系的不同状态构成的系统中抽取样本，从而计算体系的构型积分，并以构型积分的结果为基础进一步计算体系的热力学量和其他宏观性质[24]。Car-Parrinello 运算法则不仅克服了标准经验方法的许多局限性，并且提供了电子结构的直接信息。图 2-2 给出的是近 20 年来应用 AIMD 方法所发表的 SCI 论文数量以及 Car-Parrinello 在 1985 年所发表的关于 CP 运算法则的原始论文的引用次数。图 2-2 中，统计方法为使用 "ab initio" 和 "molecular dynamics"（或是 "first principles MD" 和 "Car-Parrinello simulations"）为关键词在 "Web of Science" 数据库中搜索所得结果。

Car-Parrinello 方法通过运用下式的经典拉格朗日（Lagrangian）函数来表示。

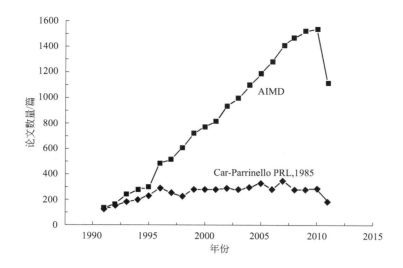

图 2-2 自 1991 年以来应用 AIMD 方法和 Car-Parrinello 方法[23]所发表的 SCI 论文数量（统计时间截至 2011 年 9 月 28 日）

$$L_{CP} = \sum_i \frac{1}{2}\mu_i \langle \dot{\psi}_i | \dot{\psi}_i \rangle + \frac{1}{2}\sum_I M_I \dot{R}_I^2 - E(\psi_0, \vec{R}) + constraints \quad (2-5)$$

通过下列一组方程产生离子或电子运动自由度的轨道：

$$M_I \ddot{R}_I(t) = -\frac{\partial}{\partial R_I}\langle \psi_0 | H | \psi_0 \rangle + \frac{\partial}{\partial R_I}\{constraints\} \quad (2-6)$$

$$\mu_i \ddot{\psi}_i(t) = -\frac{\partial}{\partial \psi_i^*}\langle \psi_0 | H | \psi_0 \rangle + \frac{\partial}{\partial \psi_i^*}\{constraints\} \quad (2-7)$$

式中 $|\psi_0\rangle = det\{\psi_i\}$——总波函数；

M_I 和 R_I——原子 I 的核质量和核位置；

μ_i——"伪电子质量"或是分配给轨道自由度的惯性参数；

E——DFT 体系下的能量泛函。

对于一个给定的核构型，基态的电子波函数可以表示为：

$$\dot{\psi}_i(t) = -\frac{1}{2}\frac{\delta E}{\delta \psi} + \sum_j \Lambda_{ij}\psi(t) = -\frac{1}{2}H\psi_i(t) + \sum_j \Lambda_{ij}\psi(t) \quad (2-8)$$

式中 Λ_{ij}——拉格朗日乘子。

因此，一旦基态波函数确定之后，体系的动力学行为就可以被描述；核的受力情况可以通过式（2-6）计算。在动力学模拟过程中，电子或核的自由度可同时衍生[25]。

与传统的量子化学方法相比，AIMD 在计算自由能方面具有很大的优势，因为其方法中包含了熵效应（entropic effect）和非谐性（anharmonicity）。相反，传统的静态 DFT 方法通过计算谐振频率得到体系的振动熵，从而大大增加了计算量。

此外，对于主要包含弱相互作用的体系来说，采用谐振近似往往不能得到正确的结果。

2.3 氧还原催化机理

在电催化剂上发生的 ORR 是一个复杂的多电子参与的过程，且在其中包含若干步的基元反应。Yeager[26] 提出了两种在酸性介质中 ORR 的机理：

① "直接"四电子还原机理。在该机理中 O_2 被直接还原为 H_2O 分子，$O_2 + 4H^+ + 4e^- \longrightarrow 2H_2O$。

② "连续"二电子还原机理。

在该机理中 O_2 首先被还原为中间产物 H_2O_2，$O_2 + 2H^+ + 2e^- \longrightarrow H_2O_2$，随后 H_2O_2 继续被还原为 H_2O 分子。在这之后，Adžic[27] 提出 ORR 可能经历一种"平行"机理，即"直接"四电子机理和"连续"二电子机理协同进行，且前者占主导地位。

对于过渡金属催化剂，例如 Au 和 Hg，氧还原的机理一般是二电子机理；而对于催化氧还原性能最好的催化剂 Pt 以及 Pt 基合金来说，四电子的还原机理是主要的。然而，具体的 ORR 机理以及反应路径并不可知，许多关键问题也并不清楚。即使对于第一步的电子转移过程，也仍然存在很多争论[28-30]。一般认为，在 ORR 中，可能存在三种不同的第一步反应：

① O—O 键在 Pt 位（S）上直接断裂，$O_2 + 2S \longrightarrow {}^*O + {}^*O$；

② 生成过氧化物阴离子，$O_2 + 2S + 2e^- \longrightarrow O_2^-$；

③ 电子和质子转移同时进行，$O_2 + 2S + (H^+ + e^-) \longrightarrow HO_2$。

确定 ORR 的第一步反应对于阐明 ORR 的机理无疑具有重要的意义。此外，若能确定 Pt 催化的 ORR 的机理，那么研究人员就可依据 Pt 催化的特点，发展合适的方法从而设计、合成新型的氧还原电催化剂。

实际上，O_2 分子在 Pt 电极上的还原机理在很大程度上取决于 O_2 的吸附方式。一般来说，根据 O_2 分子与催化剂表面的作用方式，存在以下三种不同的氧吸附模型，如图 2-3 所示。

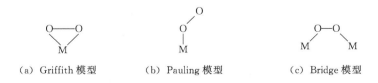

(a) Griffith 模型　　(b) Pauling 模型　　(c) Bridge 模型

图 2-3　O_2 分子在电极表面的吸附方式

（1） Griffith 模型[31]

O_2 分子的 σ 轨道与金属原子空的 d_{z^2} 轨道相互作用，同时金属原子中部分充满的 d_{xy} 或 d_{yz} 轨道向 O_2 的 π^* 轨道反馈。这种较强的相互作用能够导致 O_2 的解离吸附，从而有利于实现四电子还原机理。

（2） Pauling 模型

O_2 分子通过其 σ 轨道提供电子给金属原子的 d_{z^2} 轨道，形成 σ 单键，从而有利于实现二电子还原机理。

（3） Bridge 模型

一个 O_2 分子同时与两个金属原子相互作用，形成两个金属-氧键[32]。这种吸附方式同 Griffith 模型吸附方式一样，容易实现四电子还原机理。

确定 ORR 机理至关重要的一点是阐明反应中间体的本质和吸附状态。然而，目前为止还没有简单、合适的光谱法用以识别吸附中间体。计算化学方法在这方面是一个很好的补充，它可以提供关于反应物及吸附中间体的几何结构和能量等性质。Anderson 和 Albu[19] 首先研究了非催化的 ORR 的可逆电势和活化能。他们用一个具有给定电离势（ionization potential，IP）的非相互作用的电子供体来模拟电极。当反应物的电子亲和势（electron affinity，EA）等于供体的 IP 时，就可以认为电子转移在此刻发生。一般地，对于 N 维体系来说，能量的最低点应该出现在 $N-1$ 空间曲面的交点上[33]。也就是说，能量最低的过渡态结构出现在 N 维的反应物和产物势能面的交点上。因此，一旦确定了过渡态的结构，那么反应的活化能即为过渡态结构的能量与反应物能量之差。

$$U = \mathrm{IP}/\mathrm{eV} - 4.6\mathrm{eV} = \mathrm{EA}/\mathrm{eV} - 4.6\mathrm{eV} \qquad (2\text{-}9)$$

式中 U——电极电势；

4.6eV——标准氢电极热力学功函数的平均实验值。

他们详细计算了四电子 ORR 的活化能，反应方程式如下所示：

$$O_2(g) + H^+(aq) + e^-(U) \longrightarrow HO_2^*(aq) \qquad (2\text{-}10)$$

$$HO_2^*(aq) + H^+(aq) + e^-(U) \longrightarrow H_2O_2(aq) \qquad (2\text{-}11)$$

$$H_2O_2(aq) + H^+(aq) + e^-(U) \longrightarrow HO^*(g) + H_2O(aq) \qquad (2\text{-}12)$$

$$HO^*(g) + H^+(aq) + e^-(U) \longrightarrow H_2O(aq) \qquad (2\text{-}13)$$

他们使用的方法为 MP2/6-31G**。H^+(aq) 用水合氢离子 $H_3O^+(H_2O)_2$ 来模拟。如上文所述，当反应复合物的电子亲和势等于电极的电离势时，可以认为发生电子转移。

计算所采用的反应模型如图 2-4 所示。

在 0~2V 电势范围内（standard hydrogen electrode，标准氢电极），他们详细研究了四电子氧还原过程中每一步反应的活化能大小。计算结果表明，随着电极电势的增大，反应的活化能也随之增大。第三步电子和质子转移，也就是 H_2O_2 的还

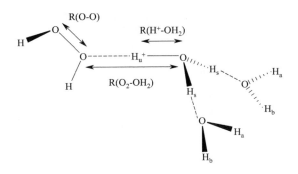

图 2-4　反应复合物的反应模型[19]

原过程所要越过的能垒最高。在所研究的电势范围内,活化能的大小顺序为式(2-12)(第三步还原)>式(2-10)(第一步还原)>式(2-11)(第二步还原)>式(2-13)(第四步还原)。第三步反应的活化能比第一步大约高 0.5eV,据此可认为第三步反应是整个 ORR 的限速步骤。因此对于电催化剂来说,至少其能够降低 H_2O_2 还原步骤的活化能,同时也应该活化 ORR 的第一步反应。电极的表面(即催化剂层)能够提高电子亲和势,并通过使 O—O 键的键长伸长达到活化 O_2 分子和 HOOH 中间体的目的。由于 HO· 的还原所需的活化能非常小,若能使 HOOH 在电极表面完全解离,那么就会导致非常好的催化性能。因此,在理论上,如果一种催化剂能够提高吸附物的电子亲和势的话,那么其催化性能也会随之提高。

随后,Anderson 和 Albu[34] 应用同样的方法研究了 Pt 催化的 ORR 的机理。他们假定 O_2 分子以 Pauling 模型吸附在单个 Pt 原子表面上,详细计算了每一步 ORR 的活化能。反应方程式如下:

$$\text{Pt—O}_2 + \text{H}^+(\text{aq}) + e^-(U) \longrightarrow \text{Pt—OOH} \tag{2-14}$$

$$\text{Pt—OOH} + \text{H}^+(\text{aq}) + e^-(U) \longrightarrow \text{Pt—OHOH} \tag{2-15}$$

$$\text{Pt—OHOH} + \text{H}^+(\text{aq}) + e^-(U) \longrightarrow \text{Pt—OH} + \text{H}_2\text{O} \tag{2-16}$$

$$\text{Pt—OH} + \text{H}^+(\text{aq}) + e^-(U) \longrightarrow \text{Pt—OH}_2 \tag{2-17}$$

计算结果表明,与非催化的 ORR 相比,Pt 原子的存在极大地降低了 ORR 中最困难的步骤、即 H_2O_2 被还原为 $HO^* + H_2O$ 这一步反应的活化能。在 0~2V 电势范围内,活化能大约降低了 1eV。同时,Pt 的催化也显著降低了第一步 ORR 的活化能。同样地,氧还原过程的第二步,即 $^*OOH \rightarrow H_2O_2$ 的活化能也有了不同程度的降低,但 $HO^* \rightarrow H_2O$ 过程的活化能略有升高。对所有四步反应,活化能随着电极电势的升高而增大(见图 2-5)。图 2-5 中,虚线为非 Pt 催化的每一步 ORR 的活化能,实线为 Pt 催化的 ORR 的活化能。

Sidik 和 Anderson[35] 进一步研究了 Pt_2 催化的 ORR 的机理。与吸附在单个 Pt 原子上不同,O_2 分子不仅能够以 Pauling 模型吸附在 Pt_2 上,还能够以 Bridge 模

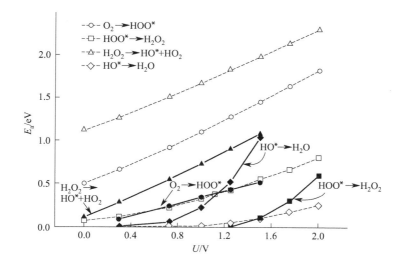

图 2-5 氧还原活化能随电极电势的变化趋势[33]

型吸附。在 Pt_2 中，Pt—Pt 键的键长为 2.775Å（1Å $=10^{-10}$ m，下同）。计算结果表明，即使 O_2 分子采用 Bridge 模型吸附，在第一步电子转移之前 O—O 键也不会直接断裂。在第一步电子转移之后，生成的产物 *OOH 会比较容易地离解为 *O 和 *OH，因为该步所需要的活化能非常小，仅为 0.06eV。对于 Pt_2 催化的四电子 ORR 过程来说，第一步电子转移所需要的活化能最高（在 1.23V 下为 0.60eV），因此可以认为该步是反应的限速步，这也与实验结果相一致。此外，质子迁移也可能影响到反应的限速步，因为质子场的存在能够增加反应复合物的电子亲和势，从而降低还原反应的活化能。

Li 和 Balbuena[36] 应用 DFT 理论中的 B3PW91 方法研究了 Pt 催化的 ORR 的第一步电子转移过程，其中对 Pt 采用的是 LANL2DZ 赝势基组，而对 O 和 H 采用的是 6-311G(d) 基组。反应方程式如下：

$$Pt_5-O_2+H^+(aq)+e^- \longrightarrow Pt_5-OOH \qquad (2-18)$$

为了考虑溶剂效应对反应的影响，H^+ 采用离子簇 $H_3O^+(H_2O)_2$ 来模拟。计算结果表明，随着 H^+ 逐步靠近被吸附的 O_2 分子，电子转移过程也随之发生。活化能的大小与 H^+ 和吸附 O 之间的距离，即 $O_{ads}\cdots H\cdots O_{water}$ 密切相关。同时，被吸附物上所带的电荷越负，反应能垒降低得就越快，意味着金属费米能级处的电子能量得到了提升。

Jinnouchi 和 Okazaki[37] 运用 AIMD 方法研究了 ORR 的第一步电子转移机理。他们的反应模型包括 1 个水合氢离子、9 个 H_2O 分子和 12 个 Pt 原子，选择的温度为 350K。他们的研究结果表明，由于 O_2 分子与 Pt 存在强烈的相互作用，使得 O_2 分子能够以较快的速度吸附在催化剂表面上。当吸附在催化剂表面上的 H_2O 分子和水合氢离子与吸附的 O_2 分子达到一定的相互作用后,质子迁移就会在该反应复合物之间频繁发生。当上述反应复合物满足确定的条件时,O_2 分子就会直接解离,同时在 Pt 表面上生成 3 个吸附的 O—H(见图 2-6)。以上计算结果表明有序的团簇结构能够有效地提供 O_2 与 H_2O 分子和离子的反应活性位,由此为设计高效离子导电电极提供了很好的思路。

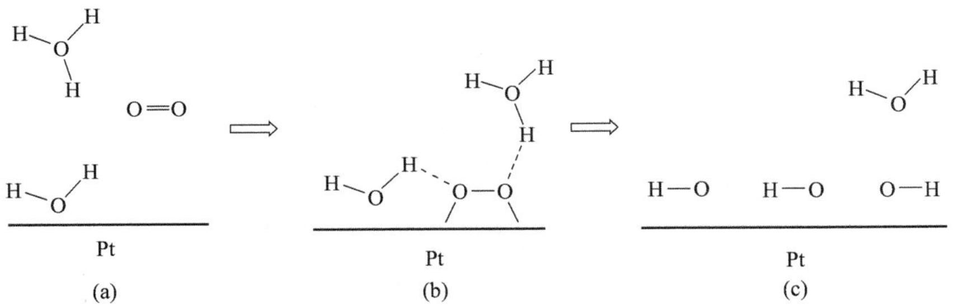

图 2-6 ORR 的第一步电子转移机理[37]

2.4 金属催化剂催化的氧还原机理

2.4.1 纯铂

迄今为止,Pt 被认为是在酸性介质中催化 ORR 最好的催化剂,而 O_2 分子在电极表面的吸附行为是确定其催化机理的关键步骤[38]。为了催化 ORR,O_2 分子首先在电催化剂上进行化学吸附。因此,被吸附物的结构、与催化剂的作用方式以及吸附能等因素对 ORR 的动力学性质起着十分重要的作用。由于电催化剂的催化过程十分复杂,因此在理论模拟方面,一般只考虑催化剂与被吸附物的相互作用,而忽略溶剂对催化过程的影响。理论化学方法可以提供 O_2 分子在催化剂表面的吸附性质、键合强度、几何结构以及相互作用方式等信息。此外,通过理论方法不仅可以模拟实际的实验条件,还能够考虑影响反应的杂质甚至其他一些未知因素的影响。

Li 和 Balbuena[39] 应用 DFT 方法研究了分子 O_2 和原子 O 与 Pt 团簇的相互作用。他们首先计算了 Pt_n 团簇($n=4\sim6$)的基态结构,结果表明所研究的 Pt_n 团簇都是非平面的,而且基本上都存在 Jahn-Teller 效应。对原子 O 来说,在 Pt_3 团簇上其最稳定的吸附方式为 Bridge 吸附,且吸附能的大小与金属团簇的大小和几何结构密切相关。同样地,O_2 分子在 Pt_n 团簇上最稳定的吸附构象为 Bridge 吸附。在反应复合物 Pt_2O_2 中,电子迁移方向为由 Pt 的 s 轨道转移到 O_2 分子的 p 轨道,而对于 Pt_nO_2($n>2$)来说,电子迁移方向为由 Pt 的 d 轨道转移到 O_2 分子的 p

轨道。

键级守恒分析表明，O_2 分子解离的活化能取决于团簇的大小。随着团簇 IP 的减小，活化能也随之降低，由此使得电子更容易从金属团簇转移到被吸附物上。同样地，增加被吸附物与团簇复合物间的偶极矩也能够达到类似的催化效果。

类似地，Wang 等[40] 运用 DFT 中的 B3LYP 方法研究了 OOH 和 H_2O_2 在 Pt 团簇（Pt_3、Pt_4、Pt_6、Pt_{10}）上的吸附与离解。在酸介质中整个 ORR 的势能面曲线如图 2-7 所示。他们发现 OOH 在 Pt 团簇上的吸附力非常强。热力学和动力学的研究数据均表明在第二步电子转移之前，OOH 能够容易地离解为·O 和·OH。因此，对 Pt_3 和 Pt_{10} 来说，尽管在 OOH 的还原过程中会产生一部分 H_2O_2 吸附在其表面上，但在第二步电子转移之前 OOH 已基本解离为共吸附的·O 和·OH，所以 Pt 催化的 ORR 可能经历一种"平行"机理，即"直接"四电子机理（无 H_2O_2 中间体的生成）和"连续"二电子机理（生成 H_2O_2）协同进行，且前者占主导地位。

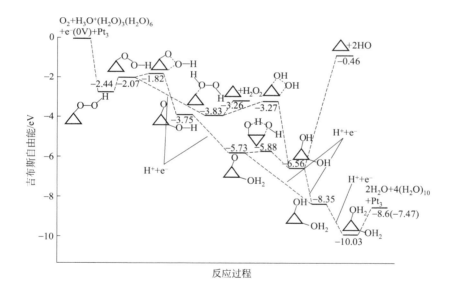

图 2-7 ORR 的势能面曲线图 [H^+ 用 $H^+OH_2(H_2O)_3(H_2O)_6$ 来模拟][40]

Eichler 和 Hafner[41] 应用 DFT 中的 GGA-PW91 泛函研究了 O_2 分子在 Pt(111) 面平板模型（slab model）上的吸附行为。他们在 Pt(111) 面上得到了两种截然不同但能够共存的 O_2 分子的吸附状态。第一种类型为 O_2 分子与 Pt 平板平行且吸附在其桥位（t-b-t）时形成的类似于超氧的顺磁性结构（见图 2-8），此时 O—O 键的键长为 1.39Å，伸缩振动频率为 $850cm^{-1}$，吸附能为 0.72eV。第二种类型为 O_2 分子吸附在 Pt 平板的洞位（hollow site）时形成的类似于过氧的无磁性结构，此时 O—O 键的键长在 t-f-b 位为 1.43Å（t-h-b 位为 1.42Å），伸缩振动频率为 690cm^{-1}（t-h-b 位为 710cm^{-1}），吸附能为 0.68eV（t-h-b 位为 0.58eV）。

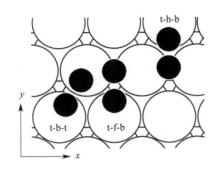

图 2-8　O_2 分子在过渡金属 (111) 面上的吸附部位[41]

如上文所述，O_2 分子的吸附和催化还原过程所采用的模型一般为小的 Pt 团簇或是 Pt 平板模型。然而，无论是实验的[42,43]还是理论的[44,45]研究均表明纳米尺寸的电催化剂与平板模型具有不同的催化行为。这些研究表明催化剂粒子减小的程度远远超出了表面积应该增加的程度，从而可能导致催化过程发生物理或化学变化。因此，Han 及其合作者[46]详细研究了 1nm 和 2nm Pt 纳米粒子对被吸附物的化学吸附性质，并与 Pt(111) 面的吸附行为进行了比较。由于原子 O 和羟基在燃料电池的电催化还原过程中占有重要地位[47]，因此，他们研究的焦点放在了催化剂纳米粒子的大小和表面结构等因素是如何影响 *O 和 *OH 的吸附能等吸附性质的。他们选择的催化剂模型如图 2-9 所示。

他们的研究表明，*O 和 *OH 在 1nm 和 2nm Pt 纳米粒子上的化学吸附行为与在 Pt(111) 面上的明显不同。在 2nm Pt 纳米粒子上，仅仅是 (111) 晶面附近的一些部位的吸附能与 Pt(111) 面平板模型上的吸附能相当。在体相的 Pt 表面上，原子 O 最稳定的吸附部位为 fcc 位，这一结果与之前的研究相一致[48-50]。但在 1nm 和 2nm Pt 纳米粒子上，其最稳定的吸附部位为桥位。对以上两种纳米粒子来说，其对 *O 和 *OH 的吸附能均比在 Pt(111) 面平板模型上的大。

他们发现 *O 和 *OH 在 1nm Pt 纳米粒子上的吸附能基本都比在 2nm 上的大，但在 fcc(111) 位上，情况恰好相反。这说明氧物种的吸附能与团簇粒子的大小存在直接关系。原因在于对 1nm Pt 纳米粒子来说，为了减小粒子的总表面积，其表面结构发生了极大的扭曲，导致其结构中相邻的 Pt—Pt 键的键长伸长（在 1nm 中为 2.85Å，2nm 中为 2.7Å），从而最终影响了吸附的 *O 和 *OH 与 Pt 纳米粒子之间的轨道杂化。

实际上，关于催化剂粒子的大小是如何影响被吸附物的吸附能，进而影响催化剂的催化活性这一问题是十分复杂的，这不仅取决于催化过程中产生的氧物种的吸附状态，还与其他相关吸附物的吸附状态有关。当使用 Pt 作为阴极 ORR 的电催

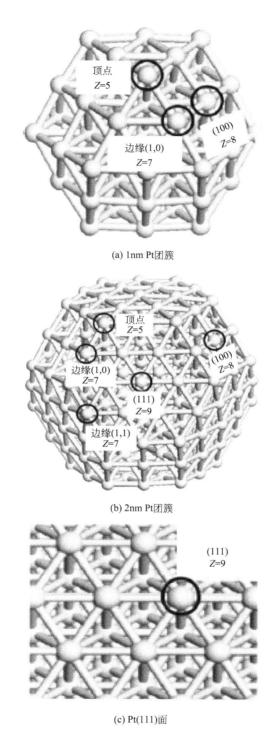

图 2-9 计算所采用的三种催化剂模型[46]

化剂时,上述情况会更为复杂。Watanabe 等[51] 的观点认为催化剂粒子的大小与 ORR 速率之间并没有直接的关系,但是 Giordano 等[52] 和 Takasu 等[53] 认为催化剂粒子的平均粒径间距更有可能影响催化性能。类似地，Yano 等[54] 评估了直径为 1.6nm、2.6nm 和 4.8nm 的 Pt 粒子催化的 ORR 速率和 H_2O_2 的生成率。通过对负载在 Pt 纳米粒子上的 ^{195}Pt 进行 NMR 分析，他们发现随着 Pt 纳米粒子粒径的增加，其电子结构并没有发生改变，因此他们认为 ORR 的速率不会随着 Pt 粒子粒径的增大而发生改变。相反，Mayrhofer 等[55] 认为 ORR 的速率会随着粒子粒径的减小而降低，因为催化剂粒子粒径的减小会导致其对 *OH 的吸附增强，从而减少了 O_2 吸附的活性位点。

因此，基于以上分析，可以认为催化剂纳米粒子的大小与催化活性的强弱并没有确定的变化趋势。但是，通过对催化剂粒子的大小及形貌进行优化，可以改变其对被吸附物种的吸附强度和吸附位点，因此可以为设计新型的氧还原电催化剂提供理论层面的帮助，尽管这还需要评估不同的吸附物种以及反应中间体在催化剂表面的吸附行为。

2.4.2 铂基合金

在 PEMFC 中，与阳极的 H_2 氧化反应相比，Pt 催化的阴极 ORR 是比较缓慢的，这就导致了过电势的产生。因此，在减少贵金属 Pt 的使用量（特别是阴极催化层）的同时降低运行过程中产生的过电势是燃料电池商业化的关键问题[56,57]。换句话说，设计新型的氧还原电催化剂不仅需要降低 Pt 的使用量，还需提高催化活性及稳定性[58]。为了达到此目的，在该领域已开展了多方面的工作，包括：a. 增加催化剂纳米结构的表面积/体积比[59]（surface-to-volume ratio）；b. 在贵金属催化剂的结构中加入非贵金属形成合金；c. 用非贵金属代替 Pt 的内层结构，从而产生 Pt 皮肤[60,61] 或是表面的 Pt 单层[62-64]。

研究表明，在 Pt 的结构中加入其他金属形成 Pt 基二元合金可以改变 Pt 的电子结构和几何结构，从而提高 Pt 催化 ORR 的性能。例如，Pt 与过渡金属 Co[65,66]、Ni[67-69]、Fe[70]、Mn[70]、Cr[71-73] 和 V[74] 形成的二元合金可以明显地改善 Pt 在酸性介质中催化 ORR 的性能。同时，很多工作也试图从机理上解释为什么加入第二种非贵金属能够显著提高 Pt 的催化性能[75]。例如，形成二元合金可以提高 Pt 的抗氧化程度，使其表面难以被氧化；或是在二元合金中 Pt—Pt 键的键长缩短，从而更有利于 O_2 分子的吸附[71]（即几何结构的改变）；或者是增加了 Pt 的 5d 轨道的空穴数（即电子结构的改变）；抑或是在合金的表面生成了薄的 Pt "皮肤"，从而改善了 Pt 的电子性质[76]。与商业化的 Pt/C 催化剂作比较，PtM（M=Ni、V、Co 和 Fe）合金的催化活性从小到大有着如下顺序：Pt/C＜PtNi/C＜PtV/C＜PtCo/C＜PtFe/C[77-79]。

Wang 等[80] 应用 DFT 方法研究了 Pt 基合金中内层的过渡金属 M（M=Ni、Co、Fe）是如何影响表面 Pt 单层的催化 ORR 机理的。基于得到的计算结果，他们发现过渡金属Ni、Co和Fe会降低Pt表面层的d带中心（d-band center），因此降低了吸附物种在Pt/M(111)面上的吸附力。此外，Ni、Co和Fe的加入会改变Pt/M(111)催化的ORR中多种基元反应的活化能。计算结果表明，由于过渡金属Ni、Co和Fe的影响，Pt/M(111)催化的ORR倾向于H_2O_2解离（反应限速步）的机理，且H_2O_2在Pt/Ni(111)上解离的活化能为0.15eV，在Pt/Co(111)上为0.17eV，在Pt/Fe(111)上为0.16eV。相反，纯的Pt(111)催化的ORR过程中H_2O_2解离（反应限速步）的活化能为0.79eV。因此，他们认为Ni、Co和Fe的加入能够显著提高Pt催化活性的主要原因是使反应限速步的活化能极大降低。

Xu等[48]应用周期性DFT算法（GGA-PW91）研究了原子O和O_2分子在Pt_3Co和Pt_3Fe的(111)晶面上的吸附以及O_2在以上二元合金上的解离过程。同时，他们还详细研究了应变效应（strain effect）的影响。他们发现与Pt(111)相比，Pt_3Co(111)上的Co原子能够使吸附在其面上的O_2分子更容易地解离。O_2分子在Pt_3Co(111)上解离所需的最小活化能为0.24eV/O_2，但在Pt(111)上解离所需的最小活化能为0.77eV/O_2。同时，原子O和O_2分子在Pt_3Co(111)上的吸附能分别为-4.29eV和-0.92eV，均比在Pt(111)上的吸附能更负（原子O和O_2分别为-3.88eV和-0.62eV），也就是说，原子O和O_2在Pt_3Co(111)上结合得更牢固，相互作用力更强。因此，他们认为Pt_3Co二元合金的催化ORR的性能比纯Pt要强，因为该二元合金不仅不会轻易被原子O所毒化，还能够容易地催化原子O以及ORR过程中产生的反应中间体。

他们认为原子O在Pt基合金上的结合能与O_2分子解离的活化能存在线性关系（图2-10）。换句话说，一种催化剂如果对原子O的吸附能越大，那么它对分子O_2解离的能力也越强，据此可用来评估催化剂的催化活性。因此，与通过复杂且计算昂贵的过渡态理论来评估催化剂的活性相比，应用原子O的结合能对

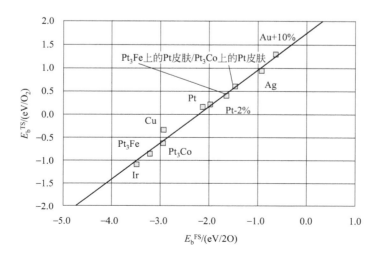

图2-10　E_b^{TS}随E_b^{FS}的变化趋势[48]

催化性能进行评估更优,并由此可为新型氧还原电催化剂的设计提供一个很好的思路。

Mavrikakis 等[81] 运用自旋极化 DFT 方法研究了将 Pt 单层负载在过渡金属 Au(111)、Pt(111)、Pd(111) 和 Ir(111) 表面上的催化活性。为了评估以上几种催化剂在两个电极电势(1.23V 和 0.80V)下的相对催化活性,他们计算了反应自由能的变化以及 ORR 过程中的活化能。

他们发现在 1.23V 的平衡电势下,整个 ORR 过程中最有可能的反应限速步是 OH 的脱除这一步。在 0.80V 的电池电势下,质子/电子转移步骤变得非常容易,且 Pt^*/Pd 的催化性能最强,甚至比纯 Pt(111) 的催化性能都要好。其他的两种催化剂——Pt^*/Au 和 Pt^*/Ir 的催化性能相比 Pt^*/Pd 要差一些,原因在于·OH 吸附上去之后很难脱除,并且 O—O 键在二者表面上很难断裂。他们的结果为研究过渡金属负载的 Pt 单层催化剂提供了很好的视角。

2.4.3 非铂基金属

Pd 基合金材料近年来被认为是有希望取代 Pt 的 ORR 阴极电催化剂[82-89] 之一:一是 Pd 基合金的价格比 Pt 要便宜许多;二是实验研究表明其在 DMFCs 中表现出了良好的抗甲醇能力。一般来说,在实际操作环境下,甲醇会穿过隔膜到达阴极,从而影响阴极 ORR 的速率[90,91]。因此,催化剂抗甲醇能力的提高对保持电池的效率是一个关键的因素。

Shao 等[92] 使用旋转圆盘电极技术研究了 Ru(0001)、Rh(111)、Ir(111)、Pt(111) 和 Au(111) 负载的 Pd 单层对 ORR 的催化性能,并且用 DFT 方法计算了上述催化剂的 d 带中心。他们发现,上述所研究的催化剂的催化活性具有下列顺序:Pd/Ru(0001)<Pd/Ir(111)<Pd/Rh(111)<Pd/Au(111)<Pd/Pt(111)。Pd 单层的 d 带中心与催化活性之间存在类似"火山"形状的变化趋势,且 Pd/Pt(111) 在曲线的顶端。他们还合成了非 Pt 的 Pd_2Co/C 电催化剂纳米粒子,并将其催化活性与商业 Pt/C 进行比较。结果表明,该催化剂催化的机理为四电子还原机理,且第一步电子转移为反应的限速步。Pd 皮肤结构中 d 带中心的降低是其具有高催化活性的主要原因。此外,该催化剂展现出了良好的抗甲醇能力,即使在甲醇的浓度非常高时,其催化 ORR 的性能依然非常好。因此,倘若其稳定性能够满足要求的话,该催化剂应该可以取代 Pt 作为燃料电池,特别是 DMFCs 的阴极催化剂。

Erikat 等[93] 应用周期性的自洽 DFT 算法研究了 O_2 分子在 Ir(100) 表面的吸附以及解离能垒。结果表明,与 O_2 分子在催化剂表面的吸附相比,其解离吸附过程在热力学上更占优势,这主要归因于解离吸附过程中 O_2 分子的 p 轨道与金属的 d 轨道之间的轨道杂化。通过应用微动弹性带(nudge elastic band,NEB)方法,

他们发现 O_2 分子解离所需的活化能非常小,仅为 0.26eV,这意味着 O_2 分子在 Ir(100) 表面上的吸附在很低的温度下就可以进行。

应用平板模型,Zhang 等[94] 系统地研究了 O_2 分子在 CuCl(111) 表面上的吸附与解离过程。他们详细模拟了原子 O 与分子 O_2 在 CuCl(111) 表面上所有可能的吸附方式和解离路径,并计算了反应体系的几何结构、吸附能、振动频率以及 Mulliken 电荷等信息。结果表明,原子 O 最稳定的吸附部位为洞位,而 O_2 分子与 CuCl(111) 表面呈平行结构,且其中的一个氧原子与最顶端的一个 Cu 原子直接相互作用,形成 Cu—O 键。O—O 键的伸缩振动频率明显的发生红移,同时有电子从 CuCl 转移到 O_2 分子上。当 O_2 分子吸附到 CuCl(111) 表面上以后,氧物种转变成了典型的超氧结构(O_2^-),这主要是由于 CuCl 具有较好的催化活性。需要注意的是,有少量的 O_2 分子离解成了原子 O,但这需要克服很高的反应能垒。

Xu 和 Mavrikakis[95-97] 应用 DFT 中的 GGA-PW91 方法研究了 O_2 分子在 Cu(111)、Ir(111) 和 Au(111) 上的吸附行为。计算所得到的 O_2 分子在上述过渡金属上的吸附性质列于表 2-3 中[98]。

□ 表 2-3 O_2 分子在不同过渡金属表面上的吸附性质

吸附位点	金属	E/eV①	Z/Å②	D/Å③	$\mu(\mu_B)$④
t-f-b	Ir(111)	−1.17	1.75	1.48	0
	Ni(111)	−1.65	1.62	1.47	0.22
	Pd(111)	−1.01	1.75	1.39	0
	Pt(111)	−0.68	1.78	1.43	0
	Cu(111)	−0.56	1.55	1.48	0
t-h-b	Ir(111)	−1.18	1.74	1.50	0
	Ni(111)	−1.67	1.62	1.46	0.22
	Pd(111)	−0.92	1.79	1.41	0
	Pt(111)	−0.58	1.81	1.42	0
	Cu(111)	−0.52	1.65	1.44	0
t-b-t	Ir(111)	−1.27	1.90	1.43	0
	Ni(111)	−1.41	1.77	1.42	0.44
	Pd(111)	−0.89	1.91	1.36	0.3
	Pt(111)	−0.72	1.92	1.39	0.4
	Cu(111)	−0.45	1.88	1.35	0.99
	Au(211)	−0.15	2.07	1.29	1.2

①吸附能;②O 与表面的距离;③2 个 O 原子之间的距离;④代表磁矩。

2.5 非贵金属催化剂催化的氧还原机理

由于阴极的 ORR 速率比较慢，这就导致了过电势的产生，从而降低了质子交换膜燃料电池的效率。在当前的技术水平下，Pt 以及 Pt 基合金无论是催化活性还是稳定性都被认为是 PEMFC 最好的电催化剂，尽管它们的性能还需要进一步改善。Pt 及 Pt 基合金的主要缺点是价格太高，且其价格在未来数年内并没有降低的趋势，这使得燃料电池的商业化更加困难。其他的一些贵金属，如 Pd 和 Ru，展现出了良好的 ORR 的催化性能，因此被认为可以用来代替 Pt。但是，这一方案实际上是用一种贵金属来代替另一种贵金属，且取代之后催化性能并没有明显的提高。因此，发展高活性并且耐久性好的非贵金属催化剂是燃料电池电催化剂研究领域的热点问题，这也是实现 PEMFC 商业化的最关键的问题[99]。

为了降低 PEMFC 的成本，寻找便宜的、高性能的燃料电池电催化剂一般遵循两种思路。一种是通过提高 Pt 催化层的利用率从而降低催化剂的使用量。这一目标可以通过在 Pt 的结构中加入其他非贵金属（如 Co 和 Fe 等）形成合金，或是将 Pt 负载在导电性好的载体上实现。在过去的二十年中，Pt 的负载量已经得到了极大的降低，现在大约降到 $0.4mg/cm^2$[100]。遗憾的是，在这段时间内 Pt 价格的增加已经抵消了其负载量减少所节省的成本。也就是说，通过降低 Pt 的负载量使燃料电池的成本降低这一目标并没有很好地实现。因此，从长远来说，这一方案的前景并不被十分看好。另一种方案是发展非贵金属基的电催化剂材料。针对这一目标，最近几年越来越多的工作致力于解决此问题。因此，发展高性能的、耐久性好的非贵金属基的电催化剂材料应该是从长期来说解决 PEMFC 商业化问题的可行性方案。遗憾的是，迄今为止，与 Pt 基催化剂相比，性能最好的非贵金属催化剂材料（一般认为是碳负载的 Fe—N 或是 Co—N 催化剂）无论是催化活性还是稳定性都有一定的差距。然而，由于在此方面做了大量的研究工作，非贵金属催化剂的活性和稳定性都有了很大的提高，使得这一方案的前景非常广阔[99]。

关于 PEMFC 的非贵金属催化剂，这方面的研究范围非常广泛，许多潜在的可以作为非贵金属催化剂的材料都有研究报道。迄今为止，最有希望的催化剂材料为碳负载的 M—N（M—N_x/C）材料（M=Co、Fe、Ni、Mn 等）。这类材料是通过裂解含有金属、氮和碳等元素的前驱体得到的[101]。其他的非贵金属电催化剂材料也有很多。如非裂解的过渡金属大环化合物[102-117]、金属掺杂的导电聚合物[118-135]（裂解的和非裂解的）、过渡金属硫族化合物[136-143]、金属氧化物/碳化物/氮化物等材料[144-161]，以及碳基材料[162-174]。

一般地，为了满足非贵金属催化剂的催化活性和耐久性，催化的活性中心必须满足实际催化的需要。但是针对反应的活性中心，仍有许多问题存在争论。

① 金属原子可能直接属于反应的活性中心，或者仅仅是催化碳、氮等活性中心的生成[175-178]。

② 活化中心可能比较少，因此可能很难被探测到。

③ 不同的活性中心可能由一种金属元素提供，抑或是由不同的金属元素共同提供[179]。

此外，一些研究表明ORR的活性位点可能来源于石墨烯氮或是吡啶氮等功能基团。这一结论是从对不含金属的N/C催化剂材料进行ORR的研究过程中得到的[180,181]。这一结果无疑使得理解反应活性中心的本质变得更加困难。

由于表征技术的局限，使得从实验的角度识别反应活性中心显得非常困难，特别是在当前的技术水平下，识别活性中心的形成机理及其结构几乎是不可能的。毫无疑问，对于裂解的材料来说，$M-N_x/C$结构对于ORR的催化性能和速率具有重要的作用。但是，深刻理解金属-离子中心的作用以及活性中心的结构是十分困难的，量子化学方法在模拟催化ORR的活性中心这方面是一个很好的选择，可以有效地弥补实验手段的不足。

2.5.1 过渡金属大环类化合物

过渡金属大环类化合物已被应用于许多领域，特别是用作不同类型反应的催化剂[182]。这类催化材料的催化活性主要来源于金属-离子中心，当然，其周围的配体结构也起着一定的作用[99]。简单的钴基大环化合物，例如钴酞菁和钴卟啉，其催化ORR的机理为二电子过程，主要产物为H_2O_2。但对于铁基的该类大环化合物，四电子的还原机理是主要的，O_2分子被直接还原为H_2O分子。对这类非裂解的大环化合物的研究是非常必要的，因为它们的合成过程相对来说比较简单，且其结构在制备过程中不会遭到破坏，因此有利于对其催化机理进行研究。这就可以在ORR的催化活性与催化剂的结构之间建立直接的关系。因此，大量的理论研究致力于探究$M-N_x/C$的结构与该类催化剂的电催化性能之间到底有什么样的关系。

Xia等[183]应用DFT方法研究了铁酞菁（FePc）、铁卟啉（FeP）、钴酞菁（CoPc）和钴卟啉（CoP）这四种金属大环化合物催化ORR的机理。其研究结果表明，对这四种金属大环化合物来说，在电子和质子转移之前，O_2分子在金属表面不会直接解离。在氧还原反应过程中，FePc和FeP的表面没有生成H_2O_2，O_2分子被直接还原为H_2O分子。相反，在CoPc和CoP中，O_2被还原为H_2O_2，意味着其催化的ORR为二电子机理，这与实验的结果相一致。换句话说，FePc和FeP催化ORR的性能比CoPc和CoP要好，原因在于在FePc和FeP中，最高占据的3d轨道的能量比CoPc和CoP要高（图2-11），这就更有利于它们与O_2分子之间的电子转移。

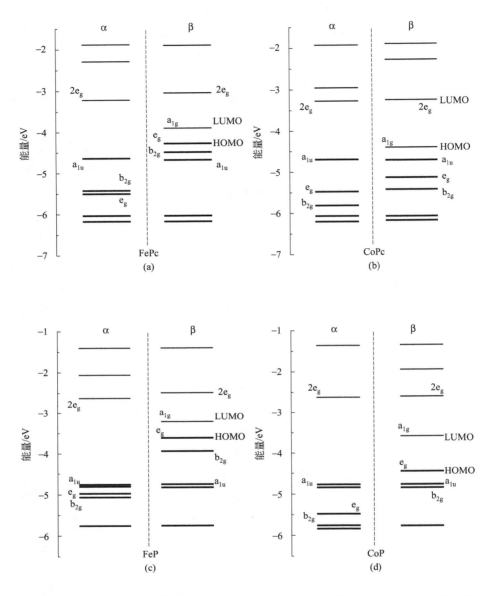

图 2-11 MPc 和 MP 的轨道能级图 (α=spin-down 电子, β=spin-up 电子)[183]

从图 2-11 可以看出，FePc 中 β 电子的最高占据轨道的能量（e_g 轨道）比 CoPc 的要高，大约高 0.40eV。因此，当 O_2 分子或 H_2O_2 吸附在金属表面时，与 CoPc 相比，FePc 中金属 3d 轨道的电子更容易传递到 O_2 分子的 π^* 轨道上。同时，在 FePc 表面生成的 HO—OH 上所带的负电荷明显比在 CoPc 上生成的要多，这意味着在 FePc 上，O—O 键所受到的活化作用更强。以上分析结果表明 FePc 的催化氧还原的性能确实比 CoPc 要高，这也是 FePc 催化的 ORR 是四电子机理而 CoPc 是二电子机理的原因。类似地，FeP 中 β 电子的最高占据轨道（e_g 轨道）比 CoP 的要高，大约高 0.84eV，预示着 FeP 的催化氧还原反应能力比 CoP 要高得多。

Shi 和 Zhang 等[184]应用 DFT 方法研究了下列铁基和钴基大环化合物结合 O_2 分子的能力：CoPc、CoF$_{16}$Pc（十六氟基酞菁钴）、CoMeOPc（八甲氧基酞菁钴）、CoTSPc（四磺酸基酞菁钴）、CoTNPPc（四新戊氧基酞菁钴）、CoP、CoTPP（四苯基卟啉钴）、CoTPFPP［四-（五氟苯基）卟啉］、FePc、FeF$_{16}$Pc、FeMeOPc、FeTSPc、FeTPyPz、FeP、FeTPP 以及 FeTPFPP。此外，他们还研究了上述大环化合物催化 ORR 的能力。

他们的计算结果表明，上述过渡金属大环化合物结合 O_2 分子的能力与中心的金属种类、周围的配体以及取代基密切相关。对钴酞菁类的大环化合物来说，给电子取代基增强了其对 O_2 分子的结合能力，而吸电子取代基则降低了其对 O_2 分子的结合能。大体上，过渡金属大环化合物催化 ORR 的能力与其电离势和 O_2 分子吸附能相关。该类催化剂对 O_2 分子的吸附作用越强，同时其本身电离势越大，那么它的催化性能就越好。因此，评估该类催化剂催化活性的高低可以通过比较它们的电离势和对 O_2 分子的吸附强度得到。对于卟啉类的体系，钴基的衍生物一般都具有较高的电离势和催化活性；而对于酞菁类的体系，铁基的衍生物基本都具有较高的电离势和较强的对 O_2 分子的吸附能力。

类似地，Sun 等[185]用量子化学方法研究了铁基大环化合物与 O_2 分子之间的相互作用（见文后彩图 1）（栗色球代表 Fe 原子，蓝球代表 N 原子，红球代表 O 原子，墨绿色球代表 C 原子，青绿色球代表 H 原子；R_{Fe-N} 表示 Fe 和与其配位的 N 原子之间的距离，R_{Fe-O} 表示 Fe 和与其配位的 O 原子之间的距离）[185]。他们的研究表明非芳香性的配体能够增强 Fe 与 O_2 分子之间的相互作用，从而使得 O_2 分子更容易活化。O_2 分子受到的活化作用与铁基大环化合物的最高占据轨道（HOMO）密切相关。铁基大环化合物 HOMO 的能量与 O_2 分子 LUMO 的能量（最低空轨道）之间的能隙越小，O—O 键的键长伸长的程度就越大，O_2 分子受到的活化就越强，同时 Fe—O 键的键长就越短。四甲基二苯并四氮杂轮烯铁（FeTMTAA）被认为是潜在的氧还原电催化剂。FeAcacen、FeSalen1 和 FeSalen2 也是有应用前景的氧还原电催化剂。此外，这些铁基大环化合物均可以在其骨架结构上加入不同的取代基进行修饰，从而改变其催化活性。

2.5.2 金属氧化物、氮化物、硫化物

许多金属氧化物，特别是ⅣB族和ⅤB族金属氧化物，在酸性电解液中具有较好的化学稳定性。而由于大多数金属氧化物都是半导体，其表面缺乏对含氧物种的吸附位点，导致其催化的 ORR 活性较低。通过表面改性、掺杂、合金化和形成高度分散的纳米粒子等方法，将有助于解决这些问题。

Takasu 等[186]采用浸渍涂层法在 Ti 基体上制备了 TiO_x、ZrO_x 和 TaO_x，并

在 400～500℃ 之间进行退火。在 TiO_x 中加入一定量的 Zr 与 Ta，形成 $Ti_{0.7}Zr_{0.3}O_x$ 与 $Ti_{0.5}Ta_{0.5}O_x$ 等二元氧化物，提高了纯的 TiO_x 的 ORR 活性。以同样的方式加入 RuO_x、IrO_x、RuM（M＝La、Mo、V）以及 IrM（M＝La、Ru、Mo、W、V）O_x。结果观察到在 $0.5mol/L\ H_2SO_4$ 中，$Ru-LaO_x$ 与 $Ir-VO_x$ 二元氧化物的 ORR 活性较 RuO_x 与 IrO_x 有显著的提升，如图 2-12 所示[187]。

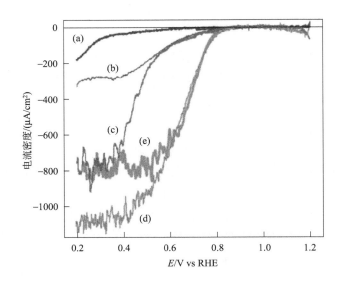

图 2-12　不同 RuO_2-与 IrO_2-电极的 ORR 电流曲线
(a)—RuO_2/Ti；(b)—IrO_2/Ti；(c)—RuO_2（Ru∶La＝1∶1）/Ti；(d)—IrV（1∶1）O_2/Ti；(e)—Pt 板

另一种提高金属氧化物催化活性的方法是减小其晶体尺寸，可以增加可用的反应位点、表面缺陷和电导率。Seo 等[188] 采用静电电位法在炭黑表面沉积了 NbO_x、ZrO_x、TaO_x 等高度分散的金属氧化物纳米颗粒。由于ⅣB族和ⅤB族金属前体不溶于水溶液，所以电沉积是在乙氧基乙醇溶液中进行的。这些氧化纳米颗粒的 ORR 活性远远高于其体积较大的颗粒/膜，其起始电位分别为 $0.96V_{RHE}$（NbO_x）、$1.02V_{RHE}$（ZrO_x）和 $0.93V_{RHE}$（TaO_x）。通过调节沉积条件，例如沉积电位和沉积时间，可以较好地控制金属氧化物的粒径在 1～14nm 之间。

金属氮化物也可以被用作酸性溶液中的 ORR 电催化剂。一般来说，它们的活性低于前文所述的大多数金属氧化物。平均粒径为 4nm 的碳粉负载 MoN 纳米颗粒，在室温条件下表现出的起始电位为 0.58V（在 $0.5mol/L\ H_2SO_4$ 中）。而相比之下，金属氧化物颗粒的起始电位往往高于 $0.9V$[189]。迄今为止，Isogai 等[190] 利用 TiN 纳米颗粒（6nm）和碳纳米管组成的复合材料实现了最高的活性。采用介孔石墨 C_3N_4 作为模板同时也是作为氮源合成 TiN/CNT 的复合材料具有较高的 ORR 活性，其起始电位约为 0.85V。

硫元素的金属化合物也表现出了一定的 ORR 催化活性，并且在酸性条件下稳定性更好。Behret 等[191] 早在 1975 年就探究了一系列过渡金属硫化物（Mn、Fe、Co、Ni、Cu、Zn）的 ORR 催化活性，结果发现硫化钴的催化活性最高，其次是硫化铁和硫化镍。之后硫化钴吸引了大量研究者的关注。Anderson 等[192] 通过理论计算的方式预测 Co_9S_8 氧还原催化能力与 Pt 类似，且为直接四电子反应途径，S^{2-} 作为 O 的吸附位点具有很强能力使 O—O 键断裂。Wang 等[193] 通过先液相反应后退火的方法制备了石墨烯负载 $Co_{1-x}S$ 催化剂。该催化剂在酸性条件下的 ORR 性能高于非负载型的 $Co_{1-x}S$ 以及水热法制备的石墨烯负载 CoS_2。他们认为这种高的 ORR 活性是由 $Co_{1-x}S$ 与石墨烯之间强的电化学耦合作用以及 $Co_{1-x}S$ 的合适的形貌和晶相造成的。一般来说，不同氧族元素金属化合物的 ORR 活性顺序是 $M_xS_y > M_xSe_y > M_xTe_y$[191]。例如，CoSe 的 ORR 起始电位与 CoS 相应值相差约 $0.2V$[194]。

2.5.3 导电聚合物复合催化剂

导电聚合物如聚吡咯（PPy）、聚苯胺（PAni）和聚噻吩（PTh）等在生物传感器、电化学以及电催化等领域得到了广泛的应用[195,196]。近年来，上述导电聚合物被许多研究机构用来作为非贵金属 ORR 的电催化剂，主要有三种不同的研究方向：

① 利用导电聚合物本身作为 ORR 电催化剂；
② 采用非贵金属进行掺杂；
③ 以导电聚合物作为提供 N/C 的前驱体，在高温下裂解从而产生 $M—N_x/C$ 结构[111]。

经过惰性气氛下的高温裂解以后，该类催化剂前驱体的结构发生了极大的改变，从而使得对其活性中心的探测以及 ORR 催化机理的识别变得非常困难。因此，对该类催化剂采用理论化学手段进行的研究主要集中在非裂解的材料上，例如金属—聚吡咯类的催化剂。Shi 等[197] 联合 DFT 和实验手段对钴-聚吡咯（Co—PPy）催化剂可能的 ORR 活性中心以及相应的反应路径进行了研究。他们首先构造了四种不同的活性中心结构（见书后彩图 2）[197]，并计算了每种结构的稳定性。他们发现在非裂解的 Co—PPy 催化剂中，不同的活性中心结构对 ORR 催化的性能也不相同，并且 Co(Ⅱ) 和 Co(Ⅲ) 都可以在活性中心起作用。由于 ORR 涉及电子转移过程，Co(Ⅱ) 和 Co(Ⅲ) 均可在此过程中起重要的作用。在 A 结构中（书后彩图 2），Co 元素可以是 +2 或 +3 价氧化态，或者以 +2、+3 价同时存在。据此他们认为，对于非裂解的 Co—PPy 催化剂，A 结构是可能存在的。

实验研究表明，在 ORR 中，H_2O_2 的生成率与电极电势是相关的。他们理论研究的结果表明活性中心的生成过程可能受电极电势的影响,且活性中心会参与不同的反应路径。因此,他们认为对非裂解的 Co—PPy 催化剂来说,催化 ORR 的活性中心可能不止一个。

他们还发现与 end-on 吸附方式相比,O_2 分子采用 side-on 吸附方式需要更多的空间,这可能是在钴酞菁和钴卟啉上得不到稳定的 side-on 吸附构型的原因之一。经过高温裂解以后,此类大环化合物的有序结构会遭到破坏,从而可能产生更多的氧还原活性中心,这样 O_2 分子就可能以 side-on 方式吸附在催化剂上,从而使得氧还原过程中电子转移数目增加。

类似地,Dipojono 等[198,199]用理论手段研究了 O_2 分子与 Co—(n)PPy(n=4,6) 之间的相互作用。他们的计算结果表明,O_2 分子在 Co—(4)PPy 上最稳定的吸附方式为 side-on 吸附,但在 Co—(6)PPy 上,O_2 分子并非以完全规整的 side-on 方式吸附。在 Co—(4)PPy 和 Co—(6)PPy 上,O—O 键的键长分别伸长了 10.84% 和 9.86%。O—O 键伸长的原因在于 O_2 分子的 π^* 轨道与 Co—(n)PPy 中 Co 原子的 3d 轨道之间进行相互作用,从而导致 Co 原子上的电荷转移到 O_2 分子上。O_2 分子上增加的负电荷可能会充满其反键轨道,从而减弱 O—O 键的键强度。在 Co—(4)PPy 中,O—O 键伸长的程度比在 Co—(6)PPy 中要大一些,原因是 O_2 分子在 Co—(4)PPy 中采用完全规整的 side-on 方式吸附,从而使得 Co 原子的 d 轨道与 O_2 分子的反键轨道之间的轨道重叠更明显。此外,O_2 分子在 Co—(6)PPy 上的解离能为 0.89~1.23eV。解离能的大小受过渡态中 O_2 分子从 Co—(6)PPy 得到的电荷数量多少的影响。

2.5.4 碳基材料

碳基材料,例如碳纳米管、纳米纤维以及石墨烯等最近被大量的研究机构用作替代 Pt 的催化剂材料[162-174]。特别地,氮掺杂的碳基材料在实验上证明具有较高的催化 ORR 的性能,且催化过程属于四电子反应路径[162,171]。Matter 等[167,168]报道了氮掺杂的碳纳米纤维具有很高的催化 ORR 的性能。此外,氮掺杂的碳纳米管和石墨烯[165]同样具有很高的 ORR 的催化活性,甚至是在不含过渡金属元素的情况下,催化性能依然很高。但是由于从实验手段上识别活性中心很困难,对于哪种组分或者何种结构是反应的活性中心,迄今为止一直存在争论。很多观点倾向于认为吡啶氮(pyridinic-N)是催化的活性中心,因为 XPS 实验现象表明高催化活性的碳基材料一般都具有大量的吡啶氮结构[164,165,167]。相反,最近的 XPS 研究表明石墨氮(graphitic-N,氮原子与三个 sp^2 杂化的碳原子成键)在催化 ORR 过程中起重要作用[200],而不是吡啶氮。实际上,N 原子既可以位于石墨结构的边缘(edge site),又可以位于石墨的缺陷部位。因此,尽管进行了一些实验手段的尝试[201],但实际上很难区别 ORR 的活性中心是"边缘"还是吡啶氮。

为了确定氮掺杂的石墨烯材料中究竟是吡啶氮还是石墨氮是催化 ORR 的活性中心，抑或是这两种结构共同起催化作用，Kim 等[202]应用自旋极化 DFT 方法研究了石墨纳米带（graphene nanoribbon）的吡啶氮催化的 ORR。他们发现氮掺杂提高了 ORR 第一步的电子转移速率，同时整个 ORR 倾向于沿着四电子的还原路径进行，因此使得石墨边缘的催化活性明显提高。在整个 ORR 过程中，最外面的石墨氮使得反应的限速步，即第一步的电子转移所需的活化能最小，因此被认为是主要的反应活性位点。此外，围绕石墨氮的催化循环（图 2-13）涉及 C—N 键的开环反应，进而生成了吡啶氮。因此，他们认为，这种新的吡啶氮与石墨氮之间的内部转化（inter-convert）可以解释实验上对这两类活性中心结构的争论。

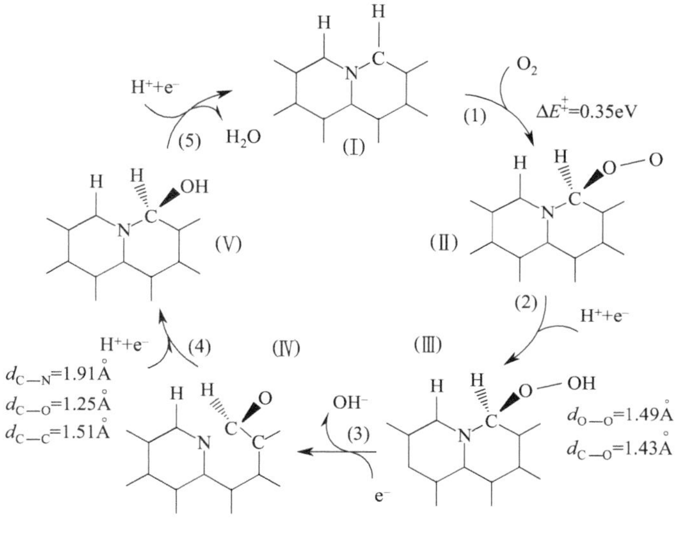

图 2-13 ORR 可能的催化循环过程[202]

Rossmeisl 等[203]研究了功能化石墨烯材料催化的 ORR。他们的计算结果表明，元素周期表中第 7~9 列的过渡金属元素（图 2-14）与四个氮原子组成的活性中心结构均具有催化 ORR 的性能。自旋分析表明这些元素在活性中心结构中的价态一般为 +2 价。他们还发现过渡金属并没有本质的催化活性，因为它们的吸附行为可以通过改变活性中心的局域结构、过渡金属的氧化态以及活性中心结构周围的原子的化学性质而极大地改变。此外，活性中心的催化性能可以通过稳定 *OOH 和 *OH 的吸附能而得到改善。

需要注意的是，以上对 ORR 机理的理论研究模拟的是气相中的过程，而忽略了实际的 PEMFC 的工作条件。由于在 PEMFC 燃料电池中存在水环境，水的存在可能会直接地影响反应中间体的稳定性和反应能垒。因为所有的反应中间体都是含氧物种（O_2、*OOH、*OH、*O），所以这些物种可能会与 H_2O 分

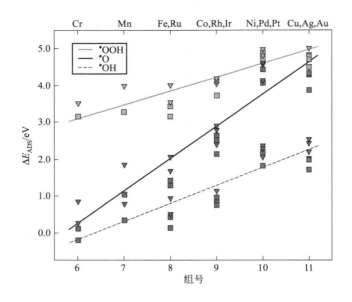

图 2-14 ORR 中间体在 M—N$_4$ 活性中心上的吸附能变化趋势[203]

子形成氢键,从而影响它们的吸附及解离。因此,溶剂 H$_2$O 的影响是不容忽视的。

Yu 等[204]应用周期性的 DFT 方法研究了氮掺杂的石墨烯的 ORR 催化机理。他们综合考虑了催化过程的实际环境,诸如溶剂、表面被吸附物以及覆盖率等因素。他们发现 H$_2$O 分子对反应势能面曲线具有本质的影响,因为 O$_2$ 可与 H$_2$O 分子形成分子间氢键,从而增强了其在催化剂表面的吸附强度。如果没有 H$_2$O 分子作用的话,O$_2$ 甚至很难在氮掺杂的石墨烯表面上吸附。与反应 *OOH$_{(ads)}$ ⟶ *O$_{(ads)}$ + OH$^-$ 相比,*OOH$_{(ads)}$ 解吸附为 OOH$^-$ 的过程在热力学上是不利的,因此意味着 O$_2$ 分子在氮掺杂石墨烯上的催化还原主要是通过四电子机理完成。*O$_{(ads)}$ 从石墨烯上脱除的这一步为反应的限速步,因此他们认为一种高效的催化剂材料应该具有使吸附的原子 O 更容易脱附的结构。

2.6 小结

随着计算方法和计算设备的飞速发展,应用理论模拟方法对电催化剂材料的研究已经取得了极大的进展并占有越来越重要的地位。与实验研究相比,理论模拟方法能够揭示详细的界面反应现象,反应过程中生成的中间体以及基元反应的活化能,能够更好地理解 ORR 机理。例如,应用构效关系方法,如从吸附能、活化能以及 d 带中心等方面得到的信息可以为研究新型的电催化剂提供有利的依据。因此，对评估和寻找更好的用以替代 Pt 的催化剂来说，这一方法是不可或缺的。另外，在当前的技术水平下，由于模拟的计算模型和体系较小，从头计算方法在定量研究详细的反应路径时还存在一定的困难。对 ORR 来说，当前从头计算方法所面临的主要问题是如何有效地模拟催化反应的界面。因此，需要发展更好的方法和模型来研究复杂的 ORR 机理。此外，需要更多的理论研究以补充对 O_2 分子的电化学还原过程理解的不足，从而在催化剂设计领域取得突破。

参考文献

[1] A. J. Appleby. Electrocatalysis of aqueous dioxygen reduction. Journal of Electroanalytical Chemistry，1993，357：117-179.

[2] N. M. Marković, P. N. Ross Jr. Surface science studies of model fuel cell electrocatalysts. Surface Science Reports，2002，45：117-229.

[3] W. Schmickler. Recent progress in theoretical electrochemistry. Annual Reports Section "C" (Physical Chemistry)，1999，95：117-162.

[4] J. A. Keith, T. Jacob. Computational simulations on the oxygen reduction reaction in electrochemical. Theory and Experiment in Electrocatalysis. New York：Springer，2010：89-132.

[5] M. T. M. Koper. Modern aspects of electrochemistry. No. 36，New York：Kluwer Academic Publishers/Plenum Press，2003.

[6] W. Kohn, L. J. Sham. Self-consistent equations including exchange and correlation effects. Physical Review，1965，140：A1133-A1138.

[7] A. D. Becke. Density-functional exchange-energy approximation with correct asymptotic behavior. Physical Review A，1988，38：3098-3100.

[8] J. Kohanoff, N. I. Gidopoulos. Density functional theory：Basics, new trends and applications. Handbook of molecular physics and quantum chemistry. Hoboken：John Wiley & Sons, Ltd，2003：532-568.

[9] J. P. Perdew. Density-functional approximation for the correlation-energy of the inhomogeneous elec-tron-gas. Physical Review B，1986，33：8822-8824.

[10] J. P. Perdew, J. A. Chevary, S. H. Vosko, et al. Atoms, molecules, solids, and surfaces-applications of the generalized gradient approx-imation for exchange and correlation. Physical Review B，1992，46：6671-6687.

[11] J. P. Perdew, Y. Wang. Accurate and simple analytic representation of the electron-gas correlation-energy. Physical Review B，1992，45：13244-13249.

[12] A. D. Becke. Density-functional thermochemistry. Ⅲ. The role of exact exchange. The Journal of Chemical Physics，1993，98：5648-5652.

[13] C. Lee, W. Yang, R. G. Parr. Development of the colle-salvetti correlation-energy formula into a functional of the electron-density. Physical Review B, 1988, 37: 785-789.

[14] A. D. Becke. A new mixing of Hartree-Fock and local density-functional theories. The Journal of chemical physics, 1993, 98: 1372-1377.

[15] J. P. Perdew, K. Burke, M. Ernzerhof. Generalized gradient approximation made simple. Physical Review Letters, 1996, 77: 3865-3868.

[16] B. J. Lynch, P. L. Fast, M. Harris, et al. Adiabatic connection for kinetics. The Journal of Physical Chemistry A, 2000, 104: 4811-4815.

[17] Y. Zhao, B. J. Lynch, D. G. Truhlar. Development and assessment of a new hybrid density functional model for thermochemical kinetics. The Journal of Physical Chemistry A, 2004, 108: 2715-2719.

[18] Y. Zhao, D. G. Truhlar. Hybrid meta density functional theory methods for thermochemistry, thermochemical kinetics, and noncovalent interactions: The mPW1B95 and mPWB1K models and comparative assessments for hydrogen bonding and van der Waals interactions. The Journal of Physical Chemistry A, 2004, 108: 6908-6918.

[19] A. B. Anderson, T. V. Albu. Ab initio determination of reversible potentials and activation energies for outer-sphere oxygen reduction to water and the reverse oxidation reaction. Journal of the American Chemical Society, 1999, 121: 11855-11863.

[20] T. V Albu, S. E. Mikel. Performance of hybrid density functional theory methods toward oxygen electroreduc-tion over platinum. Electrochimica Acta, 2007, 52: 3149-3159.

[21] C. Adamo, V. Barone. Exchange functionals with improved long-range behavior and adiabatic connection methods without adjustable parameters: The mPW and mPW1PW models. The Journal of Chemical Physics, 1998, 108: 664-675.

[22] A. D. Becke. Density-functional thermochemistry. IV. A new dynamical correlation functional and implications for exact-exchange mixing. The Journal of Chemical Physics, 1996, 104: 1040-1046.

[23] R. Car, M. Parrinello. Unified approach for molecular-dynamics and density-functional theory. Physical Review Letters, 1985, 55: 2471-2474.

[24] J. Grotendorst, S. Blügel, D. Marx. John von Neumann Institute for Computing. Jülich, NIC Series, 2006, 31: 195-244.

[25] J. S. Tse. Ab initio molecular dynamics with density functional theory. Annual Review of Physical Chemistry, 2002, 53: 249-290.

[26] E. Yeager. Electrocatalysts for O_2 reduction. Electrochimica Acta, 1984, 29: 1527-1537.

[27] R. R. Adžić, J. X. Wang. Configuration and site of O_2 adsorption on the Pt(111) electrode surface. The Journal of Physical Chemistry B, 1998, 102: 8988-8993.

[28] A. Damjanovic, V. Brusic. Electrode kinetics of oxygen reduction on oxide-free platinum electrodes. Electrochimca Acta, 1967, 12: 615-628.

[29] E. Yeager, M. Razaq, D. Gervasio, et al. Structural effects in electrocatalysis and oxygen electrochemistry. Proc. The Electrochemical Society Inc., Pennington, NJ, 1992, 92-11: 440.

[30] M. H. Shao, P. Liu, R. R. Adzic. Superoxide anion is the intermediate in the oxygen reduction reaction on platinum electrodes. Journal of the American Chemical Society, 2006, 128: 7408-7409.

[31] J. S. Griffith. On the magnetic properties of some haemoglobin complexes. Proceedings of the Royal Society of London. Series A. Mathematical and Physical Sciences, 1956, 235: 23-36.

[32] E. Yeager. Recent advances in the sciences of the electrocatalysis. Journal of The Electrochemical Society, 1981, 128: 160C-171C.

[33] R. A. Marcus. Electron transfer reactions in chemistry theory and experiment. Journal of Electroanalytical Chemistry, 1997, 438: 251-259.

[34] A. B. Anderson, T. V. Albu. Catalytic effect of platinum on oxygen reduction: An ab initio model including electrode potential dependence. Journal of The Electrochemical Society, 2000, 147: 4229-4238.

[35] R. A. Sidik, A. B. Anderson. Density functional theory study of O_2 electroreduction when bonded to a Pt dual site. Journal of Electroanalytical Chemistry, 2002, 528: 69-76.

[36] T. Li, P. B. Balbuena. Oxygen reduction on a platinum cluster. Chemical physics letters, 2003, 367: 439-447.

[37] R. Jinnouchi, K. Okazaki. New insight into microscale transport phenomena in PEFC by quantum MD. Microscale Thermophysical Engineering, 2003, 7: 15-31.

[38] M. P. Hyman, J. W. Medlin. Effects of electronic structure modifications on the adsorption of oxygen reduction reaction intermediates on model Pt(111)-alloy surfaces. Journal of Physical Chemistry C, 2007, 111: 17052-17060.

[39] T. Li, P. B. Balbuena. Computational studies of the interactions of oxygen with platinum clusters. The Journal of Physical Chemistry B, 2001, 105: 9943-9952.

[40] Y. Wang, P. B. Balbuena. Potential energy surface profile of the oxygen reduction reaction on a Pt cluster: Adsorption and decomposition of OOH and H_2O_2. Journal of Chemical Theory and Computation, 2005, 1: 935-943.

[41] A. Eichler, J. Hafner. Molecular precursors in the dissociative adsorption of O_2 on Pt(111). Physical Review Letters, 1997, 79: 4481-4484.

[42] M. Valden, X. Lai, D. W. Goodman. Onset of catalytic activity of gold clusters on titania with the appearance of nonmetallic properties. Science, 1998, 281: 1647-1650.

[43] J. Meier, K. A. Friedrich, U. Stimming. Novel method for the investigation of single nanoparticle reactivity. Faraday Discussions, 2002, 121: 365-372.

[44] N. Lopez, J. K. Nørskov. Catalytic CO oxidation by a gold nanoparticle: A density functional study. Journal of the American Chemical Society, 2002, 124: 11262-11263.

[45] F. Maillard, M. Eikerling, O. V. Cherstiouk, et al. Size effects on reactivity of Pt nanoparticles in CO monolayer oxidation: The role of surface mobility. Faraday Discussions, 2004, 125: 357-377.

[46] B. C. Han, C. R. Miranda, G. Ceder. Effect of particle size and surface structure on adsorption of O and OH on platinum nanoparticles: A first-principles study. Physical Review B, 2008, 77: 075410.

[47] B. C. Han, G. Ceder. Effect of coadsorption and Ru alloying on the adsorption of CO on Pt. Physical Review B, 2006, 74: 205418.

[48] Y. Xu, A. V. Ruban, M. Mavrikakis. Adsorption and dissociation of O_2 on Pt-Co and Pt-Fe alloys. Journal of the American Chemical Society, 2004, 126: 4717-4725.

[49] U. Starke, N. Materer, A. Barbieri, et al. A low-energy-electron diffraction study of oxygen, water and ice adsorption on Pt(111). Surface Science, 1993, 287: 432-437.

[50] J. L. Gland, B. A. Sexton, G. B. Fisher. Oxygen interactions with the Pt(111) surface. Surface Science, 1980, 95: 587-602.

[51] M. Watanabe, S. Saegusa, P. Stonehart. Electro-catalytic activity on supported platimun crystallites for oxygen reduction in sulphuric acid. Chemistry Letters, 1988, 17: 1487-1490.

[52] N. Giordano, E. Passalacqua, L. Pino, et al. Analysis of platinum particle size and oxygen reduction in phosphoric acid. Electrochimica Acta, 1991, 36: 1979-1984.

[53] Y. Takasu, N. Ohashi, X. G. Zhang, et al. Size effects of platinum particles on the electroreduction of oxygen. Electrochimica Acta, 1996, 41: 2595-2600.

[54] H. Yano, J. Inukai, H. Uchida, et al. Particle-size effect of nanoscale platinum catalysts in oxygen reduction reaction: An electrochemical and [195]Pt EC-NMR study. Physical Chemistry Chemical Physics, 2006, 8: 4932-4939.

[55] K. J. J. Mayrhofer, B. B. Blizanac, M. Arenz, et al. The impact of geometric and surface electronic properties of Pt-catalysts on the particle size effect in electrocatalysis. The Journal of Physical Chemistry B, 2005, 109: 14433-14440.

[56] X. Li, G. Chen, J. Xie, et al. An electrocatalyst for methanol oxidation in DMFC: PtBi/XC-72 with Pt solid-solution structure. Journal of The Electrochemical Society, 2010, 157: B580-B584.

[57] A. S. Arico, P. Bruce, B. Scrosati, et al. Nanostructured materials for advanced energy conversion and storage devices. Nature Materials, 2005, 4: 366-377.

[58] Y. H. Bing, H. S. Liu, L. Zhang, et al. Nanostructured Pt-alloy electrocatalysts for PEM fuel cell oxygen reduction reaction. Chemical Society Reviews, 2010, 39: 2184-2202.

[59] E. Antolini. Formation, microstructural characteristics and stability of carbon supported platinum catalysts for low temperature fuel cells. Journal of Materials Science, 2003, 38: 2995-3005.

[60] V. R. Stamenkovic, B. Fowler, B. S. Mun, et al. Improved oxygen reduction activity on

Pt$_3$Ni(111) via increased surface site availability. Science, 2007, 315: 493-497.

[61] V. Stamenkovic, T. J. Schmidt, P. N. Ross, et al. Surface composition effects in electrocatalysis: Kinetics of oxygen reduction on well-defined Pt$_3$Ni and Pt$_3$Co alloy surfaces. The Journal of Physical Chemistry B, 2002, 106: 11970-11979.

[62] J. Zhang, Y. Mo, M. B. Vukmirovic, et al. Platinum monolayer electrocatalysts for O$_2$ reduction: Pt monolayer on Pd(111) and on carbon-supported Pd nanoparticles. The Journal of Physical Chemistry B, 2004, 108: 10955-10964.

[63] S. Koh, P. Strasser. Electrocatalysis on bimetallic surfaces: Modifying catalytic reactivity for oxygen reduction by voltammetric surface dealloying. Journal of the American Chemical Society, 2007, 129: 12624-12625.

[64] R. Srivastava, P. Mani, N. Hahn, et al. Efficient oxygen reduction fuel cell electrocatalysis on voltammetrically dealloyed Pt-Cu-Co nanoparticles. Angewandte Chemie International Edition, 2007, 46: 8988-8991.

[65] S. Mukerjee, S. Srinivasan, M. P. Soriaga, et al. Effect of preparation conditions of Pt alloys on their electronic, structural, and electro-catalytic activities for oxygen reduction-XRD, XAS, and electrochemical studies. The Journal of Physical Chemistry, 1995, 99: 4577-4589.

[66] A. S. Arico, A. K. Shukla, H. Kim, et al. An XPS study on oxidation states of Pt and its alloys with Co and Cr and its relevance to electroreduction of oxygen. Applied Surface Science, 2001, 172: 33-40.

[67] U. A. Paulus, A. Wokaun, G. G. Scherer, et al. Oxygen reduction on carbon-supported Pt-Ni and Pt-Co alloy catalysts. The Journal of Physical Chemistry B, 2002, 106: 4181-4191.

[68] N. M. Markovic, T. J. Schmidt, V. Stamenkovic, et al. Oxygen reduction reaction on Pt and Pt bimetallic surfaces: A selective review. Fuel Cells, 2001, 1: 105-116.

[69] J. F. Drillet, A. Ee, J. Friedemann, et al. Oxygen reduction at Pt and Pt$_{70}$Ni$_{30}$ in H$_2$SO$_4$/CH$_3$OH solution. Electrochimica Acta, 2002, 47: 1983-1988.

[70] S. Mukerjee, S. Srinivasan, M. P. Soriaga, et al. Role of structural and electronic properties of Pt and Pt alloys on electrocatalysis of oxygen reduction: An in situ XANES and EXAFS investigation. Journal of The Electrochemical Society, 1995, 142: 1409-1422.

[71] M. Min, J. Cho, K. Cho, et al. Particle size and alloying effects of Pt-based alloy catalysts for fuel cell applications. Electrochimica Acta, 2000, 45: 4211-4217.

[72] M. Neergat, A. K. Shukla, K. S. Gandhi. Platinum-based alloys as oxygen-reduction catalysts for solid-polymer-electrolyte direct methanol fuel cells. Journal of Applied Electrochemistry, 2001, 31: 373-378.

[73] M. T. Paffett, J. G. Beery, S. Gottesfeld. Oxygen reduction at Pt$_{0.65}$Cr$_{0.35}$, Pt$_{0.2}$Cr$_{0.8}$ and roughened platinum. Journal of The Electrochemical Society, 1988, 135: 1431-1436.

[74] E. Antolini, R. R. Passos, E. A. Ticianelli. Electrocatalysis of oxygen reduction on a carbon supported platinum-vanadium alloy in polymer electrolyte fuel cells. Electrochimica Acta, 2002, 48: 263-270.

[75] F. J. Lai, H. L. Chou, L. S. Sarma, et al. Tunable properties of Pt_xFe_{1-x} electrocatalysts and their catalytic activity towards the oxygen reduction reaction. Nanoscale, 2010, 2: 573-581.

[76] T. Toda, H. Igarashi, H. Uchida, et al.. Enhancement of the electroreduction of oxygen on Pt alloys with Fe, Ni, and Co. Journal of The Electrochemical Society, 1999, 146: 3750-3756.

[77] S. Mukerjee, S. Srinivasan. Enhanced electrocatalysis of oxygen reduction on platinum alloys in proton exchange membrane fuel cells. Journal of Electroanalytical Chemistry, 1993, 357: 201-224.

[78] E. Antolini, J. R. C. Salgado, E. R. Gonzalez. The stability of Pt-M (M=first row transition metal) alloy catalysts and its effect on the activity in low temperature fuel cells: A literature review and tests on a Pt-Co catalyst. Journal of Power Sources, 2006, 160: 957-968.

[79] H. R. Colon-Mercado, B. N. Popov. Stability of platinum based alloy cathode catalysts in PEM fuel cells. Journal of Power Sources, 2006, 155: 253-263.

[80] Z. Y. Duan, G. F. Wang. A first principles study of oxygen reduction reaction on a Pt (111) surface modified by a subsurface transition metal M (M=Ni, Co, or Fe). Physical Chemistry Chemical Physics, 2011, 13: 20178-20187.

[81] A. U. Nilekar, M. Mavrikakis. Improved oxygen reduction reactivity of platinum monolayers on transition metal surfaces. Surface Science, 2008, 602: L89-L94.

[82] M. H. Shao, K. Sasaki, R. R. Adzic. Pd-Fe nanoparticles as electrocatalysts for oxygen reduction. Journal of the American Chemical Society, 2006, 128: 3526-3527.

[83] J. L. Fernández, V. Raghuveer, A. Manthiram, et al. Pd-Ti and Pd-Co-Au electrocatalysts as a replacement for platinum for oxygen reduction in proton exchange membrane fuel cells. Journal of the American Chemical Society, 2005, 127: 13100-13101.

[84] J. L. Fernández, D. A. Walsh, A. J. Bard. Thermodynamic guidelines for the design of bimetallic catalysts for oxygen electroreduction and rapid screening by scanning electrochemical microscopy. M-Co (M: Pd, Ag, Au). Journal of the American Chemical Society, 2005, 127: 357-365.

[85] O. Savadogo, K. Lee, K. Oishi, et al. New palladium alloys catalyst for the oxygen reduction reaction in an acid medium. Electrochemistry Communications, 2004, 6: 105-109.

[86] O. Savadogo, K. Lee, S. Mitsushima, et al. Investigation of some new palladium alloys catalysts for the oxygen reduction reaction in an acid medium. Journal of New Materials for Electrochemical Systems, 2004, 7: 77-83.

[87] V. Raghuveer, A. Manthiram, A. J. Bard. Pd-Co-Mo electrocatalyst for the oxygen

reduction reaction in proton exchange membrane fuel cells. The Journal of Physical Chemistry B, 2005, 109: 22909-22912.

[88] M. R. Tarasevich, G. V. Zhutaeva, V. A. Bogdanovskaya, et al. Oxygen kinetics and mechanism at electrocatalysts on the base of palladium-iron system. Electrochimica Acta, 2007, 52: 5108-5118.

[89] S. M. Opalka, W. Huang, D. Wang, et al. Hydrogen interactions with the PdCu ordered B2 alloy. Journal of Alloys and Compounds, 2007, 446: 583-587.

[90] B. Bittins-Cattaneo, S. Wasmus, B. Lopez-Mishima, et al. Reduction of oxygen in an acidic methanol/oxygen (air) fuel cell: An online MS study. Journal of Applied Electrochemistry, 1993, 23: 625-630.

[91] B. Gurau, E. S. Smotkin. Methanol crossover in direct methanol fuel cells: A link between power and energy density. Journal of Power Sources, 2003, 112: 339-352.

[92] M. H. Shao, T. Huang, P. Liu, et al. Palladium monolayer and palladium alloy electrocatalysts for oxygen reduction. Langmuir, 2006, 22: 10409-10415.

[93] I. A. Erikat, B. A. Hamad, J. M. Khalifeh. A density functional study on adsorption and dissociation of O_2 on Ir(100) surface. Chemical Physics, 2011, 385: 35-40.

[94] R. G. Zhang, H. Y. Liu, B. J. Wang, et al. Adsorption and dissociation of O_2 on CuCl(111) surface: A density functional theory study. Applied Surface Science, 2011, 258: 408-413.

[95] Y. Xu, M. Mavrikakis. Adsorption and dissociation of O_2 on Ir(111). The Journal of Chemical Physics, 2002, 116: 10846-10853.

[96] Y. Xu, M. Mavrikakis. Adsorption and dissociation of O_2 on Cu(111): Thermochemistry, reaction barrier and the effect of strain. Surface Science, 2001, 494: 131-144.

[97] Y. Xu, M. Mavrikakis. Adsorption and dissociation of O_2 on gold surfaces: Effect of steps and strain. The Journal of Physical Chemistry B, 2003, 107: 9298-9307.

[98] Z. Shi, J. J. Zhang, Z. S. Liu, et al. Current status of ab initio quantum chemistry study for oxygen electroreduction on fuel cell catalysts. Electrochimica Acta, 2006, 51: 1905-1916.

[99] Z. W. Chen, D. Higgins, A. P. Yu, et al. A review on non-precious metal electrocatalysts for PEM fuel cells. Energy & Environmental Science, 2011, 4: 3167-3192.

[100] H. A. Gasteiger, S. S. Kocha, B. Sompalli, et al. Activity benchmarks and requirements for Pt, Pt-alloy, and non-Pt oxygen reduction catalysts for PEMFCs. Applied Catalysis B: Environmental, 2005, 56: 9-35.

[101] C. W. B. Bezerra, L. Zhang, K. C. Lee, et al. A review of Fe-N/C and Co-N/C catalysts for the oxygen reduction reaction. Electrochimica Acta, 2008, 53: 4937-4951.

[102] J. A. R. van Veen, C. Visser. Oxygen reduction on monomeric transition-metal phthalocyanines in acid electrolyte. Electrochimica Acta, 1979, 24: 921-928.

[103] K. Wiesener, D. Ohms, V. Neumann, et al. N_4 macrocycles as electrocatalysts for

[104] S. Baranton, C. Coutanceau, E. Garnier, et al. How does alpha-FePc catalysts dispersed onto high specific surface carbon support work towards oxygen reduction reaction (orr)? Journal of Electroanalytical Chemistry, 2006, 590: 100-110.

[105] S. Baranton, C. Coutanceau, C. Roux, et al. Oxygen reduction reaction in acid medium at iron phthalocyanine dispersed on high surface area carbon substrate: Tolerance to methanol, stability and kinetics. Journal of Electroanalytical Chemistry, 2005, 577: 223-234.

[106] C. N. Shi, F. C. Anson. Catalytic pathways for the electroreduction of oxygen by iron tetrakis (4-N-methylpyridyl) porphyrin or iron tetraphenylporphyrin adsorbed on edge plane pyrolytic graphite electrodes. Inorganic Chemistry, 1990, 29: 4298-4305.

[107] G. I. Cardenas-Jiron. Substituent effect in the chemical reactivity and selectivity of substituted cobalt phthalocyanines. The Journal of Physical Chemistry A, 2002, 106: 3202-3206.

[108] E. Song, C. N. Shi, F. C. Anson. Comparison of the behavior of several cobalt porphyrins as electrocatalysts for the reduction of O_2 at graphite electrodes. Langmuir, 1998, 14: 4315-4321.

[109] P. Vasudevan, N. Mann, S. Tyagi. Transition metal complexes of porphyrins and phthalocyanines as electrocatalysts for dioxygen reduction. Transition Metal Chemistry, 1990, 15: 81-90.

[110] L. Zhang, C. J. Song, J. J. Zhang, et al. Temperature and pH dependence of oxygen reduction catalyzed by iron fluoroporphyrin adsorbed on a graphite electrode. Journal of The Electrochemical Society, 2005, 152: A2421-A2426.

[111] K. M. Kadish, L. Fremond, Z. Ou, et al. Cobalt(Ⅲ) corroles as electrocatalysts for the reduction of dioxygen: Reactivity of a monocorrole, biscorroles, and porphyrin-corrole dyads. Journal of the American Chemical society, 2005, 127: 5625-5631.

[112] N. Kobayashi, P. Janda, A. B. P. Lever. Cathodic reduction of oxygen and hydrogen peroxide at cobalt and iron crowned phthalocyanines adsorbed on highly oriented pyrolytic graphite electrodes. Inorganic Chemistry, 1992, 31: 5172-5177.

[113] C. Shi, B. Steiger, M. Yuasa, et al. Electroreduction of O_2 to H_2O at unusually positive potentials catalyzed by the simplest of the cobalt porphyrins. Inorganic Chemistry, 1997, 36: 4294-4295.

[114] C. Song, L. Zhang, J. Zhang, et al. Temperature dependence of oxygen reduction catalyzed by cobalt fluoro-phthalocyanine adsorbed on a graphite electrode. Fuel Cells, 2007, 7: 9-15.

[115] B. Steiger, F. C. Anson. {5,10,15,20-tetrakis[4-(pentaammineruthenio-cyano)phenyl]porphyrinato}cobalt(Ⅱ) immobilized on graphite electrodes catalyzes the electroreduction of O_2 to H_2O, but the corresponding 4-cyano-2, 6-dimethylphenyl derivative catalyzes the reduction only to H_2O_2. Inorganic Chemistry, 1997, 36: 4138-4140.

[116] R. Baker, D. P. Wilkinson, J. Zhang. Electrocatalytic activity and stability of substituted iron phthalocyanines towards oxygen reduction evaluated at different temperatures. Electrochimica Acta, 2008, 53: 6906-6919.

[117] H. S. Liu, L. Zhang, J. J. Zhang, et al. Electrocatalytic reduction of O_2 and H_2O_2 by adsorbed cobalt tetramethoxyphenyl porphyrin and its application for fuel cell cathodes. Journal of Power Sources, 2006, 161: 743-752.

[118] G. Wu, Z. Chen, K. Artyushkova, et al. Polyaniline-derived non-precious catalyst for the polymer electrolyte fuel cell cathode. Ecs Transactions, 2008, 16: 159-170.

[119] G. Wu, K. Artyushkova, M. Ferrandon, et al. Performance durability of polyaniline-derived non-precious cathode catalysts. Ecs Transactions, 2009, 25: 1299-1311.

[120] G. Wu, K. L. More, C. M. Johnston, et al. High-performance electrocatalysts for oxygen reduction derived from polyaniline, iron, and cobalt. Science, 2011, 332: 443-447.

[121] R. Sulub, W. Martínez-Millán, M. A. Smit. Study of the catalytic activity for oxygen reduction of polythiophene modified with cobalt or nickel. International Journal of Electrochemical Science, 2009, 4: 1015-1027.

[122] V. G. Khomenko, V. Z. Barsukov, A. S. Katashinskii. The catalytic activity of conducting polymers toward oxygen reduction. Electrochimica Acta, 2005, 50: 1675-1683.

[123] W. M. Millán, M. A. Smit. Study of electrocatalysts for oxygen reduction based on electroconducting polymer and nickel. Journal of Applied Polymer Science, 2009, 112: 2959-2967.

[124] H. Y. Qin, Z. X. Liu, W. X. Yin, et al. A cobalt polypyrrole composite catalyzed cathode for the direct borohydride fuel cell. Journal of Power Sources, 2008, 185: 909-912.

[125] J. Chen, W. Zhang, D. Officer, et al. A readily-prepared, convergent, oxygen reduction electrocatalyst. Chemical Communications, 2007, 32: 3353-3355.

[126] H. N. Cong, K. El Abbassi, J. L. Gautier, et al. Oxygen reduction on oxide/polypyrrole composite electrodes: Effect of doping anions. Electrochimica Acta, 2005, 50: 1369-1376.

[127] C. Coutanceau, A. El Hourch, P. Crouigneau, et al. Conducting polymer electrodes modified by metal tetrasulfonated phthalocyanines: Preparation and electrocatalytic behaviour towards dioxygen reduction in acid medium. Electrochimica Acta, 1995, 40: 2739-2748.

[128] T. Hirayama, T. Manako, H. Imai. A metal coordination polymer for fuel cell applications: Nanostructure control toward high performance electrocatalysis. e-Journal of Surface Science and Nanotechnology, 2008, 6: 237-240.

[129] A. L. M. Reddy, N. Rajalakshmi, S. Ramaprabhu. Cobalt-polypyrrole-multiwalled carbon nanotube catalysts for H_2 and alcohol fuel cell. Carbon, 2008, 46: 2-11.

[130] Y. Shao, H. N. Cong. Oxygen reduction on high-area carbon cloth-supported oxide nanoparticles/polypyrrole composite electrodes. Solid State Ionics, 2007, 178: 1385-1389.

[131] W. Zhang, J. Chen, P. Wagner, et al. Polypyrrole/Co—tetraphenylporphyrin modified carbon fibre paper as a fuel cell electrocatalyst of oxygen reduction. Electrochemistry Communications, 2008, 10: 519-522.

[132] Q. Zhou, C. M. Li, J. Li, et al. Electrocatalysis of template-electrosynthesized cobalt-porphyrin/polyaniline nanocomposite for oxygen reduction. Journal of Physical Chemistry C, 2008, 112: 18578-18583.

[133] K. Lee, L. Zhang, H. Lui, et al. Oxygen reduction reaction (ORR) catalyzed by carbon-supported cobalt polypyrrole (Co—PPy/C) electrocatalysts. Electrochimica Acta, 2009, 54: 4704-4711.

[134] X. Yuan, X. Zeng, H. J. Zhang, et al. Improved performance of proton exchange membrane fuel cells with p-toluenesulfonic acid-doped Co—PPy/C as cathode electrocatalyst. Journal of the American Chemical Society, 2010, 132: 1754-1755.

[135] M. Yuasa, A. Yamaguchi, H. Itsuki, et al. Modifying carbon particles with polypyrrole for adsorption of cobalt ions as electrocatatytic site for oxygen reduction. Chemistry of Materials, 2005, 17: 4278-4281.

[136] N. Alonso-Vante, H. Tributsch, O. Solorza-Feria. Kinetics studies of oxygen reduction in acid medium on novel semiconducting transition metal chalcogenides. Electrochimica Acta, 1995, 40: 567-576.

[137] D. Cao, A. Wieckowski, J. Inukai, et al. Oxygen reduction reaction on ruthenium and rhodium nanoparticles modified with selenium and sulfur. Journal of The Electrochemical Society, 2006, 153: A869-A874.

[138] C. Delacôte, A. Bonakdarpour, C. M. Johnston, et al. Aqueous-based synthesis of ruthenium-selenium catalyst for oxygen reduction reaction. Faraday Discussions, 2009, 140: 269-281.

[139] C. Fischer, N. Alonso-Vante, S. Fiechter, et al. Electrocatalytic properties of mixed transition metal tellurides (Chevrel-phases) for oxygen reduction. Journal of Applied Electrochemistry, 1995, 25: 1004-1008.

[140] K. Lee, L. Zhang, J. Zhang. A novel methanol-tolerant Ir-Se chalcogenide electrocatalyst for oyxgen reduction. Journal of Power Sources, 2007, 165: 108-113.

[141] A. Lewera, J. Inukai, W. P. Zhou, et al. Chalcogenide oxygen reduction reaction catalysis: X-ray photoelectron spectroscopy with Ru, Ru/Se and Ru/S samples emersed from aqueous media. Electrochimica Acta, 2007, 52: 5759-5765.

[142] N. Alonso-Vante, W. Jaegermann, H. Tributsch, et al. Electrocatalysis of oxygen reduction by chalcogenides containing mixed transition metal clusters. Journal of the American Chemical Society, 1987, 109: 3251-3257.

[143] N. Alonso-Vante, H. Tributsch. Energy conversion catalysis using semiconducting

transition metal cluster compounds. Nature, 1986, 323: 431-432.

[144] S. Doi, A. Ishihara, S. Mitsushima, et al. Zirconium-based compounds for cathode of polymer electrolyte fuel cell. Journal of The Electrochemical Society, 2007, 154: B362-B369.

[145] A. Ishihara, K. Lee, S. Doi, et al. Tantalum oxynitride for a novel cathode of PEFC. Electrochemical and Solid-State Letters, 2005, 8: A201-A203.

[146] Y. Liu, A. Ishihara, S. Mitsushima, et al. Electrochem. Zirconium oxide for PEFCs cathode. Electrochemical and Solid-State Letters, 2005, 8: A400-A402.

[147] R. D. Armstrong, A. F. Douglas, D. E. Williams. A study of the sodium tungsten bronzes for use as electrocatalysts in acid electrolyte fuel cells. Energy Conversion, 1971, 11: 7-10.

[148] J. O. M. Bockris, J. McHardy. Electrocatalysis of oxygen reduction by sodium tungsten bronze II. The influence of traces of platinum. Journal of The Electrochemical Society, 1973, 120: 61-66.

[149] J. McHardy, J. O. M. Bockris. Electrocatalysis of oxygen reduction by sodium tungsten bronze I. Surface characteristics of a bronze electrode. Journal of The Electrochemical Society, 1973, 120: 53-60.

[150] J. E. Houston, G. E. Laramore, R. L. Park. Surface electronic properties of tungsten, tungsten carbide, and platinum. Science, 1974, 185: 258-260.

[151] R. B. Levy, M. Boudart. Platinum-like behavior of tungsten carbide in surface catalyst. Science, 1973, 181: 547-549.

[152] H. Binder, A. Kohling, W. Kuhn, et al. Tungsten carbide electrodes for fuel cells with acid electrolyte. Nature, 1969, 224: 1299-1300.

[153] S. Izhar, M. Yoshida, M. Nagai. Characterization and performances of cobalt-tungsten and molybdenum-tungsten carbides as anode catalyst for PEFC. Electrochimica Acta, 2009, 54: 1255-1262.

[154] I. Nikolov, T. Vitanov. The effect of method of preparation on the corrosion resistance and catalytic activity during corrosion of tungsten carbide I. Corrosion resistance of tungsten carbide in sulfuric acid. Journal of Power Sources, 1980, 5: 273-281.

[155] V. S. Palanker, D. V. Sokolsii, E. A. Mazulevsii, et al. Highly dispersed tungsten carbide for fuel cells with an acidic electrolyte. Journal of Power Sources, 1976, 1: 169-176.

[156] E. J. Rees, K. Essaki, C. D. A. Brady, et al. Hydrogen electrocatalysts from microwave-synthesised nanoparticulate carbides. Journal of Power Sources, 2009, 188: 75-81.

[157] X. G. Yang, C. Y. Wang. Nanostructured tungsten carbide catalysts for polymer electrolyte fuel cells. Applied Physics Letters, 2005, 86: 224104.

[158] H. X. Zhong, H. M. Zhang, G. Liu, et al. A novel non-noble electrocatalyst for PEM fuel cell based on molybdenum nitride. Electrochemistry Communications, 2006,

8: 707-712.

[159] D. G. Xia, S. Z. Liu, Z. Y. Wang, et al. Methanol-tolerant MoN electrocatalyst synthesized through heat treatment of molybdenum tetraphenylporphyrin for four-electron oxygen reduction reaction. Journal of Power Sources, 2008, 177: 296-302.

[160] A. Takagaki, Y. Takahashi, F. X. Yin, et al. Highly dispersed niobium catalyst on carbon black by polymerized complex method as PEFC cathode catalyst fuel cells and energy conversion. Journal of The Electrochemical Society, 2009, 156: B811-B815.

[161] F. X. Yin, K. Takanabe, J. Kubota, et al. Polymerized complex synthesis of niobium- and zirconium-based electrocatalysts for PEFC cathodes. Journal of The Electrochemical Society, 2010, 157: B240-B244.

[162] E. J. Biddinger, D. Von Deak, U. S. Ozkan. Nitrogen-containing carbon nanostructures as oxygen-reduction catalysts. Topics in Catalysis, 2009, 52: 1566-1574.

[163] K. Gong, F. Du, Z. Xia, et al. Nitrogen-doped carbon nanotube arrays with high electrocatalytic activity for oxygen reduction. Science, 2009, 323: 760-764.

[164] S. Kundu, T. C. Nagaiah, W. Xia, et al. Electrocatalytic activity and stability of nitrogen-containing carbon nanotubes in the oxygen reduction reaction. Journal of Physical Chemistry C, 2009, 113: 14302-14310.

[165] K. R. Lee, K. U. Lee, J. W. Lee, et al. Electrochemical oxygen reduction on nitrogen doped graphene sheets in acid media. Electrochemistry Communications, 2010, 12: 1052-1055.

[166] S. Maldonado, K. J. Stevenson. Influence of nitrogen doping on oxygen reduction electrocatalysis at carbon nanofiber electrodes. The Journal of Physical Chemistry B, 2005, 109: 4707-4716.

[167] L. Zhang, Z. Xia. Mechanisms of oxygen reduction reaction on nitrogen-doped graphene for fuel cells. Journal of Physical Chemistry C, 2011, 115: 11170-11176.

[168] P. H. Matter, E. Wang, M. Arias, et al. Oxygen reduction reaction activity and surface properties of nanostructured nitrogen-containing carbon. Journal of Molecular Catalysis A: Chemical, 2007, 264: 73-81.

[169] L. Qu, Y. Liu, J. B. Baek, et al. Nitrogen-doped graphene as efficient metal-free electrocatalyst for oxygen reduction in fuel cells. ACS Nano, 2010, 4: 1321-1326.

[170] R. I. Jafri, N. Rajalakshmi, S. Ramaprabhu. Nitrogen doped graphene nanoplatelets as catalyst support for oxygen reduction reaction in proton exchange membrane fuel cell. Journal of Materials Chemistry, 2010, 20, 7114-7117.

[171] A. Titov, P. Zapol, P. Král, et al. Catalytic Fe-xN sites in carbon nanotubes. Journal of Physical Chemistry C, 2009, 113: 21629-21634.

[172] K. A. Kurak, A. B. Anderson. Nitrogen-treated graphite and oxygen electroreduction on pyridinic edge sites. Journal of Physical Chemistry C, 2009, 113: 6730-6734.

[173] Y. Okamoto. First-principles molecular dynamics simulation of O_2 reduction on nitrogen-doped carbon. Applied Surface Science, 2009, 256: 335-341.

[174] D. Geng, Y. Chen, Y. Chen, et al. High oxygen-reduction activity and durability of nitrogen-doped graphene. Energy & Environmental Science, 2011, 4: 760-764.

[175] T. Ikeda, M. Boero, S. F. Huang, et al. Carbon Alloy Catalysts: Active Sites for Oxygen Reduction Reaction. Journal of Physical Chemistry C, 2008, 112: 14706-14709.

[176] P. H. Matter, L. Zhang, U. S. Ozkan. The role of nanostructure in nitrogen-containing carbon catalysts for the oxygen reduction reaction. Journal of Catalysis, 2006, 239: 83-96.

[177] S. Maldonado, S. Morin, K. J. Stevenson. Structure, composition, and chemical reactivity of carbon nanotubes by selective nitrogen doping. Carbon, 2006, 44: 1429-1437.

[178] N. P. Subramanian, X. Li, V. Nallathambi, et al. Nitrogen-modified carbon-based catalysts for oxygen reduction reaction in polymer electrolyte membrane fuel cells. Journal of Power Sources, 2009, 188: 38-44.

[179] J. Chlistunoff. RRDE and voltammetric study of ORR on pyrolyzed Fe/polyaniline catalyst. On the origins of variable tafel slopes. Journal of Physical Chemistry C, 2011, 115: 6496-6507.

[180] C. V. Rao, C. R. Cabrera, Y. Ishikawa. In search of the active site in nitrogen-doped carbon nanotube electrodes for the oxygen reduction reaction. The Journal of Physical Chemistry Letters, 2010, 1: 2622-2627.

[181] X. Q. Wang, J. S. Lee, Q. Zhu, et al. Ammonia-treated ordered mesoporous carbons as catalytic materials for oxygen reduction reaction. Chemistry of Materials, 2010, 22: 2178-2180.

[182] A. B. Solovieva, S. F. Timashev. Catalyst systems based on immobilised porphyrins and metalloporphyrins. Russian Chemical Reviews, 2003, 72: 965-984.

[183] S. Sun, N. Jiang, D. Xia. Density functional theory study of the oxygen reduction reaction on metalloporphyrins and metallophthalocyanines. Journal of Physical Chemistry C, 2011, 115: 9511-9517.

[184] Z. Shi, J. Zhang. Density functional theory study of transitional metal macrocyclic complexes' dioxygen-binding abilities and their catalytic activities toward oxygen reduction reaction. Journal of Physical Chemistry C, 2007, 111: 7084-7090.

[185] Y. Sun, K. Chen, L. Jia, et al. Toward understanding macrocycle specificity of iron on the dioxygen-binding ability: A theoretical study. Physical Chemistry Chemical Physics, 2011, 13: 13800-13808.

[186] Y. Takasu, M. Suzuki, H. Yang, et al. Oxygen reduction characteristics of several valve metal oxide electrodes in $HClO_4$ solution. Electrochimica Acta, 2010, 55: 8220-8229.

[187] Y. Takasu, K. Oohori, N. Yoshinaga, et al. An examination of the oxygen reduction reaction on RuO_2-based oxide coatings formed on titanium substrates. Catalysis Today,

2009, 146: 248-252.

[188] J. Seo, D. Cha, K. Takanabe, et al. Particle size dependence on oxygen reduction reaction activity of electrodeposited TaO_x catalysts in acidic media. Physical Chemistry Chemical Physics, 2014, 16: 895-898.

[189] D. Xia, S. Liu, Z. Wang, et al. Methanol-tolerant MoN electrocatalyst synthesized through heat treatment of molybdenum tetraphenylporphyrin for four-electron oxygen reduction reaction. Journal of Power Sources, 2008, 177: 296-302.

[190] S. Isogai, R. Ohnishi, M. Katayama, et al. Composite of TiN nanoparticles and few-walled carbon nanotubes and its application to the electrocatalytic oxygen reduction reaction. Chemistry-An Asian Journal, 2012, 7: 286-289.

[191] H. Behret, H. Binder, G. Sandstede. Electrocatalytic oxygen reduction with thiospinels and other sulphides of transition metals. Electrochimica Acta, 1975, 20: 111-117.

[192] R. A. Sidik, A. B. Anderson. Co_9S_8 as a catalyst for electroreduction of O_2: Quantum chemistry predictions. The Journal of Physical Chemistry B, 2006, 110: 936-941.

[193] H. Wang, Y. Liang, Y. Li, et al. Co_{1-x}S-Graphene hybrid: A high-performance metal chalcogenide electrocatalyst for oxygen reduction. Angewandte Chemie International Edition, 2011, 50: 10969-10972.

[194] E. Vayner, R. A. Sidik, A. B. Anderson, et al. Experimental and theoretical study of cobalt selenide as a catalyst for O_2 electroreduction. Journal of Physical Chemistry C, 2007, 111: 10508-10513.

[195] W. Lu, A. G. Fadeev, B. Qi, et al. Use of ionic liquids for π-conjugated polymer electrochemical devices. Science, 2002, 297: 983-987.

[196] M. Hepel, Y. M. Chen, R. J. Stephenson. Effect of the composition of polypyrrole substrate on the electrode position of copper and nickel. Journal of The Electrochemical Society, 1996, 143: 498-505.

[197] Z. Shi, H. Liu, K. Lee, et al. Theoretical study of possible active site structures in Cobalt-Polypyrrole catalysts for oxygen reduction reaction. Journal of Physical Chemistry C, 2011, 115: 16672-16680.

[198] H. K. Dipojono, A. G. Saputro, S. M. Aspera, et al. Density functional theory study on the interaction of O_2 molecule with cobalt-(6)pyrrole clusters. Japanese Journal of Applied Physics, 2011, 50: 055702.

[199] H. K. Dipojono, A. G. Saputro, R. Belkada, et al. Adsorption of O_2 on cobalt-(n)pyrrole molecules from First-Principles Calculations. Journal of the Physical Society of Japan, 2009, 78: 094710.

[200] H. Niwa, K. Horiba, Y. Harada, et al. X-ray absorption analysis of nitrogen contribution to oxygen reduction reaction in carbon alloy cathode catalysts for polymer electrolyte fuel cells. Journal of Power Sources, 2009, 187: 93-97.

[201] E. J. Biddinger, U. S. Ozkan. Role of graphitic edge plane exposure in carbon nano-

structures for oxygen reduction reaction. Journal of Physical Chemistry C, 2010, 114: 15306-15314.

[202] H. Kim, K. Lee, S. I. Woo, et al. On the mechanism of enhanced oxygen reduction reaction in nitrogen-doped graphene nanoribbons. Physical Chemistry Chemical Physics, 2011, 13: 17505-17510.

[203] F. Calle-Vallejo, J. I. Martínez, J. Rossmeisl. Density functional studies of functionalized graphitic materials with late transition metals for oxygen reduction reactions. Physical Chemistry Chemical Physics, 2011, 13: 15639-15643.

[204] L. Yu, X. Pan, X. Cao, et al. Oxygen reduction reaction mechanism on nitrogen-doped graphene: A density functional theory study. Journal of Catalysis, 2011, 282: 183-190.

第 3 章

密度泛函理论在氧还原反应研究中的应用

3.1 概述

在当前的催化剂研究领域，研究者不仅希望应用理论计算手段去解释实验上的诸多现象和发现，更寄希望于应用此方法去设计新型的催化剂材料。这就需要研究者搞清楚氧还原反应（ORR）催化的本质是什么。究竟是什么因素决定了催化剂的性能。对于一种未知的催化剂材料，应用什么样的指标（或参数）可以准确评估其催化性能。通过大量的对具有有序结构的催化剂（如 Pt 单晶、过渡金属大环化合物、石墨烯等）的研究，研究者已经总结出了一些可以用来评估催化剂性能的方法或参数。

本章主要对近年来密度泛函理论（DFT）在氧还原反应催化剂的活性和稳定性方面的研究作了概括与总结。详细评述了 DFT 评估催化剂催化活性的诸多方法，如可从 ORR 中间体的吸附性质角度、反应势能曲线角度、可逆电势角度、反应能垒角度以及催化剂电子结构角度等方面研究催化活性。此外，对 DFT 评估催化剂催化稳定性的诸多指标，如金属溶解电势、金属共聚能以及活性中心的金属结合能等，也作了系统的总结。最后通过分析孤立的 ORR 物种的键长和键解离能、物种的吸附能与实验值之间的差值以及基元反应的相对能量之间的区别来研究四种常见的 GGA 泛函（BLYP、PW91、PBE、RPBE）计算 Pt(111) 和 FeN_4 掺杂的石墨烯（$Fe-N_4/G$）的 ORR 催化性质的准确性。

3.2 评估氧还原催化活性的方法

3.2.1 中间体的吸附能

在电催化剂上发生的 ORR 是一个复杂的多电子参与的过程,且在其中包含若干步的基元反应。Yeager[1] 提出了两种在酸性介质中 ORR 的机理:

① 直接四电子还原机理。在该机理中 O_2 被直接还原为 H_2O 分子,$O_2 + 4H^+ + 4e^- \longrightarrow 2H_2O$。

② "连续"二电子还原机理。在该机理中 O_2 首先被还原为中间产物 H_2O_2,$O_2 + 2H^+ + 2e^- \longrightarrow H_2O_2$,随后 H_2O_2 继续被还原为 H_2O 分子。

在以上两种机理中都包含中间产物 *OOH、*O 和 *OH。由于目前缺乏有效的实验技术去准确地探测反应中间产物,量子化学模拟技术可以从分子/原子层面去研究反应的微观细节及机理。Nørskov 等发现原子 O 的吸附能 (ΔE_{*O}) 是评估 Pt 和过渡金属催化剂催化活性的有效参数[2]。他们发现过渡金属的催化 ORR 活性与它们对原子 O 的吸附能之间存在近乎完美的"火山图"关系曲线,如图 3-1 所示。

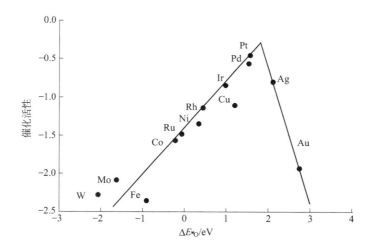

图 3-1 催化活性与 O 吸附能的关系曲线[2]

从图 3-1 中可以看出,Pt 在所有的金属中确实是最好的催化剂。其他的金属对原子 O 的吸附要么偏强,要么偏弱。例如,金属 Ni 对 *O 的吸附偏强,导致其催化的 ORR 过程的质子-电子转移反应很慢。相反,Au 对 *O 的吸附偏弱,即与 ORR 物种的作用较弱,因而不能达到很好的催化效果。此外,该图还表明 Pt 也并非完美的 ORR 催化剂。一种催化剂如果对 *O 的吸附比 Pt 稍弱,那么其催化活性应该比 Pt 要好。此结论也被大量的实验所证实。例如,DFT 研究表明 Pt 与过渡金属如 Ni、Co、Fe、Cr 等形成合金之后,可以有效地降低对 *O 的吸附,从而达到比 Pt 更高的催化活性[3-7]。

Nørskov 同时指出,不仅 *O 的吸附能决定着 ORR 的活性,*OH 中间体的吸附性质也同样重要。Stephens 等发现 *OH 的吸附能也可作为实验的参数来评估催化活性[8]。他们综合实验测定和 DFT 计算的结果表明,与 Pt 相比,将 PtCu 合金上 *OH 的吸附能降低约 0.1eV,将会使其活性升高约 8 倍。

Lee 等综合实验和理论计算研究了 Pd 基合金催化的 ORR 活性[9]。他们发现在所研究的 Pd 基合金当中,Pd-Co 合金上 *O 的吸附能与 Pt 最接近,而其催化活性也确实最好。以上研究再一次证明原子 O 的吸附能确实可以作为评估 ORR 活性的有效指标,这对发展非 Pt 催化剂而言至关重要。因为相比实验合成和测定,单纯计算 *O 的吸附性质无疑更简单和快速。此外,更多的研究表明,对其他非 Pt 催化剂而言,如酞菁铁和酞菁钴,也存在类似的规律,即原子 O 的吸附能是催化活性高低的体现[10]。

3.2.2 反应势能曲线

除上述中间体的吸附性质之外,反应势能曲线(potential energy surface,PES)也是常用的研究 ORR 催化活性的方法。为了得到 PES 图,ORR 的每一步吉布斯自由能量都需要精确计算。一般来说,对于完整的四电子 ORR 过程,在酸溶液中可描述为:

$$\begin{aligned} O_2 + 4H^+ + 4e^- &\longrightarrow {}^*OOH + 3H^+ + 3e^- \\ &\longrightarrow {}^*O + H_2O + 2H^+ + 2e^- \\ &\longrightarrow {}^*OH + H_2O + H^+ + e^- \\ &\longrightarrow 2H_2O \end{aligned} \tag{3-1}$$

相应地,在碱溶液中可表述为:

$$\begin{aligned} O_2 + 2H_2O + 4e^- &\longrightarrow {}^*OOH + H_2O + OH^- + 3e^- \\ &\longrightarrow {}^*O + H_2O + 2OH^- + 2e^- \\ &\longrightarrow {}^*OH + 3OH^- + e^- \\ &\longrightarrow 4OH^- \end{aligned} \tag{3-2}$$

以上方程明确地表明,无论是在酸溶液还是在碱溶液中,反应中间体的种类都是固定的,即均包含 *OOH、*O 和 *OH。换句话说,反应中间体的种类不随质子浓度的改变而改变,而唯一改变的是质子的化学势。

根据 Nørskov 等的方法[2,11],可以计算出任一电势下的 PES 图,如 Pt(111) 催化的 PES 见图 3-2。当电势为 0V 时,一种完美的催化剂应该使得每一步还原反应的吉布斯能量变化(ΔG)均相等,或者说在平衡电势(1.23V)时,每一步还原反应的吉布斯能量变化均为零。由于每一步的吉布斯能量变化有高有低，因此与中间体吸附能得到的结论一致，即 Pt 并非完美的催化剂。PES 图的另一应用为描述催化反应的起始电位（可逆电位）。在 PES 图中，起始电位可以定义为使得每一步吉布斯能量变化均降低的最大电位。显然，起始电位越大，催化活性越高。

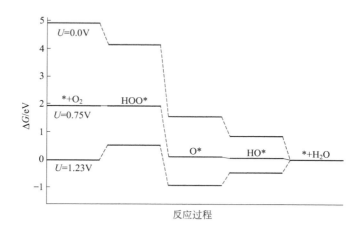

图 3-2 Pt(111) 催化 ORR 的 PES 图[11]

PES 图不仅能够成功地揭示 Pt 催化的 ORR 活性及机理，而且也能够应用到其他催化剂材料，例如金属掺杂的导电聚合物催化剂[12,13]、M—N_x（M＝Fe、Co、Ni；x＝1～4）掺杂的石墨烯催化剂[14,15]以及金属氧化物催化剂[16,17]。例如，之前对钴—聚吡咯（Co—PPy）催化剂的研究应用了 PES 图分析 ORR 催化的机理[12]。在研究过程中首先构建了两种 Co—PPy 结构，一种为 mono-Co—PPy，另一种为 di-Co—PPy。在这两种结构中，每个 Co 原子均连接两条吡咯链，区别在于前者的两条吡咯链之间只含有一个 Co 原子，而后者的两条吡咯链之间含有两个 Co 原子。它们催化的 PES 如图 3-3 所示。从图中可以看出，di-Co—PPy 催化的每一步 ORR 生成的产物均比 mono-Co—PPy 催化的更稳定，且在第三步还原过程自由能相差最大，大约为 0.49eV。因此，与 mono-Co—PPy 相比，di-Co—PPy 催化的 ORR 在热力学上更占优势，因此也预示着其催化活性较 mono-Co—PPy 更好。进一步的结构分析表明，对 mono-Co—PPy 来说，吡咯环之间的二面角并没有明显的规律；相反，在 di-Co—PPy 中，二面角的数值都比较小，最小的仅为 2.3°，这意味着 di-Co—PPy 的结构与 mono-Co—PPy 相比有了很大的改变，且趋向于成为周期性的结构。该结构无疑会有利于电子沿着吡咯链进行转移，从而使得链上的 N 原子变得更加活泼，进而在 ORR 过程中起重要作用。因此，对 Co—PPy 来说，若在两条长 PPy 链中存在多个 Co 原子形成周期性结构的话，那么该结构将会具有很好的 ORR 催化性能。

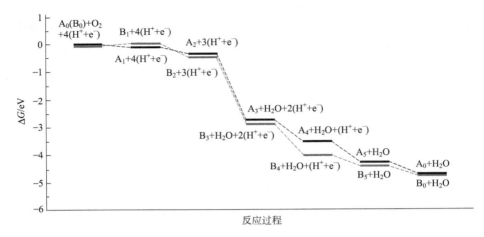

图 3-3 两种 Co—PPy 模型催化的 ORR 的 PES 图
（A 为 mono-Co-PPy，B 为 di-Co-PPy）

3.2.3 由线性吉布斯能量关系计算可逆电势

如上文所述，PES 图可以提供反映 ORR 催化过程的诸多有用信息，如吉布斯能量变化情况以及 ORR 起始电位。然而，吉布斯能量的计算较为复杂和耗时，因为涉及零点能以及熵变的计算。Anderson 课题组提出了一种简单的计算可逆电位的方法，即所谓的线性吉布斯自由能关系[18-28]。该方法认为对于任意一步质子-电子转移反应，其可逆电位可简单地通过反应物和产物的吸附能来计算。例如，对于一个电化学反应：

$$O_X + e^- (U°) \leftrightarrow Red \tag{3-3}$$

线性吉布斯能量关系具有如下的形式：

$$\Delta G_{rev} = \Delta G° - \Delta E(吸附) \tag{3-4}$$

和

$$U_{rev} = U° + \Delta E(吸附)/nF \tag{3-5}$$

式中 $\Delta G°$——该反应的标准吉布斯函数变；
ΔE（吸附）——产物的吸附能与反应物吸附能的差值；
n——转移的电子数；
F——法拉第常数；
$U°$——溶液中标准可逆电势。

因此，在这一近似方程中，可逆电势即可通过吸附能数据得到。通过与大量的实验数据相比较，证明该方法的误差不超过 0.2V。

以上计算可逆电势的简单方法已经被成功地应用到多种催化剂当中。例如，Sidik 和 Anderson 研究了 Co_9S_8 催化的 ORR 的可逆电势[22]。研究的模型为被 *OH 中间体所部分占据的催化剂表面，结果如书后彩图 3 所示[22]。他们发现一旦中间

体 *O 生成后，在催化剂表面可自动地还原为 *OH 中间体，因为这一步具有较高的可逆电位 1.03V。随后，两个 *OH 基团被分别还原为两个 H_2O 分子，可逆电位分别为 0.89V 和 0.74V。以上结果表明 Co_9S_8 催化的 ORR 起始电位为 0.74V，与 Pt 相当，意味着这是一种有效的 ORR 催化剂。

之前的文献研究了 B、N 掺杂的 α-石墨炔和 γ-石墨炔催化的 ORR 机理[29]及可逆电位，其数据列于表 3-1 中。结果表明，B、N 单掺杂的 α-石墨炔活性相对较低，这主要是由于其催化的 ORR 在某些基元步骤中会出现非常负的可逆电位，进而导致极高的过电势。相反，B、N 共掺杂的 α-石墨炔（B 和 N 掺杂到非相邻的 C 原子上）表现出了不同的 ORR 机理以及更高的催化活性。因此，此研究结果有力地证明了不同的石墨炔结构具有不同的催化性能。总体来说，B、N 共掺杂能够提高单掺杂 α-石墨炔的活性，原因在于 B、N 共掺杂能够在石墨炔上产生更高的局域自旋密度和电荷密度，十分有利于 ORR 的进行。然而，当 B、N 共掺杂到相邻的两个 C 原子上时（α-B_1N_2G），该结构的 ORR 活性并没有多大的提高，原因在于其催化的最后一步电子转移的过电势很大。此外，对 B、N 共掺杂到非相邻的两个 C 原子上的情况，增加 N 的掺杂量能够有效地改善反应的起始电压以及催化效率。

表 3-1 计算得到的可逆电位数据

反应步骤	$U°$/V	U_{rev}/V							
		α-B_1G	α-N_2G	α-B_1N_2G	α-B_1N_3G	α-B_1N_4G	α-$B_1(N_4)_3$G	γ-BG	γ-NG
1	-0.125	0.565	0.96	0.985	0.898	0.699	0.78	0.858	0.498
2	0.21	4.052	2.932	3.038	3.044	3.091	1.658	3.058	0.324
3	2.12	-0.234	0.966	1.039	0.957	0.829	2.074	0.793	3.534
4	2.72	0.542	0.067	-0.137	0.026	0.306	0.413	0.216	0.569
总体	1.23	1.23	1.23	1.23	1.23	1.23	1.23	1.23	1.23

3.2.4 反应能垒

一般来说，对一种催化剂而言，要研究其详细的 ORR 机理并据此评估 ORR 活性就必须掌握每一步催化反应的能垒情况。但遗憾的是，目前为止公开出版的文献当中，只有少数聚焦于反应的活化能情况。早在 1999 年，Anderson 和 Albu 研究了没有催化剂催化的 ORR 活化能的情况[30]。他们的理论计算结果表明，在 0~2V 电势范围内（标准氢电极，SHE），随着电极电势的增大，反应的活化能也随之增大，并且 H_2O_2 的还原过程所要越过的能垒最高（图 3-4）。因此，该步可认为是整个 ORR 的限速步骤。他们认为对于一种有效的电催化剂，至少其能够降低 H_2O_2 还原步骤的活化能，同时也应该活化 ORR 的第一步反应。电极的表面（即催化剂层）能够提高电子亲和势，并通过使 O—O 键的键长伸长达到活化 O_2 分子和 HOOH 中间体的目的。由于 *OH 中间体的还原所需的活化能非常小，若能使 HOOH 在电极表面完全解离，那么就会达到非常好的催化性能。因此，在理论上，如果一种催化剂能够提高吸附物的电子亲和势的话，那么其催化性能也会随之提高。

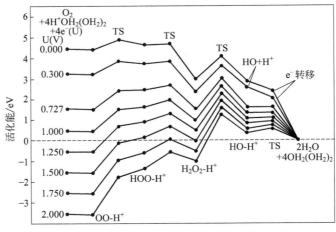

图 3-4　活化能随电极电势的变化趋势[30]

在 2000 年，他们应用同样的方法研究了 Pt 催化的 ORR 机理。计算结果表明，与无催化剂催化的 ORR 相比，Pt 的存在极大地降低了 ORR 中最难发生的步骤，即 H_2O_2 被还原为 $OH+H_2O$ 这一步反应的活化能。在 0~2V 电势范围内，活化能大约降低了 1eV。同时，Pt 的催化也显著降低了第一步 ORR 的活化能。同样地，氧还原反应的第二步，即 $^*OOH \longrightarrow H_2O_2$ 的活化能也得到不同程度的降低。对所有四步反应，活化能随着电极电势的升高而增大。

为了简化反应能垒的计算，最近很多研究者应用电荷中性的 H 原子代替 H^+ 计算质子-电子转移的活化能，原因为整个反应体系是呈电荷中性的[31-35]。例如，Kattel 和 Wang 研究了 FeN_4 掺杂的石墨烯催化 ORR 的机理情况[35]。反应中间体的吸附部位以及反应能垒情况见图 3-5。他们的 DFT 结果表明，在 O_2 解离路径当中，反应限速步骤为 O_2 分子的解离，活化能为 1.19eV；在 $^*OOH$ 解离路径当中，反应限速步骤为 $^*OOH$ 的解离，活化能为 0.56eV。因此，对于 FeN_4 掺杂的石墨烯催化的 ORR 而言，$^*OOH$ 解离路径为最优的反应路径。同时，由于 Pt(111) 和 Pt(100) 表面催化的 ORR 反应限速步骤的活化能分别为 0.79eV 和 0.80eV，均比 FeN_4 掺杂的石墨烯高。因此，可以认为 FeN_4 掺杂的石墨烯催化剂具有类 Pt（甚至高于 Pt）的催化活性。

3.2.5　催化剂电子结构

如上文所述，ORR 过程中的一些参数，如原子 O 的吸附能是评价催化活性的有效指标，那问题随之而来：究竟是什么因素决定了催化剂表现出的这些外在性质。对于金属催化剂而言，被广泛接受的观点是金属 d 带中心的能级决定着反应中间体的吸附性质[36-40]。例如，Stamenkovic 等研究了 Pt_3M（M=Ni、Co、Fe、Ti）多晶合金催化的 ORR 活性[40]。他们通过高分辨光电子能谱测定了以上合金的 d 带

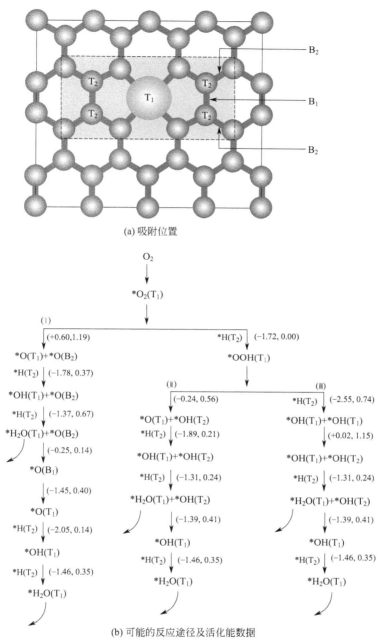

图 3-5 FeN_4 掺杂石墨烯的吸附位置与可能的反应途径及活化能数据[35]

中心的能级,并与 DFT 计算结果进行了比对。结果见图 3-6(黑色表示 DFT 计算结果,灰色表示测量结果[40])。研究结果表明 ORR 活性与 d 带中心能级之间存在典型的"火山图"关系曲线,与由原子 O 的吸附得到的结果非常类似。

对非金属催化剂,大量研究表明催化剂的最高占据轨道(HOMO)和最低空轨道(LUMO)在很大程度上决定着催化活性。较小的 HOMO-LUMO 能隙意味着较低的动力学稳定性和较高的化学反应活性[41]。此外,较高的 HOMO 能级意味

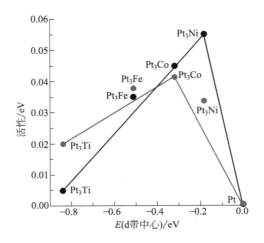

图 3-6　ORR 活性随 d 带中心能级的变化趋势

着催化剂更易将电子传递到 O_2 分子上,进而削弱 O—O 键。例如,Zhang 和 Xia 应用 DFT 方法研究了 N 掺杂石墨烯的催化活性[42]。催化剂的电荷密度分布和自旋密度分布见书后彩图 4[42]。结果表明,电荷密度和自旋密度对催化活性的影响均十分重要。未掺杂的原始石墨烯活性很低,但经过掺杂后可以在 N 邻近的 C 原子上产生高的电荷密度或自旋密度,从而使得 N 掺杂石墨烯的催化活性大幅度提高。

3.3　评估氧还原稳定性的方法

3.3.1　金属溶解电势

一种有效的 ORR 催化剂不仅应具有较高的催化活性,还需在电化学环境下具有较高的催化稳定性。Pt 基催化剂的稳定性已经被广泛地研究。Shao 等的研究结果表明粒子大小约为 2.2nm 的 Pt 具有最大的质量活性[43]。然而,Pt 粒子的大小不同,催化稳定性将大不相同。有研究表明当 Pt 粒子小于 3nm 时将会在酸溶液中逐步溶解[44]。由于 Pt 的溶解直接关系到催化稳定性,因此精确地评估 Pt 的溶解过程对于发展高稳定的催化剂而言至关重要。

Han 等应用 DFT 方法研究了 Pt 和 Pt 基催化剂粒子的催化稳定性[45-47]。对纯 Pt 粒子来说,他们应用如下方程计算催化稳定性:

$$U_{diss} = U_{bulk} + \frac{1}{2me}[E(Pt_{n-m}) + mE(Pt_{bulk}) - E(Pt_n)] \quad (3-6)$$

式中　　U_{diss} ——Pt 粒子的溶解电势;

U_{bulk} ——体相 Pt 的溶解电势;

$E(Pt_n)$ 和 $E(Pt_{n-m})$ ——含有 n 个和 $n-m$ 个 Pt 粒子的总能量；

$E(Pt_{bulk})$ ——体相 Pt 中每个原子的能量。

计算得到的不同大小 Pt 粒子的溶解电势见图 3-7。结果表明，对 Pt_{561} 和 Pt_{309} 来说，初步溶解后的结构反而比初始结构更加稳定，但随着 Pt 粒子的进一步溶解，稳定性衰减得特别快。因此，Pt 粒子的催化稳定性确实与粒子大小直接相关。总体来说，小于 3nm 的 Pt 粒子的稳定性将会比体相 Pt（溶解电势为 1.01V）要低。

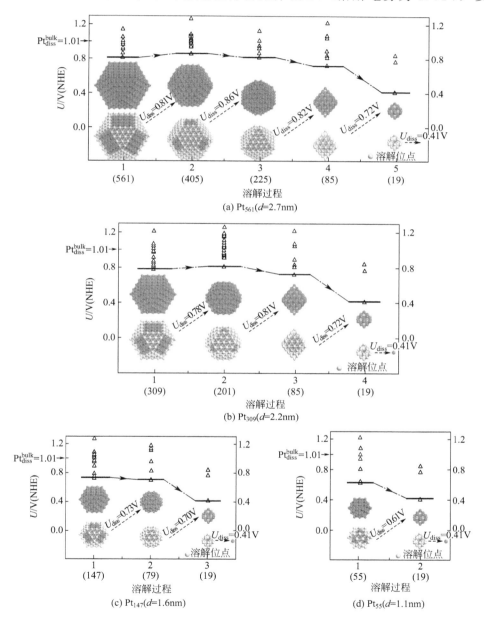

图 3-7 不同大小 Pt 粒子的溶解电势

（模型直径：2.7nm、2.2nm、1.6nm 和 1.1nm）[45]

3.3.2 金属共聚能

如上文所述,在催化过程中,催化剂表面的粒子会溶解到电解质中,从而形成表面缺陷。这一溶解过程也可以通过简单的计算金属表面共聚能来描述[48]。表面共聚能与溶解能直接相关,而溶解能又与溶解电势相关。Matanovic 等应用表面共聚能研究了诸多 Pt 基材料的稳定性,如 PtNi 合金、Pt 纳米管和 Pt 纳米线等[49-51]。他们的研究结果表明,与体相 Pt 相比,直径小于 0.5nm 的 Pt 纳米管具有较小的表面共聚能,意味着它们在较低的电势下即会溶解。当 Pt 纳米管的直径达到约 1nm 时,表面共聚能明显升高,但溶解电势仍低于体相 Pt。相反,Pt_3Ni 和 PtNi 合金的表面共聚能均高于 Pt,意味着它们的稳定性强于 Pt,这也被大量的实验所证实。

对小的金属团簇(cluster)而言,团簇共聚能也是经常应用的评估催化稳定性的参数[52,53]。Zanti 和 Peeters 研究了 Pd_n 团簇的稳定性[54]。结果表明,随着团簇的增大,共聚能一般来说逐渐升高,意味着团簇越大其结构越稳定,这与实验的结论相一致。

3.3.3 活性中心的金属结合能

以上评估催化稳定性的方法一般来说只适用于金属催化剂。对非金属催化剂,如 $M—N_x/C$ 材料而言,经常应用的方法为计算使活性中心的金属组分从活性位点溶出而需要的反应能量。如对于 Co—PPy 催化剂[12],研究结果表明 Co—PPy 的结构远比其水合钴离子稳定。而且随着 Co—PPy 中吡咯环个数的增加,需要的能量逐渐增大。因此,随着吡咯链的增长,Co—PPy 的结构也更趋稳定。

当然,除了上述评估稳定性的方法之外,许多研究者还采用其他的方法,如 Lu 等应用的分子动力学的方法[55]。他们研究了 MnN_4 掺杂的石墨烯的催化稳定性。结果表明,在 1000fs(1ps)以内,当温度为 300K、500K、800K、1000K 时,该催化剂中的各原子基本都能够维持在原来的位置,催化剂结构本身只有轻微的扭曲。甚至当温度为 1000K 时,经历 2ps 的动力学过程仍能保持稳定,说明该催化剂确实稳定性较高。

3.4 GGA 不同泛函的计算精确度

使用 DFT 方法来探究各种催化反应已有诸多研究实例。然而,DFT 中的交换相关泛函到目前为止都没有精确的表达形式,只有一些近似的形式;不同的交换相关泛函计算不同体系的精确度也不相同。交换相关泛函的精确程度决定了 DFT 方法能达到的最高计算精度，但是该精度并不能被提前预知，这使得确保计算结果的准确性尤为重要。目前，主要有两种方法来判断交换相关泛函的计算准确性。其一，比较不同的交换相关泛函和高精度计算方法得到的结果，若偏差太大，则表明采用该交换相关泛函来计算这种体系是不合适的。其二是对比理论计算结果与实验值的方法来评价交换相关泛函的准确度。

ORR 是 PEMFC 中的重要反应。在 ORR 催化体系的 DFT 研究中，首先探究交换相关泛函计算 ORR 催化体系的精确度是必要的。在本节中，将讨论采用 4 种 GGA 泛函（BLYP、PW91、PBE、RPBE）来计算 Pt(111) 和 FeN_4 掺杂石墨烯（Fe—N_4/G）催化的 ORR 性质，包括孤立的氧还原物种（O_2、OOH、O、OH、H_2O）的键长和键解离能、一些含氧物种（O_2、O、H_2O）的吸附能和基元反应的相对能量。将计算结果与已有的实验值进行比较，并进行误差分析（平均误差、平均绝对误差、平均绝对误差百分比），筛选出分别适合计算两种催化体系的 GGA 泛函。

3.4.1 孤立的氧还原物种的键长

一般情况下，理论值与实验值之间的误差分析可以用来评价 GGA 泛函的计算精确度。但是存在一个问题，研究表明一个有着较小误差的 GGA 泛函可能存在较大的平均误差[56,57]。因此，为了保证结果的准确性，对平均误差（ME）、平均绝对误差（MAE）和平均绝对误差百分数（MAPE）进行综合分析。其中，MAE 可以避免正负误差相互抵消的情况，从而真实地反映出理论值与实验值之间的差异[58]。三种误差的计算公式如下所示：

$$\text{MAE} = \sum_{i=1}^{n} \frac{|X_{\text{calc},i} - X_{\text{exp},i}|}{n} \tag{3-7}$$

$$\text{ME} = \sum_{i=1}^{n} \frac{X_{\text{calc},i} - X_{\text{exp},i}}{n} \tag{3-8}$$

$$\text{MAPE} = \frac{1}{n} \sum_{i=1}^{n} \left| \frac{X_{\text{calc},i} - X_{\text{exp},i}}{X_{\text{calc},i}} \right| \times 100\% \tag{3-9}$$

式中　$X_{\text{calc},i}$、$X_{\text{exp},i}$——理论值和实验值；

n——理论值的数量。

由定义可知，若 ME、MAE 和 MAPE 的值都越接近于零，则理论值与实验值越接近，其对应的 GGA 泛函的计算准确度越高。

在研究初始，采用了四种 GGA 泛函对孤立的 ORR 物种的几何结构进行优化。表 3-2 给出了不同泛函计算的孤立 ORR 物种键长的理论值和实验值。键长的误差分析结果如图 3-8 所示。结果表明，PW91 泛函对应的三种误差的值都最接近于零，即说明该泛函的计算结果与实验值最接近，其中 ME、MAE 和 MAPE 的值分别为 0.0138Å、0.0138Å 和 1.29%。相应地，PBE、RPBE 和 BLYP 泛函下的 ME、MAE 和 MAPE 的值分别为 0.0148Å、0.0148Å 和 1.39%，0.0168Å、

0.0168Å 和 1.53%，0.0214Å、0.0214Å 和 1.92%。除此之外，对四种泛函来说，键长的理论值都比实验值高，由于 GGA 泛函总是希望体系出现大的电子密度梯度变化，对晶体而言，只有增加晶体原子之间的间隙，电子密度才会变得更不均匀，因而 GGA 泛函计算的键长总是偏大。总的说来，所有的误差分析结果都相对较好，最大的 MAPE 小于 2%，其在可接受的误差范围之内。换句话说，四种 GGA 泛函对孤立含氧物种的几何结构的优化都具有较高的准确性。

表 3-2 不同泛函计算出 ORR 物种的键长与实验值　　　　　　　　　　　　单位：Å

键的种类	PBE	RPBE	PW91	BLYP	实验值
O—O(O$_2$)	1.225	1.230	1.225	1.237	1.208[59]
O—H(H$_2$O)	0.972	0.969	0.970	0.970	0.957[60]
O—H(*OH)	0.984	0.985	0.983	0.987	0.971[61]
O—O(*OOH)	1.343	1.351	1.343	1.362	1.331[60]
O—H(*OOH)	0.988	0.987	0.986	0.989	0.971[60]

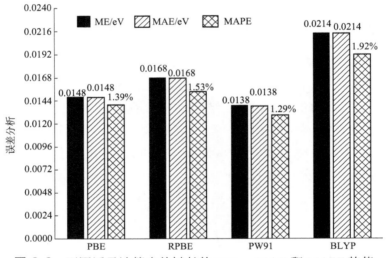

图 3-8　不同泛函计算出的键长的 ME、MAE 和 MAPE 的值

3.4.2　孤立的氧还原物种的键解离能

近年来，通过分析键解离能（BDE）理论值与实验值之间的误差来评价交换相关泛函计算精度的方法引起了人们广泛的关注[62-64]。对于反应 AB⟶A+B，其 BDE 的定义为：在标准压力、298.15K 时，双原子分子 AB 解离成 A 原子和 B 原子所需要的能量，即焓的变化量[65,66]。其具体的计算公式为：

$$\text{BDE}(A-B)=H_f(A)+H_f(B)-H_f(AB) \tag{3-10}$$

式中，H_f 为理想气体状态下的组分在 298.15K 和标准压力下的焓值，其计算公式为：

$$H_f=E_0+\text{ZPE}+H_{trans}+H_{rot}+H_{vib}+RT \tag{3-11}$$

式中　　　　　　E_0——计算的总能量；

ZPE——零点能；

H_{trans}、H_{rot}、H_{vib}——平动、转动和振动对能量的贡献。

五种孤立的 ORR 反应物种的 BDE 及其误差分析结果如表 3-3 和表 3-4 所列。结果表明四种泛函计算 O—O 键的 BDE 偏高，而计算 O—H 键偏低。误差分析结果表明，PW91 计算出的 ME 最低，为 -0.468 eV。BLYP 泛函计算出的 MAE 和 MAPE 最小，分别为 1.23eV 和 29.5%。但是，四种 GGA 泛函计算出的三种误差都比较大，都在不可接受的范围之内，因此四种 GGA 泛函都不能直接用来计算含氧物种的 BDE，尤其是 O—H 键的 BDE。

表 3-3 四种泛函计算的孤立 ORR 物种的 BDE 值及实验值 单位：eV

序号	反应种类	PW91	BLYP	PBE	RPBE	实验值[67]
1	$O_2 \longrightarrow 2\,^*O$	6.19	5.73	6.16	5.82	5.10
2	$^*OOH \longrightarrow\,^*OH+\,^*O$	3.64	3.29	3.62	3.32	2.84
3	$H_2O_2 \longrightarrow 2\,^*OH$	2.59	2.31	2.56	2.3	2.18
4	$H_2O_2 \longrightarrow\,^*H+\,^*OOH$	1.36	1.26	1.34	1.21	3.78
5	$H_2O \longrightarrow\,^*H+\,^*OH$	2.93	2.74	2.92	2.76	5.15

表 3-4 四种泛函计算出 BDE 值的三种误差结果

误差分析	PW91	BLYP	PBE	RPBE
ME/eV	-0.468	-0.744	-0.49	-0.728
MAE/eV	1.39	1.23	1.38	1.26
MAPE/%	35.1	29.5	34.7	30.1

对于孤立含氧物种键解离能的计算，这些 GGA 泛函并不可靠。但是这些泛函对孤立的含氧物种的几何结构的计算优化都具有较高的准确性。因此可以看出，交换相关泛函计算的准确性与所选择的计算体系紧密相关。

3.4.3 氧还原物种在催化剂表面的吸附能

众所周知，吸附能（E_{ads}）是评价 ORR 电催化剂催化活性的重要参数之一[68,69]。其计算公式为：$E_{ads}=E_{total}-E_{catalyst}-E_{species}$。其中，$E_{total}$、$E_{catalyst}$、$E_{species}$ 分别代表氧还原物种吸附在催化剂表面的总能量、孤立的催化剂的总能量以及孤立的氧还原物种的总能量。不同泛函计算出的氧还原物种在 Pt(111) 和 Fe—N_4/G 两种催化剂（计算模型见书后彩图 5[70,71]）上的 E_{ads} 如图 3-9（a）和图 3-9（b）所示，其值越负，表示吸附越稳定。

其得到的结论如下所示。

① 对同一个氧还原物种而言，不同的 GGA 泛函得到了不同的 E_{ads}。其中，不同泛函计算的氧原子在 Fe—N_4/G 催化剂表面的 E_{ads} 差距最大，如 PBE 泛函计算出的 E_{ads} 为 -4.42 eV，BLYP 泛函计算出的 E_{ads} 为 -3.74 eV，它们之间的差值高达 0.68eV。毫无疑问，如此大的差值将会对催化剂活性的评价产生一定的影响。

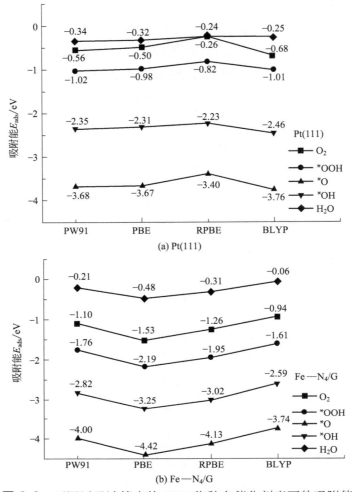

图 3-9 不同泛函计算出的 ORR 物种在催化剂表面的吸附能

② 对同一个氧还原物种而言，与 Fe—N_4/G 催化剂相比，Pt(111) 催化剂上的 E_{ads} 值受泛函的影响更小，因为在 Pt(111) 催化剂上 ORR 物种的 E_{ads} 随泛函的曲线变化趋势更温和。

③ 对于 Pt(111) 和 Fe—N_4/G 两种催化剂来说，其 E_{ads} 随泛函的变化曲线几乎都是平行的。这表明，同一个泛函将会对不同的氧还原物种产生相同的影响。也就是说，如果某一个泛函计算出某一个氧还原物种的 E_{ads} 是偏大或偏小，那么这个泛函计算其他氧还原物种的 E_{ads} 也将是偏大的或者偏小的，且偏差的范围也一样。

④ 对同一种 GGA 泛函而言，计算的结果与催化剂的种类相关。之前有研究表明，泛函的选择与催化剂的电子结构密切相关[72,73]。对 Fe—N_4/G 催化剂上的任意 ORR 物种来说，BLYP 泛函的计算结果表明其吸附最弱，PBE 泛函的计算结果表明其吸附最强。然而，对 Pt(111) 催化剂上的任意 ORR 物种来说，BLYP 泛函的计算结果表明其发生了最强的吸附，RPBE 泛函的计算结果表明其发生了最弱的吸附。

已知 O_2、·O 和 H_2O 在 Pt(111) 表面的 E_{ads} 实验值分别为 -0.50eV[74,75]、

$-3.68eV^{[76,77]}$ 和 $-0.43eV^{[78]}$，其误差分析结果如图 3-10 所示。BLYP、PW91、PBE 和 RPBE 泛函对应的 ME 分别为 $-0.026eV$、$0.01eV$、$0.04eV$ 和 $0.237eV$，这表明当选择的泛函为 BLYP 时，计算出的 E_{ads} 比实验值更正，其他泛函计算出的 E_{ads} 都比实验值更负，其中 PW91 泛函对应的 ME 与零最接近。进一步分析发现，PBE 泛函对应的 MAE 最小，为 $0.04eV$；PW91 泛函计算出的 MAE 与 PBE 泛函接近，为 $0.043eV$。BLYP 泛函和 RPBE 泛函计算的 MAE 值分别为 $0.147eV$ 和 $0.237eV$。此外，当选择的泛函为 PBE 时，计算得到的 MAPE 最小，为 8.6%；当选择的泛函为 PW91 时，其 MAPE 为 10.1%，与 PBE 泛函接近。而 BLYP 和 RPBE 泛函对应的 MAPE 分别为 26.7% 和 33.3%，远远高于 PBE 泛函的计算结果。因此根据三种误差分析结果，四种泛函计算 ORR 物种在 Pt(111) 上 E_{ads} 的准确度顺序为：PBE≈PW91＞BLYP＞RPBE。O_2 吸附在 Pt(111) 和 Fe—N_4/G 上的优化构型如书后彩图 6 所示，对 PBE 和 PW91 两种泛函来说，几乎所有优化的结构参数都是相似的，如 Pt—Pt 键长、Pt—O 键长和 O—O 键长，这说明 PBE 泛函和 PW91 泛函在计算 Pt(111) 催化的 ORR 体系时具有相似的精确度。

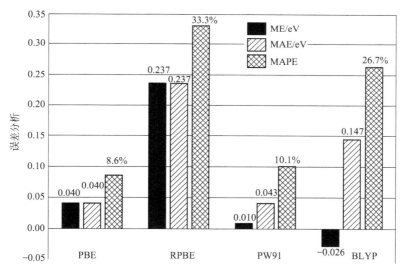

图 3-10 不同泛函计算的 O_2、·O、H_2O 在 Pt(111) 表面上的吸附能的 ME、MAE 和 MAPE

Pt 基催化剂目前是 ORR 催化活性最高的催化剂。有研究表明，Pt(111) 可以作为评价其他催化剂性能的基准[9,79,80]。Fe—N_4/G 催化剂的 ORR 催化活性已经被证明与 Pt 相当[81-83]，因此物种在 Fe—N_4/G 催化剂上的 E_{ads} 也应该与 Pt(111) 上的相当。此外，Fe—N_4/G 表面 ORR 物种 E_{ads} 实验值还未曾被报道。上文已经指出，单独分析 Fe—N_4/G 催化 ORR 体系中的各理论值之间的差异并不能合理地判断 GGA 泛函的计算精度，因此，选择 PBE 泛函计算 Pt(111) 表面的 E_{ads} 作为评价指标，以研究四种泛函计算 Fe—N_4/G 催化 ORR 体系精确度。对比图 3-9（a）和图 3-9（b），可以看出，对 Fe—N_4/G 来说，BLYP 泛函计算出的 E_{ads} 与 PBE 泛函计算 Pt(111) 表面的 E_{ads} 最接近，这说明 BLYP 泛函是计算 Fe—N_4/G 催化 ORR 体系最适合的 GGA 泛函。

3.4.4 反应过程分析

利用基元反应的相对能量来判断 ORR 过程在催化剂上是否能够自发进行[84,85]。因此，探究不同的 GGA 泛函对氧还原基元反应相对能量计算结果的影响是非常有必要的。两种催化剂表面的 ORR 路径都为 $O_2 \longrightarrow {}^*OOH \longrightarrow {}^*O + {}^*OH \longrightarrow 2{}^*OH \longrightarrow 2H_2O$[34,86,87]，其基元反应的相对能量变化如图 3-11 所示。对 Pt(111) 催化剂来说，不同 GGA 泛函计算的每一步基元反应的相对能量变化曲线都呈下降趋势，这对 Pt(111) 催化的 ORR 是有利的。除此之外，PBE 和 PW91 两种泛函计算出的相对能量变化趋势较为相似，这再一次说明 PBE 和 PW91 泛函对

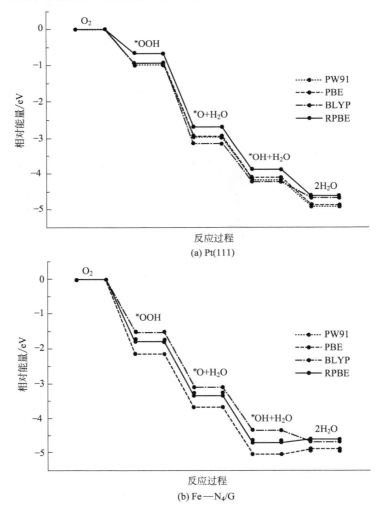

图 3-11 Pt(111) 和 Fe—N_4/G 催化剂上的 ORR 步骤的相对能量

Pt(111) 催化 ORR 体系的计算结果十分相似。对 Fe—N_4/G 催化的 *OH 的还原反应来说，其相对能量的计算结果有所不同。当选择的泛函为 PBE 和 RPBE 时，该步骤的相对能量分别为 0.16eV 和 0.08eV，表明该反应为吸热反应，不利于 ORR 的自发进行；当选择的泛函为 PW91 和 BLYP 时，该步骤的相对能量分别为 −0.29eV 和 −0.33eV，表明其是放热反应，同时将使整个体系能量降低，有利于 ORR 的自发进行。毫无疑问，具有高活性的 Fe—N_4/G 催化的 ORR 应该是自发进行的，这再一次表明 BLYP 泛函对于 Fe—N_4/G 催化 ORR 体系的计算是比较准确的。

3.5 小结

至今为止，应用理论模拟方法，特别是密度泛函理论对电催化剂材料的研究已经取得了巨大的成果。随着计算科学技术的飞速发展，计算化学在催化剂材料研究中占有越来越重要的地位。与实验研究相比，理论模拟方法能够揭示详细的界面反应现象，如探索反应过程中生成的中间体以及基元反应的活化能情况。对评估和寻找更好的用以替代 Pt 的催化剂来说，计算化学方法已经变得不可或缺。另外，在当前的技术水平下，计算化学方法在综合考虑反应体系时还存在一定的困难。因此，需要开发更好的模型和方法来研究复杂的 ORR 机理。此外，更多的理论研究需要开展，用以补充对 ORR 过程理解的不足，从而在催化剂设计领域取得突破。

参考文献

[1] E. Yeager. Electrocatalysts for O_2 reduction. Electrochimica Acta, 1984, 29: 1527-1537.

[2] J. K. Nørskov, J. Rossmeisl, A. Logadottir, et al. Origin of the overpotential for oxygen reduction at a fuel-cell cathode. The Journal of Physical Chemistry B, 2004, 108: 17886-17892.

[3] Y. Xu, A. V. Ruban, M. Mavrikakis. Adsorption and dissociation of O_2 on Pt-Co and Pt-Fe alloys. Journal of the American Chemical Society, 2004, 126: 4717-4725.

[4] J. R. Kitchin, J. K. Nørskov, M. A. Barteau, et al. Modification of the surface electronic and chemical properties of Pt(111) by subsurface 3d transition metals. The Journal of chemical physics, 2004, 120: 10240-10246.

[5] U. A. Paulus, A. Wokaun, G. G. Scherer, et al. Oxygen reduction on carbon-supported Pt-Ni and Pt-Co alloy catalysts. The Journal of Physical Chemistry B, 2002, 106: 4181-4191.

[6] M Min, J Cho, K Cho, et al. Particle size and alloying effects of Pt-based alloy catalysts for fuel cell applications. The Journal of Physical Chemistry B, 2000, 45: 4211-4217.

[7] M. Neergat, A. K. Shukla, K. S. Gandhi. Platinum-based alloys as oxygen-reduction catalysts for solid-polymer-electrolyte direct methanol fuel cells. Journal of Applied Electrochemistry 2001, 31: 373-378.

[8] I. E. L. Stephens, A. S. Bondarenko, F. J. Perez-Alonso, et al. Tuning the activity of Pt(111) for oxygen electroreduction by subsurface alloying. Journal of the American Chemical Society, 2011, 133: 5485-5491.

[9] K. R. Lee, Y. Jung, S. I. Woo. Combinatorial screening of highly active Pd binary catalysts for electrochemical oxygen reduction. ACS Combinatorial Science, 2012, 14: 10-16.

[10] R. Chen, H. Li, D. Chu, et al. Unraveling oxygen reduction reaction mechanisms on carbon-supported Fe-phthalocyanine and Co-phthalocyanine catalysts in alkaline solutions. Journal of Physical Chemistry C, 2009, 113: 20689-20697.

[11] H. A. Hansen, J. Rossmeisl, J. K. Nørskov. Surface pourbaix diagrams and oxygen reduction activity of Pt, Ag and Ni(111) surfaces studied by DFT. Physical Chemistry Chemical Physics, 2008, 10: 3722-3730.

[12] X. Chen, F. Li, X. Wang, et al. Density functional theory study of the oxygen reduction reaction on a Cobalt-polypyrrole composite catalyst. Journal of Physical Chemistry C, 2012, 116: 12553-12558.

[13] X. Chen, S. Sun, X. Wang, et al. DFT study of polyaniline and metal composites as nonprecious metal catalysts for oxygen reduction in fuel cells. Journal of Physical Chemistry C, 2012, 116: 22737-22742.

[14] S. Kattel, P. Atanassov, B. Kiefer. Density functional theory study of Ni-N_x/C electrocatalyst for oxygen reduction in alkaline and acidic media. Journal of Physical Chemistry C, 2012, 116: 17378-17383.

[15] S. Kattel, P. Atanassov, B. Kiefer. Catalytic activity of Co-N_x/C electrocatalysts for oxygen reduction reaction: A density functional theory study. Physical Chemistry Chemical Physics, 2013, 15: 148-153.

[16] H. Y. Su, Y. Gorlin, I. C. Man, et al. Identifying active surface phases for metal oxide electrocatalysts: A study of manganese oxide bi-functional catalysts for oxygen reduction and water oxidation catalysis. Physical Chemistry Chemical Physics, 2012, 14: 14010-14022.

[17] G. Wang, F. Huang, X. Chen, et al. A first-principle study of oxygen reduction reaction on monoclinic zirconia($\bar{1}11$), ($\bar{1}01$) and (110) surfaces. Catalysis Communications, 2015, 69: 16-19.

[18] J. Roques, A. B. Anderson. Theory for the potential shift for OH ads formation on the Pt skin on Pt_3Cr(111) in acid. Journal of The Electrochemical Society, 2004, 151: E85-E91.

[19] A. B. Anderson, R. A. Sidik. Oxygen electroreduction on Fe^{II} and Fe^{III} coordinated to N$_4$ chelates. Reversible potentials for the intermediate steps from quantum theory. The Journal of Physical Chemistry B, 2004, 108: 5031-5035.

[20] J. Roques, A. B. Anderson. Pt$_3$Cr(111) alloy effect on the reversible potential of OOH (ads) formation from O$_2$ (ads) relative to Pt(111). Journal of Fuel Cell Science and Technology, 2005, 2: 86-93.

[21] H. Schweiger, E. Vayner, A. B. Anderson. Why is there such a small overpotential for O$_2$ electroreduction by copper laccase? Electrochemical and Solid-State Letters, 2005, 8: A585-A587.

[22] R. A. Sidik, A. B. Anderson. Co$_9$S$_8$ as a catalyst for electroreduction of O$_2$: Quantum chemistry predictions. The Journal of Physical Chemistry B, 2006, 110: 936-941.

[23] R. A. Sidik, A. B. Anderson, N. P. Subramanian, et al. O$_2$ reduction on graphite and nitrogen-doped graphite: Experiment and theory. The Journal of Physical Chemistry B, 2006, 110: 1787-1793.

[24] E. Vayner, H. Schweiger, A. B. Anderson. Four-electron reduction of O$_2$ over multiple Cu^I centers: Quantum theory. Journal of Electroanalytical Chemistry, 2007, 607: 90-100.

[25] E. Vayner, A. B. Anderson. Theoretical predictions concerning oxygen reduction on nitrided graphite edges and a cobalt center bonded to them. Journal of Physical Chemistry C, 2007, 111: 9330-9336.

[26] E. Vayner, R. A. Sidik, A. B. Anderson. Experimental and theoretical study of cobalt selenide as a catalyst for O$_2$ electroreduction. Journal of Physical Chemistry C, 2007, 111: 10508-10513.

[27] K. A. Kurak, A. B. Anderson. Nitrogen-treated graphite and oxygen electroreduction on pyridinic edge sites. Journal of Physical Chemistry C, 2009, 113: 6730-6734.

[28] K. A. Kurak, A. B. Anderson. Selenium: A nonprecious metal cathode catalyst for oxygen reduction. Journal of The Electrochemical Society, 2010, 157: B173-B179.

[29] X. Chen, Q. Qiao, L. An, et al. Why do boron and nitrogen doped α- and γ-graphyne exhibit different oxygen reduction mechanism? A first-principles study. Journal of Physical Chemistry C, 2015, 119: 11493-11498.

[30] A. B. Anderson, T. V. Albu. Ab initio determination of reversible potentials and activation energies for outer-sphere oxygen reduction to water and the reverse oxidation reaction. Journal of the American Chemical Society, 1999, 121: 11855-11863.

[31] J. Zhang, Z. Wang, Z. Zhu. The inherent kinetic electrochemical reduction of oxygen into H$_2$O on FeN$_4$-carbon: A density functional theory study. Journal of Power Sources, 2014, 255: 65-69.

[32] X. Zhang, Z. Lu, Z. Fu, et al. The mechanisms of oxygen reduction reaction on phosphorus doped graphene: A first-principles study. Journal of Power Sources, 2015, 276: 222-229.

[33] Z. Duan, G. Wang. A first principles study of oxygen reduction reaction on a Pt(111) surface modified by a subsurface transition metal M (M = Ni, Co, or Fe). Physical Chemistry Chemical Physics, 2011, 13: 20178-20187.

[34] Z. Duan, G. Wang. Comparison of reaction energetics for oxygen reduction reactions on Pt(100), Pt(111), Pt/Ni(100), and Pt/Ni(111) surfaces: A first-principles study. Journal of Physical Chemistry C, 2013, 117: 6284-6292.

[35] S. Kattel, G. Wang. Reaction pathway for oxygen reduction on FeN_4 embedded graphene. The Journal of Physical Chemistry Letters, 2014, 5: 452-456.

[36] B. Hammer, J. K. Nørskov. Why gold is the noblest of all the metals? Nature, 1995, 376: 238-240.

[37] B. Hammer, Y. Morikawa, J. K. Nørskov. CO chemisorption at metal surfaces and overlayers. Physical Review Letters, 1996, 76: 2141-2144.

[38] L. A. Kibler, A. M. El-Aziz, R. Hoyer, et al. Tuning reaction rates by lateral strain in a palladium monolayer. Angewandte Chemie International Edition, 2005, 44: 2080-2084.

[39] V. R. Stamenkovic, B. Fowler, B. S. Mun, et al. Improved oxygen reduction activity on Pt_3Ni(111) via increased surface site availability. Science, 2007, 315: 493-497.

[40] V. Stamenkovic, B. S. Mun, K. J. J. Mayrhofer, et al. Changing the activity of electrocatalysts for oxygen reduction by tuning the surface electronic structure. Angewandte Chemie International Edition, 2006, 45: 2897-2901.

[41] J. Aihara. Reduced HOMO-LUMO gap as an index of kinetic stability for polycyclic aromatic hydrocarbons. The Journal of Physical Chemistry A, 1999, 103: 7487-7495.

[42] L. Zhang, Z. Xia. Mechanisms of oxygen reduction reaction on nitrogen-doped graphene for fuel cells. Journal of Physical Chemistry C, 2011, 115: 11170-11176.

[43] M. Shao, A. Peles, K. Shoemaker. Electrocatalysis on platinum nanoparticles: particle size effect on oxygen reduction reaction activity. Nano letters, 2011, 11: 3714-3719.

[44] K. Sasaki, H. Naohara, Y. Cai, et al. Core-protected platinum monolayer shell high-stability electrocatalysts for fuel-cell cathodes. Angewandte Chemie International Edition, 2010, 49: 8602-8607.

[45] J. K. Seo, A. Khetan, M. H. Seo, et al. First-principles thermodynamic study of the electrochemical stability of Pt nanoparticles in fuel cell applications. Journal of Power Sources, 2013, 238: 137-143.

[46] S. H. Noh, M. H. Seo, J. K. Seo, et al. First principles computational study on the electrochemical stability of Pt-Co nanocatalysts. Nanoscale, 2013, 5: 8625-8633.

[47] S. H. Noh, B. Han, T. Ohsaka. First-principles computational study of highly stable and active ternary PtCuNi nanocatalyst for oxygen reduction reaction. Nano Research, 2015, 8: 3394-3403.

[48] C. D. Taylor, M. Neurock, J. R. Scully. First-principles investigation of the fundamental corrosion properties of a model Cu_{38} nanoparticle and the (111), (113) surfaces.

Journal of The Electrochemical Society, 2008, 155: C407-C414.

[49] I. Matanovic, F. H. Garzon, N. J. Henson. Theoretical study of electrochemical processes on Pt-Ni alloys. Journal of Physical Chemistry C, 2011, 115: 10640-10650.

[50] I. Matanovic, P. R. C. Kent, F. H. Garzon, et al. Density functional theory study of oxygen reduction activity on ultrathin platinum nanotubes. Journal of Physical Chemistry C, 2012, 116: 16499-16510.

[51] I. Matanovic, P. R. C. Kent, F. H. Garzon, et al. Density functional study of the structure, stability and oxygen reduction activity of ultrathin platinum nanowires. Journal of The Electrochemical Society, 2013, 160: F548-F553.

[52] Y. Okamoto. Comparison of hydrogen atom adsorption on Pt clusters with that on Pt surfaces: A study from density-functional calculations. Chemical Physics Letters, 2006, 429: 209-213.

[53] J. M. Seminario, L. A. Agapito, L. Yan, et al. Density functional theory study of adsorption of OOH on Pt-based bimetallic clusters alloyed with Cr, Co, and Ni. Chemical Physics Letters, 2005, 410: 275-281.

[54] G. Zanti, D. Peeters. DFT study of small palladium clusters Pd_n and their interaction with a CO ligand ($n=1 \sim 9$). European Journal of Inorganic Chemistry, 2009, 2009: 3904-3911.

[55] Z. Lu, G. Xu, C. He, et al. Novel catalytic activity for oxygen reduction reaction on MnN_4 embedded graphene: A dispersion-corrected density functional theory study. Carbon, 2015, 84: 500-508.

[56] A. Savin, E. R. Johnson. Judging density-functional approximations: Some pitfalls of statistics. Topics in Current Chemistry, 2015, 365: 81-95.

[57] B. Civalleri, D. Presti, R. Dovesi, et al. On choosing the best density functional approximation. Chem. Modell, 2012, 9: 168-185.

[58] 贾俊平, 何晓群, 金勇进. 统计学. 4版. 北京: 中国人民大学出版社, 2011.

[59] J. Hrušák, H. Friedrichs, H. Schwarz, et al. Electron affinity of hydrogen peroxide and the $[H_2, O_2]^-$ potential energy surface: A comparative DFT and ab Initio study. The Journal of Physical Chemistry, 1996, 100: 100-110.

[60] J. H. Callomon, E. Hirota, K. Kuchitsu, et al. Structure data of free polyatomic molecules (landolt bornstein, new series, group 11). Springer-Verlag: Berlin, 1976.

[61] C. Adamo, M. Ernzerhof, G. E. Scuseria. The meta-GGA functional: Thermochemistry with a kinetic energy density dependent exchange-correlation functional. Journal of Chemical Physics, 2000, 112: 2643-2649.

[62] X. Q. Yao, X. J. Hou, H. J. Jiao, et al. Accurate calculations of bond dissociation enthalpies with density functional methods. Journal of Physical Chemistry A, 2007, 107: 9991-9996.

[63] H. Yu, D. Liu, Z. Dang, et al. Accurate prediction of Au-P bond strengths by density functional theory methods. Chinese Journal of Chemistry, 2013, 31: 200-208.

[64] F. Yao, D. Xiao-Yu, W. Yi-Min, et al. Density functional method studies of X-H (X=C, N, O, Si, P, S) bond dissociation energies. Chinese Journal of Chemistry, 2005, 23: 474-482.

[65] S. J. Blanksby, G. B. Ellison. Bond dissociation energies of organic molecules. Accounts of Chemical Research, 2003, 36: 255-263.

[66] A. K. Chandra, T. Uchimaru. The O—H bond dissociation energies of substituted phenols and proton affinities of substituted phenoxide ions: A DFT Study. International Journal of Molecular Sciences, 2002, 3: 407-422.

[67] Y. R. Luo. Comprehensive handbook of chemical bond energies. CRC Press, 2007.

[68] X. Chen, J. Chang, H. Yan, et al. Boron nitride nanocages as high activity electrocatalysts for oxygen reduction reaction: Synergistic catalysis by dual active sites. Journal of Physical Chemistry C, 2016, 120: 28912-28916.

[69] X. Chen, F. Ge, N. Lai. Cobalt-based coordination polymer as high activity electrocatalyst for oxygen reduction reaction: Catalysis by novel active site CoO_4N_2. International Journal of Energy Research, 2020, 44: 2164-2172.

[70] G. Ertl. Reactions at solid surfaces. Wiley, 2009.

[71] J. Kneipp, H. Kneipp, K. Kneipp. SERS—a single-molecule and nanoscale tool for bioanalytics. Chemical Society Reviews, 2008, 37: 1052-1060.

[72] S. I. Gorelsky. Complexes with a single metal-metal bond as a sensitive probe of quality of exchange-correlation functionals. Journal of Chemical Theory and Computation, 2012, 8: 908-914.

[73] Y. Zhao, D. G. Truhlar. The Mo6 suite of density functionals for main group thermochemistry, thermochemical kinetics, noncovalent interactions, exited states, and transition elements: Two new functionals and systematic testing of four Mo6 functionals and 12 other functionals. Theoretical Chemistry Accounts, 2008, 120: 215-241.

[74] D. H. Parker, M. E. Bartram, B. E. Koel. Study of high coverages of atomic oxygen on the Pt(111) surface. Surface Science, 1989, 217: 489-510.

[75] H. Steininger, S. Lehwald, H. Ibach. Adsorption of oxygen on Pt(111). Surface Science, 1982, 123: 1-17.

[76] J. L. Gland, B. A. Sexton, G. B. Fisher. Oxygen interactions with the Pt(111) surface. Surface Science, 1980, 95: 587-602.

[77] J. A. Keith, G. Jerkiewicz, T. Jacob. Theoretical investigations of the oxygen reduction reaction on Pt(111). Chemical Physics and Physical Chemistry, 2010, 11: 2779-2794.

[78] G. B. Fisher, J. L. Gland. The interaction of water with the Pt(111) surface. Surface Science, 1980, 94: 446-455.

[79] X. Chen. Graphyne nanotubes as electrocatalysts for oxygen reduction reaction: The effect of doping elements on the catalytic mechanisms. Physical Chemistry Chemical Physics, 2015, 17: 29340-29343.

[80]　L. Yu, X. Pan, X. Cao, et al. Oxygen reduction reaction mechanism on nitrogen-doped graphene: A density functional theory study. Journal of catalysis, 2011, 282: 183-190.

[81]　C. W. B. Bezerra, L Zhang, K Lee, et al. A review of Fe-N/C and Co-N/C catalysts for the oxygen reduction reaction. Electrochimica Acta, 2008, 53: 4937-4951.

[82]　A. Bonakdarpour, M. Lefevre, R. Yang, et al. Impact of loading in RRDE experiments on Fe-N-C catalysts: Two- or four-electron oxygen reduction. Electrochemical and Solid-State Letters, 2008, 11: B105-B108.

[83]　L. Lin, Q. Zhu, A. W. Xu. Noble-metal-free Fe-N/C catalyst for highly efficient oxygen reduction reaction under both alkaline and acidic conditions. Journal of the American Chemical Society, 2014, 136: 11027-11033.

[84]　F. Sun, X. Chen. Oxygen reduction reaction on $Ni_3(HITP)_2$: A catalytic site that leads to high activity. Electrochemistry Communications, 2017, 82: 89-92.

[85]　X. Chen, F. Sun, F. Bai, et al. DFT study of the two dimensional metal-organic frameworks $X_3(HITP)_2$ as the cathode electrocatalysts for fuel cell. Applied Surface Science, 2019, 471: 256-262.

[86]　J. Hang, Z. Wang, Z. Zhu, et al. A density functional theory study on mechanism of electrochemical oxygen reduction on FeN_4-Graphene. Journal of The Electrochemical Society, 2015, 162: F796-F801.

[87]　J. A. Keith, T. Jacob. Theoretical studies of potential-dependent and competing mechanisms of the electrocatalytic oxygen reduction reaction on Pt(111). Angewandte Chemie International Edition, 2010, 49: 9521-9525.

第4章 过渡金属-氮-碳催化剂的结构与作用机制

4.1 概述

最早的关于过渡金属-氮-碳催化剂的研究可以追溯到1964年，Jasinski等[1]首次发现酞菁钴显示出了一定的ORR活性。由于这类金属大环化合物具有活性高、价格低廉、不存在甲醇或一氧化碳中毒，同时可以通过调节金属配位来设计制备等优点，研究者对其取代Pt应用于ORR催化剂寄予了厚望，并进行了大量的研究，克服了金属大环化合物的稳定性低以及在酸性条件下活性低的缺点[2,3]。1989年后，越来越多的科研工作者投入了使用新的氮源和金属源去制备过渡金属-氮-碳催化剂的领域。研究发现，与非裂解的M—N_4大环化合物相比，裂解后的该类催化剂具有更高的催化活性和更好的耐久性。进一步的研究发现，N_4大环化合物并不是产生M—N_4结构的唯一途径，通过简单的高温裂解含过渡金属、氮和碳的前驱体材料同样能够产生M—N/C催化结构。因此，近年来大量的研究致力于发展含过渡金属、氮和碳结构的ORR电催化剂，如Fe—N修饰的碳纳米管[4,5]和高度有序的Fe—N—C纳米催化剂[6]。

本章使用密度泛函理论，建立了不同类型的过渡金属-氮-碳催化剂的结构模型，包括单核钴（铁）酞菁与双核钴（铁）酞菁、钴-聚吡咯、FeN_x ($x=1\sim4$) 内嵌石墨烯、FeN_4内嵌碳纳米管以及类FeN_x的催化位点：FeS_x结构，并对其进行了稳定性和ORR活性的探究。给读者展现出较为全面的过渡金属-氮-碳催化剂作为ORR催化剂的理论研究工作。

4.2 单核钴（铁）酞菁与双核钴（铁）酞菁

过渡金属（TM）大环络合物，如铁酞菁（FePc）和钴酞菁（CoPc），被认为是很有潜力的可用于质子交换膜燃料电池（PEMFC）阴极上促进氧还原反应（ORR）发生的非贵金属催化剂。研究发现由于 H_2O_2 在单核 FePc 上吸附后 O—O 键完全断裂，故单核 FePc 催化的 ORR 是四电子还原过程。而在单核 CoPc 上 O—O 键没有断裂，所以单核 CoPc 催化的 ORR 是二电子还原过程[7]。然而，这些单核 TM—N_4 催化剂的催化活性和稳定性都不能与 Pt 基催化剂相比，特别是在酸性介质中。尽管在不同温度下，经过热处理后的 TM—N_4-大环化合物的热稳定性和 ORR 活性可以大大提高[8]，但是在高温热解后催化剂的有序结构可能被破坏。故而，非热解的 TM—N_4-大环化合物引起了研究者的兴趣，因为它们在简单的合成过程中保留了有序的结构，这些结构提供了充分的能被检测到的活性位点。

实验研究表明，平面双核 CoPc 在分子氧还原方面比相应的单核物种更有效[9]，这是由于酞菁环之间的电子耦合。但是还需要进一步的密度泛函理论（DFT）研究以阐明平面双核 TM—Pcs 的 ORR 活性增强的原因及机理，例如，电子结构如何影响 ORR 中间体的吸附性质。此外，DFT 方法还可以通过计算从活性位点去除金属离子所需的能量来评估这些 TM—N_4-大环化合物的稳定性。本节详细介绍了通过 DFT 方法对单核和平面双核 CoPc 和 FePc 的 ORR 性能的比较研究。计算结果表明，Fe 基 Pcs 的 ORR 活性远高于 Co 基 Pcs。此外，与单核 FePc 相比，平面双核 FePc 在酸性介质中具有更稳定的结构和更合适的 ORR 物质吸附能，因而是一种有潜力的 ORR 非贵金属电催化剂[10]。

4.2.1 在酸溶液中的稳定性

为了评估所研究的催化剂在酸性介质中的稳定性，我们计算了金属离子从催化剂体系中溶解出所需要的能量（ΔE）。据推测，将金属从催化剂中溶解到溶液所需的能量越多，催化剂在催化过程中就越稳定。众所周知，Co^{2+} 和 Fe^{2+} 都与溶液中的 6 个水分子配位[11]。因此，考虑了以下反应式：

$$TMPc+2[H_3O^+(H_2O)_2]\longrightarrow [TM^{2+}(H_2O)_6]+Pc \tag{4-1}$$

$$bi\text{-}TMPc+4[H_3O^+(H_2O)_2]\longrightarrow 2[TM^{2+}(H_2O)_6]+bi\text{-}Pc \tag{4-2}$$

计算出的单核 CoPc 和 FePc 的 ΔE 值分别为 4.09eV 和 3.41eV，表明在酸性介质中前者的稳定性远高于后者。对于平面双核 CoPc 和 FePc，去除两种金属离子所需的总能量分别为 8.03eV 和 7.18eV。因此，去除双核 CoPc 的每个 Co^{2+} 所需的能量是 8.03eV/2=4.02eV，这非常接近于单核 CoPc 的能量，这意味着它们的稳定性非常接近。然而，去除平面双核 FePc 的每个所需的能量为 7.18eV/2=3.59eV，比单核 FePc 高 0.18eV，表明平面双核 FePc 在酸性介质中更稳定。

4.2.2 吸附与催化机制

之前的实验结果表明，在单核 FePc/C 电极上，在电化学测试中未检测到 H_2O_2，但在单核 CoPc/C 电极上观察到大量的 H_2O_2[7]。因此，ORR 将在单核 FePc 上经历四电子路径，但在单核 CoPc 催化剂上采用二电子路径。从表 4-1 可以看出，当 H_2O_2 吸附在单核和平面双核 CoPc 上时，其 O—O 键的长度分别为 1.517Å 和 1.516Å，仅略长于孤立的 H_2O_2 分子中实验观测 O—O 键的长度 1.48Å[12]。显然，H_2O_2 在上述钴基催化剂上的活化程度较弱，O—O 键仍未被破坏。因此，单核和平面双核 CoPc 催化的 ORR 都是二电子机制。相反，当 H_2O_2 被单核和平面双核 FePc 催化剂吸附时，O—O 键都被破坏，如表 4-1 和图 4-1 所示。对于单核 FePc，在催化剂表面生成一个吸附原子氧和一个 H_2O 分子，而对于平面双核 FePc，生成的 H_2O 分子从催化剂表面逸出，这将导致 O—O 键距离(10.04Å)变得更长。此外，双核 FePc 上的孤立氧原子可能更有利于随后的还原步骤，因为在 Pt 表面，Pt—O 结构是非常活泼的，具有非常小的活化能，以还原成 Pt—OH[13]。

▫ 表 4-1 在吸附 O_2、*OOH 和 H_2O_2/*O+ H_2O 状态下当它们吸附在所研究的催化剂上时 Fe—O 和 O—O 的键长（*表示一个化学吸附位点）　　　　　　　　　　单位：Å

催化剂	*O_2		*OOH		H_2O_2/*O+ H_2O	
	Fe—O	O—O	Fe—O	O—O	Fe—O	O—O
CoPc	1.945	1.277	1.895	1.439	2.325	1.517
FePc	1.762	1.291	1.778	1.500	1.66	3.001
bi-CoPc	1.949	1.276	1.971	1.441	2.314	1.516
bi-FePc	1.830	1.290	1.778	1.498	1.657	10.04

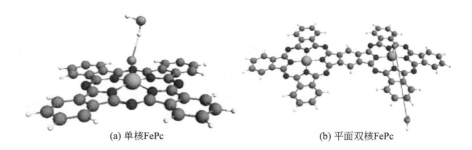

(a) 单核FePc　　　　　　　(b) 平面双核FePc

图 4-1 单核 FePc 和平面双核 FePc 催化剂上吸附*O+ H_2O 的结构优化

在钴基和铁基 Pcs 上的不同 ORR 机制可能主要归因于中心金属离子和氧之间

的相互作用。表 4-1 中的数据表明，在 ORR 过程中，铁基 Pcs 中的铁氧键距离比钴基 Pcs 中相应的钴氧键短得多。显然，活性中心与含氧物质之间的键相对较短，表明吸附键强度较高，催化效率较高。因此，在这种情况下，O—O 键更容易断裂。此外，一般来说，3d 过渡金属与 ORR 物质之间的键越短，从金属 3d 轨道向吸附质转移的电荷越多，对 ORR 更有利。

吸附能是评价催化剂活性时需要考虑的一个重要参数，因为它可以用来评价催化剂与吸附质之间相互作用的强度[14]。例如，我们发现 Pt 结合 *O 和 *OH 的能力太强，但结合 *OOH 的能力太弱，因此它不是 ORR 的理想催化剂。表 4-2 列出了 O_2 整个还原步骤所涉及的中间体和产物的吸附能。单核 FePc 上的 ORR 物质的吸附能比相应的 CoPc 催化剂高，这可能是前者比后者活性更高的原因之一。然而，单核 FePc 上的 *OH 吸附能为 $-2.51eV$，这甚至强于 Pt(111) 表面上 $-2.06 \sim -2.26eV$ 的计算值[15,16]。如此强的吸附可能会导致过电势[17]，这是由于吸附的 *OH 物质覆盖了催化剂的表面，从而阻碍了接下来的还原步骤。可以想象，这将导致催化剂性能下降。与之相反，单核 CoPc 的 *OH 吸附相对较弱，表明其稳定性优于相应的 FePc 催化剂。这与结构稳定性计算得到的结果完全一致。

▫ 表 4-2 计算的吸附能 E_{ads}（即 CoPc、FePc、bi-CoPc 和 bi-FePc 上 O_2 的还原过程）

单位：eV

催化剂	$E_{ads}(O_2)$	$E_{ads}(\cdot OOH)$	$E_{ads}(\cdot OH)$	$E_{ads}(H_2O)$
CoPc	-0.26	-0.86	-1.86	-0.19
FePc	-0.50	-1.44	-2.51	-0.30
bi-CoPc	-0.33	-0.716	-1.96	-0.26
bi-FePc	-0.33	-1.22	-2.23	-0.12

对于平面双核 CoPc 催化剂，几乎所有 ORR 物质的吸附能都比单核催化剂强，这表明其催化 ORR 的活性增强。热力学吸附数据得到的结论与实验测定的结果相互吻合[9]。对于平面双核 FePc 催化剂，我们发现 O_2 的吸附能为 $-0.33eV$，这接近于低覆盖率 Pt(111) 表面 $-0.3 \sim -0.5eV$ 的实验测定值[18,19]。此外，*OOH 和 *OH 的吸附能分别为 $-1.22eV$ 和 $-2.23eV$，都非常接近 Pt(111) 表面的理论吸附值（*OOH 的吸附能为 $-1.16eV$）[20]。上述数据表明，与单核 FePc 相比，平面双核 FePc 的 ORR 活性与 Pt 的 ORR 活性非常接近。首先，根据 ΔE 计算，双核 FePc 比单核 FePc 更稳定，所以平面双核 FePc 也有利于满足催化剂的长期使用。其次，其 *OH 吸附能降低到合适的值，因此可以很容易地还原成水而不会占据活性位点。再次，H_2O 的吸附能仅为 $-0.12eV$，比 O_2 的吸附能低了约 $0.21eV$，因此平面双核 FePc 的催化循环最容易重复发生。

4.2.3 电子结构分析

正如 Sun 等[21] 所提出的，最高占据分子轨道（HOMO）的能级是评价铁基大环配合物 ORR 活性的重要指标。通常，催化剂具有较高的 HOMO 对应较强的 O_2 结合作用，较长的 O—O 键距离，以及较短的 TM—O 键长度。因此，我们检测了所研究催化剂的 HOMO（包括 HOMO-1 和 HOMO-2）、LUMO 和 3d 金属 HOMO 的能级。表 4-3 所列的数据清楚地表明，HOMO 和 3d 金属 HOMO 的能级都是相同的降序：FePc＞bi-FePc＞bi-CoPc＞CoPc。这一结果很好地反映了它们与 ORR 物种的结合能力，表 4-2 中的数据也证实了这一点。此外，我们发现对于单核 CoPc，HOMO 是环轨道，这与早期的研究一致[22,23]。因此，单核 CoPc 中 Co 的 3d 轨道能量甚至更低（-5.844eV）。然而，对于单核 FePc 来说，HOMO 是 Fe 的 3d 轨道，这表明 ORR 物种可能从活性位点接收更多的电子。对于平面双核的 CoPc 和 FePc，HOMO 排列分布与对应的单核的 HOMO 排列分布完全相同，如图 4-2 所示。因此，上述轨道分析可以解释铁基 Pcs 的 ORR 活性高于钴基 Pcs。

表 4-3 计算的 CoPc、FePc、bi-CoPc 和 bi-FePc 的轨道能级　　　　单位：eV

催化剂	HOMO	HOMO-1	HOMO-2	LUMO	3dTM HOMO
CoPc	-5.394	-5.844	-6.126	-5.070	-5.844
FePc	-4.999	-5.251	-5.381	-4.541	-4.999
bi-CoPc	-5.308	-5.641	-5.825	-5.105	-5.825
bi-FePc	-5.239	-5.272	-5.349	-4.702	-5.239

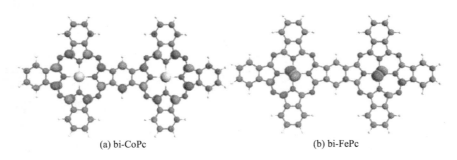

(a) bi-CoPc　　　(b) bi-FePc

图 4-2　bi-CoPc 和 bi-FePc 的 HOMO 轨道

4.3　钴—聚吡咯催化剂

聚吡咯（PPy）是由一个个的吡咯环连接而成的聚合物，其本身具有很高的导电率。此外，由于具有较高的表面积，使得其可以作为金属催化剂的载体用以催化 ORR[24]。Bashyam 和 Zelenay[25] 报道了一种具有高 ORR 催化活性的钴—聚吡咯—碳（Co—PPy—C）复合催化剂，且在质子交换燃料电池的工作条件下稳定性也非常好。此外，该Co—PPy—C复合材料还可用作直接肼燃料电池（direct hydrazine fuel cell，DHFC）[26]和直接硼氢燃料电池（direct borohydride fuel cell，DBFC）[27]的阴极催化剂。本节构建了两种Co—PPy模型用以研究其催化ORR的机理（书后彩图7）。在书后彩图7中，粉红球代表Co原子，蓝球代表N原子，灰球代表C原子，最小的白球代表H原子。在这两种结构中，每个Co原子均连接两条吡咯链，区别在于在mono-Co—PPy中，两条吡咯链之间只含有一个Co原子；而在di-Co—PPy中，两条吡咯链之间含有两个Co原子。构建模型的依据为在Co—PPy中，Co的$2p_{1/2}$和$2p_{2/3}$电子的结合能数据表明Co原子的化合价为+2价[28]。因此，在Co—PPy中，Co原子极有可能与吡咯环中的N原子直接成键形成金属-有机配合物，从而产生Co—N_2催化活性位。此外，Shi等[29]最近的研究也表明在Co—PPy的结构中，Co^{2+}只能连接两条吡咯链。

4.3.1 钴—聚吡咯的结构稳定性

为了评估所构建的Co—PPy结构的稳定性，我们首先计算了一系列的水合钴离子与PPy反应的能量变化（ΔE），反应方程式如下所示。在水溶液中，Co^{2+}通常以$[Co(H_2O)_6]^{2+}$形式存在，形成高自旋的八面体配合物[30]。计算所得结果如表4-4所列。

$$H—PPy_m + H—PPy_n + [Co(H_2O)_6]^{2+} \longrightarrow PPy_m—Co—PPy_n + 2[H_3O^+(H_2O)_2]$$
(4-3)

式中 m和n——PPy中吡咯单元数。

▷ 表4-4 反应能量变化

吡咯单元数	结构	自旋多重性	ΔE/eV
$m=1, n=1$	PPy—Co—PPy	4	-0.88
$m=3, n=3$	$PPy_3—Co—PPy_3$	4	-1.28
$m=3, n=4$	$PPy_3—Co—PPy_4$	4	-1.35
$m=4, n=4$	$PPy_4—Co—PPy_4$	4	-1.43
$m=4, n=5$	$PPy_4—Co—PPy_5$	4	-1.58
$m=5, n=5$	$PPy_5—Co—PPy_5$	4	-1.70

计算结果表明，所有反应的ΔE均为负值，意味着这些反应均为放热反应。换句话说，本节所研究的Co—PPy的结构远比其水合钴离子稳定。有趣的是，随着Co—PPy中吡咯环个数的增加，ΔE的值线性降低，如图4-3所示。因此，随着吡咯链的增长，Co—PPy的结构也更趋稳定。

4.3.2 钴—聚吡咯的催化过程分析

一般来说，O_2分子在催化剂表面上吸附一般通过两种方式：侧基式（side-on）

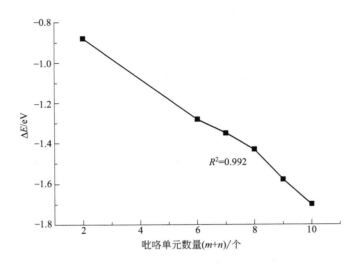

图 4-3 反应能量随吡咯单元的变化趋势

吸附和端基式（end-on）吸附。在本研究工作中，我们对这两种吸附方式都做了结构优化，如书后彩图 8 所示。从图中可以看出，当 O_2 分子以 end-on 吸附后，两条 PPy 链的结构及位置基本没有变化，相互之间依然平行；但 O_2 分子以 side-on 吸附后，由于该吸附方式较 end-on 相比需要较大的空间[31,32]，使得两条吡咯链有了较大程度的旋转，相互之间不再平行，而是近似于彼此垂直。比较这两种 O_2 吸附方式的吸附能可以发现，二者之间相差不大，意味着以上两种吸附方式都是可能的。但是，在 Co—PPy 的结构中，随着吡咯链的增长，链与链之间的结构旋转会受到周围环境的限制。同时，如果两条吡咯链之间存在不止一个 Co 原子（如书后彩图 7 中的 di-Co—PPy 模型），那么较大的结构旋转是不可能的。因此，在本节中，我们以 end-on 吸附方式作为 O_2 分子吸附的初始构型，用以模拟整个的氧还原过程，而不再考虑 side-on 的 O_2 吸附方式。

为了方便讨论，将 mono-Co—PPy 的最初状态命名为 A_0；当 O_2 分子吸附到 A_0 上以后，此时的状态命名为 A_1，以此类推。O_2 分子在 mono-Co—PPy 上吸附的电极反应为：

$$A_0 + O_2 \longrightarrow A_0\text{-}O(4)\text{—}O(5)(A_1) \qquad \Delta G = -0.031 \text{eV} \qquad (4\text{-}4)$$

如表 4-5 所列，在 A_1 中，Co(1)—N(2) 键和 Co(1)—N(3) 键的键长分别为 1.996Å 和 2.005Å，较在 A_0 中均有所增长。O(4)—O(5) 键由平衡键长 1.245Å 伸长到 1.329Å，意味着 O_2 分子受到了催化剂强烈的活化作用。与此同时，Co(1) 原子上的正电荷（MDC-q 电荷）由 0.630 增加到 0.664，而 O(4) 和 O(5) 上的负电荷分别为 -0.116 和 -0.231，意味着当 O_2 分子吸附到催化剂上以后发生了电子转移，方向为从金属原子转移到 O_2 分子的 π^* 轨道上（见表 4-6）。

▫ 表 4-5 由 mono-Co—PPy 催化的 ORR 过程的主要键长参数　　　　　　　　单位：Å

状态	$R_{Co(1)-N(2)}$	$R_{Co(1)-N(3)}$	$R_{Co(1)-O(4)}$	$R_{O(4)-O(5)}$
A_0	1.955	1.950	—	—
A_1	1.996	2.005	1.790	1.329
A_2	2.024	2.014	1.844	1.520
A_3	1.963	1.962	1.642	—
A_4	2.060	2.043	1.873	—
A_5	1.981	1.959	2.297	—

▫ 表 4-6 由 mono-Co—PPy 催化的 ORR 过程的主要原子电荷参数

状态	Co(1)	N(2)	N(3)	O(4)	O(5)
A_0	0.630	−0.378	−0.389	—	—
A_1	0.664	−0.357	−0.351	−0.116	−0.231
A_2	0.721	−0.371	−0.361	−0.302	−0.404
A_3	0.762	−0.345	−0.345	−0.405	—
A_4	0.712	−0.370	−0.364	−0.697	—
A_5	0.653	−0.382	−0.385	−0.529	—

在 A_2 中，被吸附的 O_2 分子接受一个来自阳极的 H^+ 和一个外电路的电子，电极反应为：

$$A_0\text{-O—O} + H^+ + e^-(U) \longrightarrow A_0\text{-OOH}(A_2) \quad \Delta G = -0.40\text{eV} \quad (4\text{-}5)$$

从 A_1 到 A_2，Co(1)—O(4) 键的键长从 1.790Å 伸长到 1.844Å，与此同时，O(4)—O(5) 键的键长继续大幅度伸长，达到 1.520Å，预示着 O(4)—O(5) 即将断裂。

在 Pt 催化的 ORR 中，一般会涉及少量过氧化物（H_2O_2）的生成。H_2O_2 是在整个氧还原过程中生成的中间产物，在四电子氧还原机理中，其会被继续催化并最终还原为 H_2O 分子[33]。在 mono-Co—PPy 催化的氧还原第二步电子转移过程中，可以发现，随着 O(4)—O(5) 距离的逐渐增大，体系的能量逐渐降低（如图 4-4 所示）。当能量达到势能面上的最低点时，O(4)—O(5) 键已经完全断裂（书后彩图 9），但并没有生成 H_2O_2，而是生成一个吸附的 O 和一个 H_2O 分子。这一步的电极反应如下：

$$A_0\text{-OOH} + H^+ + e^-(U) \longrightarrow A_0\text{-O}(A_3) + H_2O \quad \Delta G = -2.28\text{eV} \quad (4\text{-}6)$$

对 mono-Co—PPy 来说，生成吸附的 *O 而不是 *OH 可能对下一步的氧还原过程是有利的。因为有研究表明[13]，如果在 Pt 表面上生成 Pt—O 的话，那么下一步生成 Pt—OH 所需要的活化能极低，甚至是零。在该步氧还原过程中，Co(1)—O(4) 键的键长较上一步有所缩短，为 1.642Å，表明二者之间的相互作用变得更加强烈。计算结果表明 O 的吸附能为 −3.81eV，这与其在 Pt_3 团簇上的吸附能十分接近（−3.86eV）[34]。此外，这一步生成的 H_2O 分子将会从催化剂表面自动脱除掉，并伴随 0.29eV 的自由能释放。

从 A_3 到 A_4，上一步生成的 *O 与第三个 H^+ 结合，生成吸附的 *OH。电极反

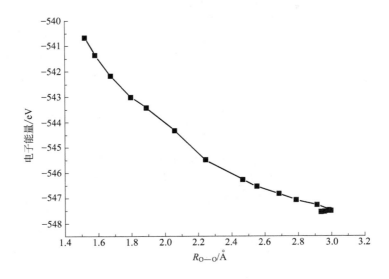

图 4-4 由 mono-Co—PPy 催化的 A_3 状态的电子能量随 O—O 键长的变化趋势

应为：

$$A_0\text{-}O + H^+ + e^-(U) \longrightarrow A_0\text{-}OH(A_4) \qquad \Delta G = -0.78\text{eV} \qquad (4\text{-}7)$$

在 A_4 中，最大的结构变化为 Co(1)—O(4) 键的键长。从表 4-5 可以看出，Co(1) 和 O(4) 的距离为 1.873Å，较 A_3 中的距离伸长了 0.231Å。此外，*OH 的吸附能为 −2.61eV，这与其在 Pt 纳米粒子上的吸附能相当[35]。因此，以上关于中间体吸附能的数据表明，Co—PPy 催化 ORR 的过程具有类 Pt 的催化性质。

在最后一步氧还原过程中，吸附的 *OH 接受 H^+ 和 e^-，生成第二个 H_2O 分子。电极反应为：

$$A_0\text{-}OH + H^+ + e^-(U) \longrightarrow A_0\text{-}OH_2(A_5) \qquad \Delta G = -0.76\text{eV} \qquad (4\text{-}8)$$

在此过程中，Co(1) 和 O(4) 的距离再一次增大，由 1.873Å 增长到 2.297Å，这预示着催化活性中心与生成的 H_2O 分子之间相互作用的减弱。H_2O 分子从催化剂表面脱除的 ΔG 数据也表明这一过程是自发过程。

$$A_0\text{-}OH_2 \longrightarrow A_0 + H_2O \qquad \Delta G = -0.41\text{eV} \qquad (4\text{-}9)$$

4.3.3 钴—聚吡咯的尺寸效应

在两条邻近的 PPy 长链中，很有可能存在多个 Co 原子，从而形成复杂的 Co—PPy 复合物。为了研究这些 Co 原子之间的相互作用对 ORR 的影响，我们进一步构造了 di-Co—PPy 模型，用以评估两个 Co 原子之间的协同作用。需要指出的是，我们仅考虑 ORR 发生在其中一个 Co 原子上的情况。书后彩图 10 为 O_2 分子吸附到 di-Co—PPy 上所得到的优化结构。我们采用与 mono-Co—PPy 同样的方法对 di-Co—PPy 催化的 ORR 进行了研究，完整的氧还原过程如下所示：

$$B_0 + O_2 \longrightarrow B_0\text{-}O(9)\text{—}O(10)(B_1) \qquad \Delta G = 0.016\text{eV} \qquad (4\text{-}10)$$

$$B_0\text{-}O\text{—}O + H^+ + e^-(U) \longrightarrow B_0\text{-}OOH(B_2) \qquad \Delta G = -0.46\text{eV} \qquad (4\text{-}11)$$

$$B_0\text{-}OOH + H^+ + e^-(U) \longrightarrow B_0\text{-}O(B_3) + H_2O \qquad \Delta G = -2.36\text{eV} \qquad (4\text{-}12)$$

$$B_0\text{-}O + H^+ + e^-(U) \longrightarrow B_0\text{-}OH(B_4) \qquad \Delta G = -1.18\text{eV} \qquad (4\text{-}13)$$

$$B_0\text{-}OH + H^+ + e^-(U) \longrightarrow B_0\text{-}OH_2(B_5) \qquad \Delta G = -0.39\text{eV} \qquad (4\text{-}14)$$

$$B_0\text{-}OH_2 \longrightarrow B_0 + H_2O \qquad \Delta G = -0.29\text{eV} \qquad (4\text{-}15)$$

计算所得的主要键长以及原子电荷数据列于表 4-7 和表 4-8 中。对 B_3 来说，$^*O$ 的吸附能为 -3.86eV；对 B_4，$^*OH$ 的吸附能为 -2.99eV。以上数值均与它们在 Pt 纳米粒子上的吸附能相当[35]。

▷ 表 4-7　由 di-Co—PPy 催化的 ORR 过程的主要键长参数　　　　　　　　　单位：Å

状态	$R_{Co(1)-N(2)}$	$R_{Co(1)-N(3)}$	$R_{Co(1)-O(9)}$	$R_{Co(6)-N(7)}$	$R_{Co(6)-N(8)}$	$R_{O(9)-O(10)}$
B_0	1.965	1.959	—	1.957	1.969	—
B_1	1.998	2.026	1.790	1.959	1.964	1.339
B_2	2.023	2.078	1.849	1.965	1.983	1.531
B_3	1.952	1.991	1.638	1.963	1.960	—
B_4	1.963	1.992	1.862	1.965	1.955	—
B_5	1.982	1.970	2.458	1.956	1.954	—

▷ 表 4-8　由 di-Co—PPy 催化的 ORR 过程的主要原子电荷参数

状态	Co(1)	N(2)	N(3)	N(4)	N(5)	Co(6)	N(7)	N(8)	O(9)	O(10)
B_0	0.494	-0.322	-0.349	-0.396	-0.403	0.494	-0.318	-0.351	—	—
B_1	0.694	-0.326	-0.366	-0.390	-0.377	0.509	-0.337	-0.359	-0.127	-0.233
B_2	0.702	-0.326	-0.353	-0.402	-0.340	0.472	-0.340	-0.361	-0.306	-0.449
B_3	0.775	-0.324	-0.355	-0.389	-0.395	0.493	-0.335	-0.358	-0.409	—
B_4	0.527	-0.280	-0.279	-0.400	-0.222	0.465	-0.333	-0.305	-0.653	—
B_5	0.495	-0.332	-0.342	-0.395	-0.221	0.464	-0.327	-0.318	-0.615	—

若将 $A_0 + O_2 + 4(H^+ + e^-)$ 和 $B_0 + O_2 + 4(H^+ + e^-)$ 的自由能指定为 0eV，那么 $A_1(B_1) + 4(H^+ + e^-)$、$A_2(B_2) + 3(H^+ + e^-)$、$A_3(B_3) + H_2O + 2(H^+ + e^-)$、$A_4(B_4) + H_2O + (H^+ + e^-)$ 以及 $A_5(B_5) + H_2O$ 的相对自由能变化情况如图 4-5 所示。从图中可以看出，di-Co—PPy 催化的每一步 ORR 生成的产物均比 mono-Co—PPy 催化的更稳定，且在第三步还原过程自由能相差最大，大约为 0.49eV。因此，与 mono-Co—PPy 相比，di-Co—PPy 催化的 ORR 在热力学上更占优势，这也预示着其催化活性较 mono-Co—PPy 更好。

4.3.4　协同效应

基于上述分析，mono-Co—PPy 和 di-Co—PPy 均具有良好的催化 ORR 的性能。但是，比较而言，后者的催化活性较前者更高。在催化的具体机理上，二者主要存在以下三个方面的不同。

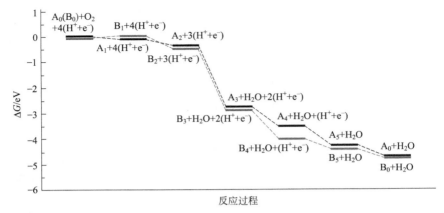

图 4-5　两种 Co—PPy 模型催化的 ORR 的势能面变化图

第一，对吸附的 *O 来说，其在 di-Co—PPy 上的吸附能为 -3.86eV，比在 mono-Co—PPy 上的稍强（-3.81eV）。Xu 等[36]的研究结果表明一种材料如果结合原子 O 的能力越强，那么其催化分子 O_2 的能力也越强，据此可以用来评估催化剂的催化活性。因此，从这一角度来说，di-Co—PPy 的催化活性确实要比 mono-Co—PPy 更好。

第二，对吸附的 *OH 来说，其在 di-Co—PPy 上的吸附能为 -2.99eV，同样比在 mono-Co—PPy 上的要强（-2.61eV）。实验研究表明，*OH 的吸附能过大是导致过电势的重要原因[17]，因为 *OH 会大量占据催化的活性位，从而阻碍 O_2 分子在催化剂表面的进一步吸附。然而，对 di-Co—PPy 来说，尽管其对 *OH 的吸附能较 mono-Co—PPy 要大，但生成的 *OH 将会很容易地生成 H_2O 分子，进而自发从催化剂表面脱附（见图 4-6）。因此，*OH 将不会占据反应的活性位点，也不会阻碍 O_2 分子的吸附。

第三，如图 4-6 所示，di-Co—PPy 催化的每一步 ORR 生成的产物均比 mono-Co—PPy 催化的更稳定，意味着其催化活性较 mono-Co—PPy 更好。

电荷分析表明，当 ORR 中涉及的一些吸电子基团，如 O_2、*OOH、*O 以及 *OH 等吸附在活性中心上以后，Co 上的部分电子转移到了上述基团上。从图 4-6 可以看出，对 mono-Co—PPy 来说，在整个 ORR 过程中 Co 上的电荷变化率大约为 23%，而邻近的 N 原子上的电荷变化率均小于 10%，这意味着 Co 原子是氧还原过程中主要的电子供体。

然而，对于 di-Co—PPy 来说，Co(1) 上的电荷变化率最大为 56%（图 4-7），远比 mono-Co—PPy 中的要大。此外，Co(6) 上电荷变化率在整个 ORR 过程中均小于 10%，但邻近的某些 N 原子的电荷变化却十分显著[特别是 N(5) 和 N(11) 原子]。以上数据表明 Co(6) 在整个 ORR 过程中基本不提供电子，但某些 N 原子却起着重要的作用。那么，进一步的问题是为何 N 原子在 mono-Co—PPy 中是非活性的，而在 di-Co—PPy 催化 ORR 的过程中是活性的。

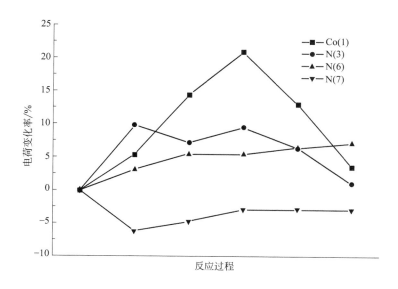

图 4-6　由 mono-Co—PPy 催化的整个 ORR 过程中主要原子的电荷变化率

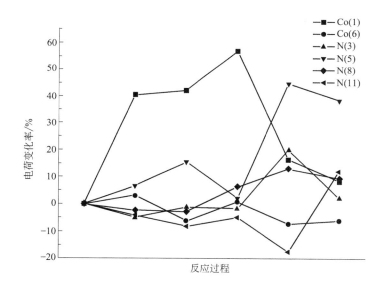

图 4-7　由 di-Co—PPy 催化的整个 ORR 过程中主要原子的电荷变化率

表 4-9 为 mono-Co—PPy 和 di-Co—PPy 中吡咯单元之间的二面角数值。对 mono-Co—PPy 来说，吡咯环之间的二面角并没有明显的规律；相反，在 di-Co—PPy 中，二面角的数值都比较小，最小的仅为 2.3°，这意味着 di-Co—PPy 的结构与 mono-Co—PPy 相比有了很大的改变，且趋向于成为周期性的结构。该结构无疑会有利于电子沿着吡咯链进行转移，从而使得链上的 N 原子变得更加活泼，进而在 ORR 过程中起重要作用。因此，对 Co—PPy 来说，若在两条长 PPy 链中存在

多个 Co 原子形成周期性结构的话，那么该结构将会具有很好的催化 ORR 的性能。

▫ 表 4-9　两种 Co—PPy 催化剂中吡咯单元的二面角数值

项目	mono-Co—PPy	di-Co—PPy
Py1—Py2	37.4	22.4
Py1—Py3	12.5	2.3
Py1—Py4	42.6	22.6
Py1—Py5	32.3	2.5

4.4　Fe(Co)N$_x$（x=1～4）内嵌石墨烯催化剂

与纯的石墨烯相比，过渡金属的掺杂能够显著地促进活性中心的形成。Kiefer 的研究表明石墨烯结构中的 Co—N$_2$ 活性中心能够电催化 O_2 生成 H_2O_2[12]，而石墨烯边缘的 Ni—N$_x$ 活性位点能够以 $2×2e^-$ 机理催化 ORR[37]。然而，系统地对 Me—N$_x$/C 材料，特别是 Fe—N$_x$/C 材料催化的 ORR 机理的研究仍很欠缺。之前对铁酞菁（FePc）的研究表明其催化活性明显高于 CoPc[38]。因此，对 Fe(Co)—N$_x$/C 材料催化 ORR 的机理进行系统的研究，不仅对改善此类材料的催化性能具有重要的意义，而且有利于新型高效 ORR 电催化剂的研究与制备。

4.4.1　结构与稳定性评估

在石墨烯结构中，所有可能的 Fe(Co)—N$_x$C$_{4-x}$ 活性位点的结构如书后彩图 11 所示。图中，蓝灰球代表钴原子或铁原子，蓝球代表氮原子，灰球代表碳原子，白球代表氢原子。彩图 11(a) 和 (b) 分别表示 z 字形和椅式 M—N$_2$ 边缘结构活性位点，在这两种结构中，位于边界的两个 C 原子分别被 N 原子所取代，同时与处于同一平面的一个 Fe 或 Co 原子配位，构成 Fe—N$_2$ 或 Co—N$_2$ 活性位点。

在彩图 11(c) 中，处于对角线的两个 N 原子的距离为 3.857Å，这与其在 FePc 或 CoPc 中的情况十分相似，意味着这四个 N 原子组成的空腔完全能够容纳 3d 金属离子。Liu 等[39] 的研究结果也表明类似的 Fe—N$_4$ 活性位点可以稳定地存在于碳纳米管中。因此，在石墨烯（或石墨炔）中，Fe(Co)—N$_4$ 活性位点同样可能存在。此外，石墨烯结构中另外可能存在的三种活性位命名为 Fe(Co)—N$_2$C$_2$，Fe(Co)—N$_3$C$_1$ 和 Fe(Co)—N$_1$C$_3$，分别见彩图 11(d)～(f)。

彩图 11(g) 为石墨炔结构中的 Fe—N$_4$ 活性位点，同样对其催化的 ORR 机理进行了详细的研究，并与石墨炔中 Fe(Co)—N$_x$C$_{4-x}$ 的催化性能进行了比较。

对处于石墨烯内部结构的 M—N$_2$C$_2$ 活性位点而言，根据 N 原子取代 C 原子的位置不同，实际可能存在三种不同的替代方式，分别为：两个 N 原子同时替代（2，3）位的 C 原子；两个 N 原子同时替代（3，4）位的 C 原子以及两个 N 原子同时替代（2，4）位的 C 原子，见彩图 11(d)。计算结果表明，两个 N 原子位于（2，3）位的体系能量较位于（3，4）和（2，4）位的分别低 0.28eV 和 0.43eV。因此，我们采用两个 N 原子处于（2，3）位的初始几何结构来研究 M—N_2C_2 内部结构活性位点催化的 ORR 机理。

前人的研究表明，处于碳纳米管中的 Fe—N_2C_2 和 Fe—N_4 结构基态分别为五重态和三重态[40]，本书的计算结果也证实了上述结论。此外，对 Co—N_2C_2 和 Co—N_4 结构的计算结果表明，其基态分别为二重态和四重态。

对该类催化剂材料，评估结构稳定性的有效方法与本章 4.2.1 部分的方法一致，用 DFT 计算将活性中心的金属离子从催化体系中溶解出所需要的能量。很显然，ΔE 值越大，金属离子越不容易溶解到酸溶液中，其稳定性越好。

反应方程式如下所示：

$$M—N_xC_{4-x} + 2[H_3O^+(H_2O)_2] \longrightarrow H_2—N_xC_{4-x} + [M(H_2O)_6]^{2+} \qquad (4-16)$$

计算所得到的结果列于表 4-10 中。从表中可以看出，所有的 ΔE 值均为正值，意味着将金属从体系中溶出均需要一定的能量。因此，M—N_xC_{4-x} 结构在酸中均能够较稳定的存在。

▫ 表 4-10 计算得到的 ΔE 值

项目	结构	ΔE/eV
内部催化位点	Co—N_1C_3	3.10
	Fe—N_1C_3	2.69
	Co—N_2C_2	4.62
	Fe—N_2C_2	3.74
	Co—N_3C_1	3.70
	Fe—N_3C_1	2.96
	Co—N_4	3.71
	Fe—N_4	3.11
边界催化位点（z字形边界）	Co—N_2	1.48
	Fe—N_2	0.97
边界催化位点（椅式边缘）	Co—N_2	1.75
	Fe—N_2	1.06

4.4.2 氧分子的吸附

为了催化 ORR 的顺利进行，催化剂首先必须能够吸附 O_2 分子，但 O_2 的吸附能大小必须控制在一定的范围内，太强或太弱对催化过程都是不利的。基于不同的计算方法和模型，O_2 在 Pt 上的吸附能在 -0.53~-1.02eV 之间[41,42]。尽管 Pt 并不是理想的 ORR 电催化剂，但作为目前性能最好的电催化材料，其对 O_2 的吸附能大小对评估其他非 Pt 材料具有重要的参考价值。

（1）边缘结构活性位点

表 4-11 列出了边缘结构活性位点 M—N_2 催化的 O_2 分子的吸附能以及 O—O 键键长数据。从表中可以很明显地看出，z 字形边缘结构的 Co—N_2 和 Fe—N_2 对 O_2 分子的吸附能分别为 -2.03eV 和 -2.01eV；而椅式边缘结构的分别为 -2.82eV 和 -3.14eV。因此，对边缘结构活性位点 M—N_2 来说，其对 O_2 的吸附能远远强于 Pt 以及其他种类的非 Pt 金属催化剂，意味着该活性位点随着 O_2 的吸附会迅速被氧化，从而失去催化活性。

▫ 表 4-11 边缘结构活性位点 M—N_2 催化的 O_2 分子的吸附能以及 O—O 键键长数据

结构	E_{ads}/eV	R_{O-O}/Å
Fe—N_2/z 字形	-2.01	1.379
Co—N_2/z 字形	-2.03	1.401
Fe—N_2/椅式边缘	-3.14	1.465
Co—N_2/椅式边缘	-2.82	2.656

（2）内部结构活性位点

对所有的 M—N_xC_{4-x} 内部结构活性位点进行了 end-on 和 side-on 两种 O_2 吸附构型的吸附能的计算，结果列于表 4-12 中。同时，书后彩图 12 给出了 Fe—N_4 催化的这两种 O_2 吸附的优化结构。很显然，O_2 分子在 M—N_xC_{4-x} 内部结构活性位点的吸附行为与在 M—N_2 边缘结构的明显不同。所有的吸附能均比在边缘结构的小很多，预示着内部的 M—N_xC_{4-x} 均可能催化 ORR。然而，与 Pt 相比，O_2 在 Fe—N_1C_3 和 Fe—N_2C_2 上的吸附能仍然稍大，意味着它们的 ORR 活性可能较差。需要注意的是对石墨炔中的 Fe—N_4 内部结构（命名为 Fe—N_4'），我们没有得到稳定的 side-on 吸附构型，只得到了 end-on 的 O_2 吸附结构。对 Fe—N_4' 来说，O_2 在其上的吸附能偏小，同时 O—O 键的键长也较短，这也许意味着它的催化活性比在石墨烯中的要小。

▫ 表 4-12 内部结构活性位点 Fe(Co)—N_xC_{4-x} 催化的 O_2 分子的吸附能数据

结构	E_{ads}（端基式）/eV	E_{ads}（侧基式）/eV
Co—N_1C_3	-0.68	-0.76
Co—N_2C_2	-0.50	-0.48
Co—N_3C_1	-0.37	-0.42
Co—N_4	-0.36	-0.30
Fe—N_1C_3	-1.40	-1.44
Fe—N_2C_2	-1.24	-1.30
Fe—N_3C_1	-0.68	-0.71
Fe—N_4	-0.56	-0.28
Fe—N_4'	-0.30	—

在下面的讨论中，由石墨烯边缘结构 M—N_2 催化的 ORR 将不再考虑，因为在 ORR 初期其催化中心即被 O_2 所氧化，从而失去催化活性。如果没有特别说明，

以下讨论只针对内部结构活性位点，且 Co—N_1C_3、Co—N_2C_2、Fe—N_3C_1 和 Fe—N_4 被选作用来研究 ORR 机理的结构，因为它们对 O_2 的吸附能更加接近 Pt。

4.4.3 反应过程分析

M—N_xC_{4-x} 催化的两种可能的 ORR 机理见图 4-8。图中的方程（2-1）、方程（3-1）和方程（4-1）表述的是间接四电子机理，而方程（2-2）、方程（3-2）和方程（4-2）表示直接四电子机理。其中，第二步电子转移，即方程（2-1）和方程（2-2）对整个 ORR 机理起着决定作用。在该步中，若吸附的 *OOH 被还原为 H_2O_2，则为二电子机理（或间接四电子机理）；若被还原为两个吸附的—OH（HO—OH）或—O+H_2O（即超氧水，O—H_2O），则为直接四电子机理。

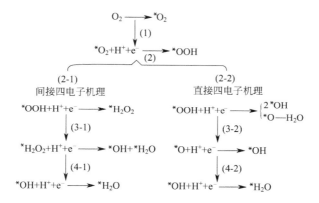

图 4-8 M—N_xC_{4-x} ($x=1\sim4$) 催化的两种可能的 ORR 机理（*代表化学吸附位）

从书后彩图 13（a）和（b）中，我们可以看到在第二步电子转移之后，Co—N_xC_{4-x}（$x=1$ 或 2）表面上生成了两个吸附的—OH，而在 Fe—N_xC_{4-x}（$x=3$ 或 4）上生成的是 O—H_2O，见彩图 13（c）和（d）。因此，Fe—N_xC_{4-x} 和 Co—N_xC_{4-x} 催化的 ORR 均为直接四电子机理。

图 4-9 给出了 Fe(Co)—N_xC_{4-x} 催化的 ORR 过程中每一步的相对能量变化趋势。从图中可以看出，Fe—N_xC_{4-x} 催化的 ORR 每一步的能量变化梯度均比 Co—N_xC_{4-x} 要大，意味着前者的催化过程在热力学上更占优势。从表 4-13～表 4-17 中可以看出，Fe—N_xC_{4-x} 催化的氧还原物种上所带的负电荷均比 Co—N_xC_{4-x} 中的多，且 Fe—O 键的距离明显比 Co—O 键短。以上数据表明在 Fe—N_xC_{4-x} 中，金属 Fe 与 O 的作用更加强烈，更多的电荷会从 Fe 转移到 O_2 上，从而使得 O—O 键受到更强的活化作用。因此，就催化活性而言，Fe—N_xC_{4-x} 明显比 Co—N_xC_{4-x} 要高。此外，从书后彩图 13 生成的中间体种类我们也可以得到同样的结论。前人的研究表明，由于 *OH 在 Pt 上的吸附能过大，不利于下一步的还原反应，因此会导致最后一步电子转移产生较大的过电势[34]。相反，如果在 Pt 上生成的不是 *OH

而是 O—H$_2$O，则下一步还原步骤所需的活化能很低[31]。从这个角度出发，我们认为 Fe—N$_x$C$_{4-x}$ 催化的第四步电子转移与 Co—N$_x$C$_{4-x}$ 相比具有更小的过电势。因此，综上所述，可以确定 Fe—N$_x$C$_{4-x}$ 催化 ORR 的活性较 Co—N$_x$C$_{4-x}$ 要高。

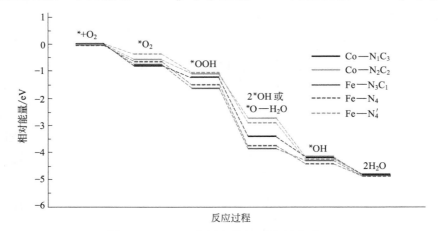

图 4-9 ORR 过程中的相对能量变化图

对石墨炔中的 Fe—N$_4'$ 催化位点来说，其催化 ORR 活性低于石墨烯中的 Fe—N$_4$，原因可能归因于以下几点：

① O$_2$ 分子以及 ORR 中间体在 Fe—N$_4'$ 上的吸附较在 Fe—N$_4$ 上要弱，见表 4-12 和图 4-9；

② Fe—N$_4'$ 催化的第二步电子转移的产物为两个吸附的 *OH，更有可能增大整个反应的过电势；

③ 在 Fe—N$_4'$ 的结构中，每个 N 原子只与一个 C 原子直接相连，而 Fe—N$_4$ 中的每个 N 直接与两个 C 相连，因此前者中的 N 可能不如后者中的活泼，这也有可能是导致其活性低的原因之一。

☐ 表 4-13 Co—N$_1$C$_3$ 催化的 ORR 过程的主要键参数 R　　　　　　　　　　单位：Å

状态	$R_{Co(1)-N(2)}$	$R_{Co(1)-C(3)}$	$R_{Co(1)-C(4)}$	$R_{Co(1)-C(5)}$	$R_{Co(1)-O(6)}$	$R_{O(6)-O(7)}$
A$_0$	1.990	1.930	1.918	1.935	—	1.246
A$_1$	2.061	1.977	1.921	1.975	1.940	1.341
A$_2$	2.069	2.001	1.921	1.958	1.893	1.494
A$_3$	2.061	1.897	1.910	2.103	1.936	2.793
A$_4$	2.055	1.985	1.934	1.946	1.831	—
A$_5$	2.003	1.934	1.927	1.947	2.386	—

☐ 表 4-14 Co—N$_2$C$_2$ 催化的 ORR 过程的主要键参数 R　　　　　　　　　　单位：Å

状态	$R_{Co(1)-N(2)}$	$R_{Co(1)-N(3)}$	$R_{Co(1)-C(4)}$	$R_{Co(1)-C(5)}$	$R_{Co(1)-O(6)}$	$R_{O(6)-O(7)}$
B$_0$	1.979	1.979	1.870	1.870	—	1.246
B$_1$	2.001	2.002	1.896	1.897	1.866	1.295
B$_2$	2.035	2.037	1.905	1.901	1.865	1.472

续表

状态	$R_{Co(1)-N(2)}$	$R_{Co(1)-N(3)}$	$R_{Co(1)-C(4)}$	$R_{Co(1)-C(5)}$	$R_{Co(1)-O(6)}$	$R_{O(6)-O(7)}$
B_3	2.116	2.125	1.914	2.006	1.875	2.431
B_4	2.043	2.041	1.908	1.907	1.865	—
B_5	1.992	1.992	1.888	1.889	2.337	—

□ 表 4-15　Fe—N_3C_1 催化的 ORR 过程的主要键参数 R　　　　单位：Å

状态	$R_{Fe(1)-N(2)}$	$R_{Fe(1)-N(3)}$	$R_{Fe(1)-N(4)}$	$R_{Fe(1)-C(5)}$	$R_{Fe(1)-O(6)}$	$R_{O(6)-O(7)}$
C_0	1.925	1.974	1.953	1.889	—	1.246
C_1	2.023	2.047	2.021	1.912	1.848	1.406
C_2	1.986	2.031	1.962	1.898	1.838	1.502
C_3	2.015	2.001	1.965	1.919	1.649	2.898
C_4	2.002	2.022	1.964	1.902	1.837	—
C_5	1.966	1.985	1.938	1.900	2.407	—

□ 表 4-16　Fe—N_4 催化的 ORR 过程的主要键参数 R　　　　单位：Å

状态	$R_{Fe(1)-N(2)}$	$R_{Fe(1)-N(3)}$	$R_{Fe(1)-N(4)}$	$R_{Fe(1)-N(5)}$	$R_{Fe(1)-O(6)}$	$R_{O(6)-O(7)}$
D_0	1.934	1.935	1.923	1.932	—	1.246
D_1	1.935	1.935	1.942	1.943	1.897	1.314
D_2	1.947	1.942	1.940	1.946	1.808	1.502
D_3	1.958	1.959	1.958	1.959	1.670	—
D_4	1.941	1.938	1.936	1.941	1.842	—
D_5	1.927	1.928	1.938	1.938	2.471	—

□ 表 4-17　Co—N_1C_3，Co—N_2C_2，Fe—N_3C_1，Fe—N_4 和 Fe—N_4' 各 ORR 物种上的电荷分布

催化剂	$\Delta Q(O_2)$	$\Delta Q(^*OOH)$	$\Delta Q(OH-OH/^*O)$	$\Delta Q(^*OH)$	$\Delta Q(H_2O)$
Co—N_1C_3	−0.186	−0.162	−0.209	−0.214	0.081
Co—N_2C_2	−0.206	−0.223	−0.464	−0.267	0.105
Fe—N_3C_1	−0.384	−0.251	−0.486	−0.271	0.079
Fe—N_4	−0.283	−0.279	−0.405	−0.278	0.075
Fe—N_4'	−0.268	−0.269	−0.522	−0.202	0.078

此外，根据我们之前的研究，对该类催化剂来说，最高占据的金属 3d 轨道对催化活性也具有重要的影响。占据的金属 3d 轨道的能量越高，更多的电荷会从金属转移到 O_2 分子上[43]。计算结果表明，Fe—N_3C_1，Fe—N_4 和 Fe—N_4' 最高占据的 Fe 的 3d 轨道的能量分别为 −3.73eV，−4.14eV 和 −4.52eV，而 Co—N_1C_3 和 Co—N_2C_2 最高占据的 Co 的 3d 轨道的能量分别为 −4.55eV 和 −4.53eV。这意味着 Fe—N_xC_{4-x} 最高占据金属轨道的能量比 Co—N_xC_{4-x} 和 Fe—N_4' 要高。从表 4-17 中可以看出，Fe—N_xC_{4-x} 催化的 ORR 中间体携带的负电荷较 Co—N_xC_{4-x} 要多。因此，以上数据表明，Fe—N_xC_{4-x} 中的 3d 电子更容易转移到 ORR 物种上，意味着其具有更高的催化活性。

图 4-10 给出了 $Fe(Co)—N_xC_{4-x}$ 催化的 ORR 过程中主要原子的电荷变化率。对 $Co—N_1C_3$ 和 $Co—N_2C_2$ 来说，与 Co 直接相连的 C 原子在整个 ORR 过程中的电荷变化最明显。对 $Fe—N_3C_1$ 来说，与 Fe 直接相连的 N 原子和 C 原子的电荷变化较明显，意味着 N 和 C 在 ORR 中均是电子供体；而在 $Fe—N_4$ 中 N 原子是主要的电子供体。这些数据表明在整个催化过程中，中心的金属离子能够使得与其直接相连的 N 原子和 C 原子变得更加活泼，进而促进了由活性位点向吸附物的电子转移。这也许是该类 $Fe(Co)—N_x/C$ 材料具有良好的 ORR 催化活性的原因之一。

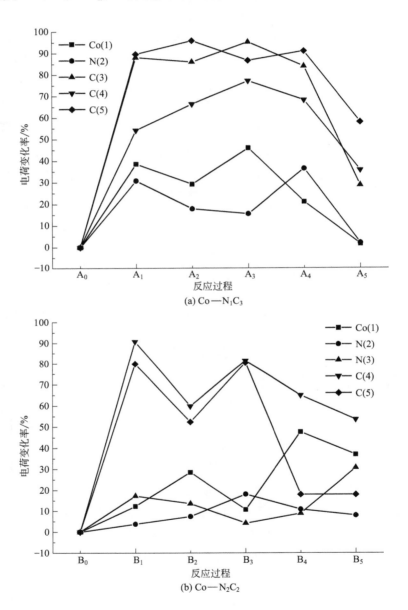

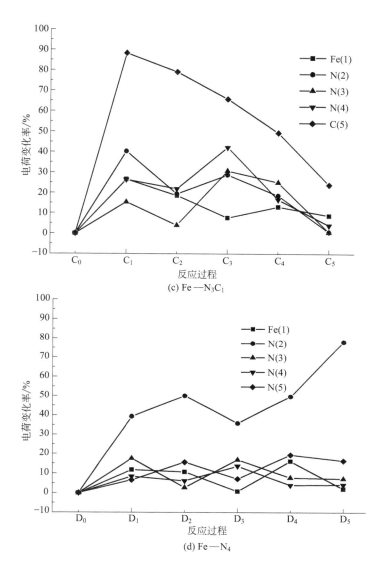

图 4-10 Fe(Co)—N_xC_{4-x} 催化的 ORR 过程中主要原子的电荷变化率

4.5 FeN$_4$ 内嵌碳纳米管催化剂的尺寸效应

基于石墨烯的 Fe—N_4/C 催化剂已经被证明具有良好的 ORR 催化活性[44-46]。除此之外，目前也有大量的研究致力于发展含过渡金属和 N 原子的碳纳米管（CT-Ns）类电催化剂[12,37,47]。石墨烯结构中的 M—N_x/C 催化位点的活性主要受三个因素的影响：中心金属的种类、N原子的配位数和尺寸效应[48]。由于CTNs的电子结构可随其几何结构（管长和管径）的改变而发生变化[49-51]，因此基于CTNs的ORR催化剂的稳定性和催化性能也会受到几何结构的影响。但是，到目前为止，关于Fe—N_x掺杂CTNs(Fe—N_4/CTNs)的ORR催化性能与几何结构的关系的系统研究仍然很欠缺。因此，我们采用DFT方法探究CTNs的管长和管径对Fe—N_4/CTNs的稳定性和ORR催化活性的影响。该研究不仅对改善此类材料的ORR催化性能具有重要的意义，而且还有利于指导新型高效的ORR电催化剂的研究与制备。

4.5.1 结构与稳定性评估

构建了用C—H键封端的扶手椅式碳纳米管模型，命名为Fe—N_4(N,N)-L。其中，"(N,N)"代表碳纳米管的管径，"L"代表管长，其中N=2~8Å，L=9.8Å、12.3Å、14.7Å、17.3Å、19.7Å和22.1Å。从Fe—N_4(2,2)-L~Fe—N_4(8,8)-L，对应的管径大小分别对应为2.8Å、4.3Å、5.6Å、6.8Å、8.2Å、9.7Å和11Å，对应的L值则从9.8Å到22.1Å，碳纳米管的管长每增加一个数值，其构型就增加一个包含几个六元环的结构单元。值得注意的是，本节的所有研究结果仅仅针对扶手椅式碳纳米管。

ORR物种在催化剂上的吸附能E_{ads}大小是评价电催化剂的催化活性和稳定性的重要指标。若E_{ads}为负值，则表明ORR物种能够吸附在Fe—N_4(N,N)-L催化剂上。

对不同管径的Fe—N_4/CTNs催化位点的结构优化和命名如书后彩图14所示。若管长L为9.8Å，管径N表示为4Å，则催化剂的命名为Fe—N_4(4,4)-9.8。对该类催化剂材料，评估结构稳定性的有效方法与4.2.1部分中的方法一致，不再赘述。反应方程式如下所示：

$$\text{Fe—}N_4(N,N)\text{-}L + 2[H_3O^+(H_2O)_2] \longrightarrow 2\text{H—}N_4(N,N)\text{-}L + [\text{Fe}(H_2O)_6]^{2+} \tag{4-17}$$

显然，ΔE值越大，金属离子越不容易溶解到酸溶液中，在催化过程中催化剂的Fe—N_4活性位点的稳定性就越好。但是这种方法仅仅是从热力学角度近似考虑。从动力学的角度考虑键的生成和断裂来判断其稳定性也是十分重要的。然而本书并没有做进一步的讨论。除此之外，本书也只考虑了Fe—N_4活性位点的稳定性，而没有考虑碳载体被腐蚀的因素。

ΔE值如图4-11和图4-12所示。在图4-11中，当管长为9.8Å时，管径越大，ΔE值越大，表明Fe—N_4(N,N)-9.8（N=2~8Å）催化位点就越稳定。但是从图4-12可以看出，管径一定时，管长越大，ΔE值越小，催化位点的稳定性越低。Fe—N_4(2,2)-9.8结构的ΔE值为0.12eV，表明其不能够稳定的存在于酸溶液中；

其原因是 Fe—N_4(2,2)-9.8 结构的管径太小，容易形成环向应变使 Fe—N 键和 C—N 键弯曲变形，使部分催化活性位点暴露在外界酸性环境中而变得不稳定。但是，除管径 N 为 2.8Å 的结构不稳定外，管长为 9.8Å 且管径为其他尺寸的催化剂的 ΔE 值均较大，因而都比较稳定。尽管管径较大的 Fe—N_4(N,N)-L 结构［例如 Fe—N_4(5,5)-9.8］的稳定性随着管长的增大而减小，但是其 ΔE 值都大于 2.2eV，意味着他们在酸环境中仍能稳定存在。值得注意的是，图 4-12 中 ΔE 值并不是呈线性变化的，可能是由于管长的改变会对催化剂的部分几何结构（例如 4 个 Fe—N 的平均键长）和 Fe—N_4/CTNs 表面的电子结构产生轻微的影响。虽然图 4-12 中的曲线未呈线性变化，但是仍然可以得出一个结论：管长越大，ΔE 值越小。

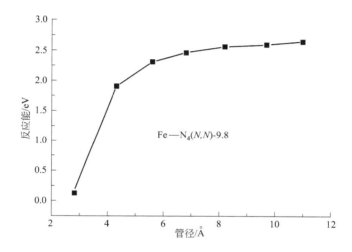

图 4-11 Fe—N_4(N,N)-9.8 的反应能随管径的变化情况（N= 2~8）

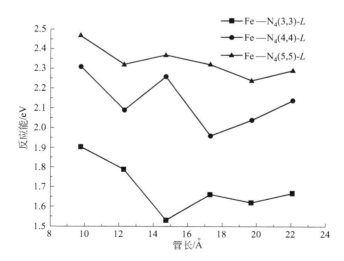

图 4-12 Fe—N_4(N,N)-L 的反应能随管长的变化情况
（N= 3~5Å，L= 9.8~22.1Å）

4.5.2 氧还原物种的吸附

E_{ads} 是判断催化剂活性高低的重要指标之一。众所周知，Pt 基催化剂是目前 ORR 催化性能最优良的催化剂，其对评估 Fe—$N_4(N,N)$-L 催化性能具有重要的参考价值。因此可以通过比较 ORR 物种在 Fe—$N_4(N,N)$-L 和 Pt(111) 的 E_{ads} 的方法来判断 Fe—$N_4(N,N)$-L 的催化性能。图 4-13 和书后彩图 15 分别表示 ORR 物种在 Fe—$N_4(N,N)$-L 表面的 E_{ads} 和优化构型。可以看出，O_2 在 Fe—$N_4(2,2)$-9.8 和 Fe—$N_4(3,3)$-9.8 表面的 E_{ads} 分别为 $-2.43eV$ 和 $-1.00eV$，O_2 在其余催化剂上的 E_{ads} 为 $-0.63\sim-0.76eV$。此外，实验测得 O_2 在 Pt(111) 上的 E_{ads} 为 $-0.3\sim-0.5eV$[52,53]，不同的 DFT 研究表明，O_2 在 Pt(111) 上的 E_{ads} 为 $-0.41\sim-1.04eV$[41,42,54]。众所周知，O_2 分子的吸附强度必须控制在一定的范围内，太强或者太弱对催化过程都是不利的[18]。如果催化剂与 O_2 之间的相互作用力太弱，即 O_2 在催化剂表面的 E_{ads} 越正，则 ORR 速率越小；相反，如果 O_2 在催化剂表面 E_{ads} 越负，则催化剂表面极有可能被氧化，从而降低甚至失去其催化活性。对 Fe—$N_4(2,2)$-9.8 催化剂来说，其对 O_2 的吸附强度远远大于 Pt(111) 对 O_2 的吸附强度，即有可能导致 Fe—$N_4(2,2)$-9.8 被氧化而失活。因此，我们认为 Fe—$N_4(2,2)$-9.8 不具有良好 ORR 催化性能，其他管径的 Fe—$N_4(N,N)$-9.8 催化剂对 O_2 的吸附强度合适，则表明它们都具有较高的 ORR 催化活性。

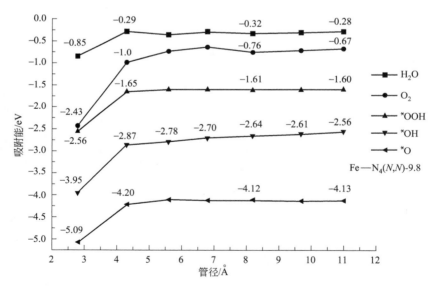

图 4-13 ORR 物种的吸附能

Fe—$N_4(2,2)$-9.8 上 *OOH 的 E_{ads} 为 $-2.56eV$，该值与 Fe—$N_4(2,2)$-9.8 上 O_2 分子的 E_{ads} 非常接近。前人的研究表明，对于一个性能优良的电催化剂来说，催化 *OOH 形成过程所释放的能量要比吸附 O_2 过程所释放的能量高[18]。因此，进一步说明 Fe—N_4(2,2)-9.8 的确不是一个性能优良的 ORR 催化剂。在接下来的讨论部分，不再考虑 Fe—N_4(2,2)-9.8 催化剂。随着管径的增加，*OOH 的 E_{ads} 几乎没有发生改变。据文献报道*OOH 在 Pt(111) 上的 E_{ads} 为 $-1.06 \sim -1.16$ eV[16,20]，而*OOH 在 Fe—N_4(N,N)-9.8 上的最大 E_{ads} 为 -1.60 eV，该结果表明，所有 Fe—N_4(N,N)-9.8 对*OOH 的吸附强度都比 Pt(111) 大。众所周知，尽管 Pt 是目前 ORR 催化性能最好的催化剂，但是，其对*OOH 的吸附强度偏小而对*O 和*OH 的吸附强度偏大导致其不是最理想的 ORR 催化剂[55,56]。而对所有的 Fe—N_4(N,N)-9.8 催化剂来说，其对*OOH 的吸附强度都比 Pt 大，这表明除 Fe—N_4(2,2)-9.8 之外，其余的 Fe—N_4(N,N)-9.8 的 ORR 催化活性都比较高，第一个氧还原基元反应（O_2 被还原成*OOH）将会释放更多的热量，这将有利于接下来的基元反应转移电子。

O 原子在 Fe—N_4(N,N)-9.8 表面的 E_{ads} 随管径的变化情况与*OOH 类似，其值并没有随着管径的增加发生明显的变化。但是，*OH 在 Fe—N_4(N,N)-9.8 表面的 E_{ads} 随管径的变化情况却与*O 和*OOH 不同。如图 4-13 所示，管径越大，催化剂对*OH 的吸附作用越弱。*OH 在 Pt(111) 上的 E_{ads} 为 $-2.26 \sim -2.45$ eV[16,35]，在 Pt_{35} 团簇的 (111) 面的 E_{ads} 为 -2.06 eV[15]。因此 Fe—N_4(8,8)-9.8 对*OH 的吸附强度非常接近 Pt(111)。*OH 在 Fe—N_4/CTNs 表面上的 E_{ads} 随管长的变化如图 4-14 所示。与图 4-13 不同的是，随着管长的增加，图 4-14 中的曲线并没有表现出统一的变化规律。*OH 在 Fe—N_4(4,4)-L 和 Fe—N_4(5,5)-L 表面上的 E_{ads} 随管长的增加变化不大，但是在 Fe—N_4(3,3)-L 上的 E_{ads} 随管长的增加却变化显著。*OH 在 Fe—N_4(3,3)-L 上吸附最弱的 E_{ads} 为 -2.87 eV，仍然比*OH 在 Pt(111) 表面的吸附能负。众所周知，因为*OH 在催化剂表面的吸附较强，不利于进行*OH 的还原反应，导致该反应电子转移过程产生较大的过电势，进一步降低电池的能量转换效率[57,58]。因此，综上所述，Fe—N_4(3,3)-L 不具有良好的 ORR 催化性能。

H_2O 分子在 Fe—N_4(N,N)-9.8（$N = 3 \sim 8$）表面的 E_{ads} 为 $-0.28 \sim -0.36$ eV 之间，其与实验测得的 E_{ads}（$-0.43 \sim -0.65$ eV）[59] 和 Pt(111) 表面的 E_{ads}（$-0.22 \sim -0.6$ eV）[16,19] 都非常接近。除此之外，Fe—N_4(N,N)-9.8 对 H_2O 的吸附强度都比对 O_2 的吸附强度小。对一个性能优良的 ORR 催化剂来说，催化剂对 H_2O 的吸附强度应该比 O_2 分子弱，这将有利于进行下一个 ORR 循环，提高催化效率[10]。对 H_2O 的 E_{ads} 分析结果表明，所有 Fe—N_4(N,N)-L（$N = 3 \sim 8$）都具有较高的 ORR 催化活性。

综上所述，由于碳纳米管存在曲率效应[60]，除了*O 和*OH 之外，其余 ORR 物种在 Fe—N_4(N,N)-L 的吸附都比基于石墨烯的 Fe—N_4 位点（位于内部结构中，不是边缘结构）上的吸附弱[61]。管径较小的 Fe—N_4(N,N)-L 对*OH 的吸附强度过大，过多的

*OH 吸附会占据催化剂表面的活性位点，阻碍 O_2 分子的吸附，不但不利于 ORR 的循环，而且会导致整个 ORR 过电势偏高，从而降低催化剂的催化性能。因此，具有较大的管径和较小的管长的 Fe—N_4(N,N)-L 具有更高的 ORR 反应催化活性。

4.5.3 基元反应的相对能量

Pt(111) 催化的氧还原基元反应相对能量数据来源于课题组以前的研究[62]。限速步骤（RDS）是指所有基元反应中相对能量下降梯度最小的那一步反应。并且 RDS 的相对能量越负，催化剂的催化性能越好。

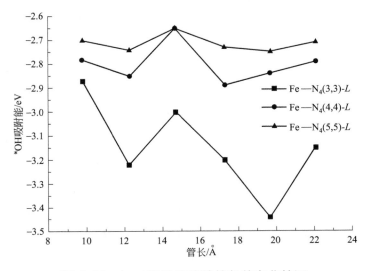

图 4-14 *OH 的吸附能随管长的变化情况

Fe—N_4(N,N)-9.8 表面的 ORR 基元反应的相对能量如表 4-18 所列。可以得出以下结论：

① 对所有的催化剂来说，*OH 的还原反应的相对能量下降梯度都是最小的，则其限速步骤均为 *OH 的还原反应。

② 对不同管径的催化剂来说，当管径为 2.8～5.6Å 时，RDS 的相对能量都是正值，表明 RDS 是吸热反应，不利于 ORR 的自发进行。因此，Fe—N_4(2,2)-9.8、Fe—N_4(3,3)-9.8、Fe—N_4(4,4)-9.8 三种催化剂的 ORR 催化性能都不尽如人意。

③ 对管径大于或等于 6.8Å 的催化剂来说，其对 *OH 吸附强度减弱，RDS 均是放热反应，这对 ORR 的自发进行是十分有利的。并且随着管径的增加，RDS 的相对能量越负，且与 Pt(111) 表面 *OH 的还原反应的相对能量越接近。因此，管径越大的催化剂，其催化性能越好。其中，Fe—N_4(8,8)-9.8 表面的 RDS 的相对能量最负，且与 Pt(111) 表面 *OH 的还原反应的相对能量最接近，这说明 Fe—N_4(8,8)-9.8 在本研究所有的催化剂中，其 ORR 催化活性最高。

表 4-18　Fe—N_4(N,N)-9.8(N= 3~8)催化剂表面的 ORR 基元反应的反应能　单位：eV

反应步骤	(2,2)	(3,3)	(4,4)	(5,5)	(6,6)	(7,7)	(8,8)	Pt(111)
$^*O_2 + H^+ + e^- \longrightarrow ^*OOH$	−2.50	−1.59	−1.55	−1.55	−1.55	−1.55	−1.54	−1.02
$^*OOH + H^+ + e^- \longrightarrow ^*O + H_2O$	−1.89	−1.90	−1.85	−1.86	−1.87	−1.88	−1.88	−2.01
$^*O + H^+ + e^- \longrightarrow ^*OH$	−1.26	−1.07	−1.09	−0.99	−0.93	−0.88	−0.85	−0.77
$^*OH + H^+ + e^- \longrightarrow ^*H_2O$	+0.88	+0.21	+0.28	−0.37	−0.42	−0.46	−0.50	−0.88

4.5.4　电子结构效应

众所周知，催化剂的催化活性主要受其电子结构的影响。DFT 方法在探究电子结构和催化性能之间的关系方面得到了广泛的应用。以前的研究结果表明周期性的纳米结构如 Pt 基材料[63]和其他的贵金属材料[64]的催化活性易受催化剂 d 带中心的影响。对于非贵金属催化剂来说，例如各种各样的 M—N_x/C 催化剂，被占据的 3d 轨道对其催化活性也有着重要的影响[65]。即被占据的 3d 轨道的能量越高，从金属转移到 O_2 分子上的电荷也就越多，该催化剂的活性也越高。图 4-15 表明了催化剂中铁原子 3d 轨道自旋向上和自旋向下两种电子的 HOMO 能级随管径的变化情况。HOMO 能级越小，电子所受束缚越小，也越活泼，因此 HOMO 能级的高低决定分子得失电子的能力。从图中可以看出，对铁原子 3d 轨道中自旋向下电子来说，其 HOMO 能级随着管径的增大而降低。由于催化剂电子结构的改变会直接影响其催化活性，进一步影响中间产物的 E_{ads}。例如图 4-13 所示，$^*OH$ 的 E_{ads} 最易受碳纳米管结构的影响，管径越小，催化剂对 $^*OH$ 的吸附作用越强。铁原子 3d 轨道 HOMO 的能级越高，催化剂吸附 $^*OH$ 的能力越强。即适当的 HOMO 的能级会对 $^*OH$ 形成一个恰如其分的 E_{ads}，这对 ORR 是十分有利的。因此，ORR 物种的 E_{ads} 与铁原子 3d 轨道 HOMO 的能级高低密切相关。

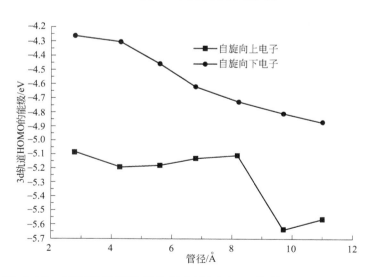

图 4-15　不同管径下的催化剂中铁原子 3d 轨道 HOMO 的能级

4.6 类 FeN_x 的催化位点：FeS_x 结构

在过渡金属-氮-碳材料中，氮原子作为电负性原子与过渡金属原子和碳原子直接相连，改变了材料的电子结构，从而影响其 ORR 催化活性。硫原子的作用与氮原子类似，Herrmann 等研究了硫对热解 CoTMPP 的 ORR 性能的影响，发现硫的加入导致催化活性增强[66]。硫原子在改变碳基质的结构时，增加了催化位点的数量，并且可以改善这些中心与周围碳的离域电子之间的相互作用；这增强了电子向催化位点的传输并增加了 ORR 的活性和选择性。Li 等利用氧化碳纳米管（CTNs）和对苯二硫醇制备硫掺杂碳纳米管，并研究其在碱性环境下的 ORR 性能[67]。结果表明此催化剂具有显著的电化学 ORR 活性。这些研究表明，硫原子的引入可以改善 ORR 催化剂的活性。本节聚焦于 FeS_x 结构，从分子层面研究其 ORR 催化机制，并探究了该催化剂的抗中毒性能。

4.6.1 结构筛选

首先，对几种 $Fe—S_x/C$ 构型进行了优化，包括 $Fe—S_2/C$（$FeS_2C_{72}H_{22}$）、$Fe—S_{2\times2}/C$（$FeS_4C_{52}H_{24}$）、$Fe—S_3/C$（$FeS_3C_{71}H_{22}$）、$Fe—S_4/C$（$FeS_4C_{70}H_{22}$）和 $Fe—S_6/C$（$FeS_6C_{68}H_{22}$），其结果如书后彩图 16 所示。$Fe—S_x/C$ 的几何尺寸为 1.7nm，Fe 原子都位于催化剂空腔内。构型优化的结果表明，只有 $Fe—S_2/C$ 能够保持完整的平面结构，且其活性位点的结构与 $Fe—N_2/C$ 催化剂的活性位点结构相似[68]，这进一步表明 $Fe—S_2/C$ 是潜在的 ORR 催化剂。如书后彩图 16(b')~(e')所示，由于存在缺陷的石墨烯空腔体积太小以至于不能容纳更多的 S 原子，其他的结构的中心金属原子或者 S 原子都会被挤压出石墨烯平面，从而形成了热力学不稳定的结构。除此之外，这些结构也会更直接地暴露在酸溶液中，在反应过程中也更易被氧化而降低催化剂性能。其次，我们探究了 $Fe—S_x/C$ 的形成能（FE）。FE 定义为 $FE=E_{Fe-S_x/C}-E_{S_x/C}-E_{Fe}$，其中 $E_{Fe-S_x/C}$、$E_{S_x/C}$、E_{Fe} 分别表示 $Fe—S_x/C$ 的总能量、不包含中心 Fe 原子的总能量和单独的 Fe 原子的能量。若 FE 的值小于零，表示 $Fe-S_x/C$ 结构容易形成，FE 的值越负，该结构就越稳定。$Fe—S_2/C$、$Fe—S_{2\times2}/C$、$Fe—S_3/C$、$Fe—S_4/C$ 和 $Fe-S_6/C$ 对应的 FE 值分别为 -5.81eV、-2.37eV、-4.70eV、-4.65eV 和 -2.62eV。这些数据表明，对所有的 $Fe—S_x/C$ 来说，$Fe—S_2/C$ 的 FE 最负，其结构稳定性最高。因此在接下来的研究中，只探究了 $Fe—S_2/C$ 的 ORR 催化性能，其余的结构不再考虑。

此外，选定的 $Fe—S_2/C$ 活性位点的结构与一些含铁的蛋白质的局域结构是相似的，包括[Fe—S cluster-free]氢化酶[69]和红素氧还蛋白[70]。例如[Fe-S cluster-free]氢化酶存在Fe—S_2-C_2活性位点且在活性位点周围也存在碳原子结构，其Fe—S_2/C活性位点（在石墨烯中）与Fe—S_2-C_2活性位点（在氢化酶中）结构相似，因此Fe—S_2/C活性中心同样可能存在并且也能通过实验获得，这也意味着它也将具有一定的ORR催化性能。

4.6.2 氧气分子的吸附行为分析

研究了O_2分子在不同活性位点的吸附行为，结果表明O_2分子只能吸附在Fe-S_2活性位点上。一般地，O_2分子有两种吸附方式，分别为侧基式和端基式，其对应的E_{ads}和优化后的吸附构型如表4-19和书后彩图17所示。从表中可以看出，O_2分子以end-on构型吸附的E_{ads}为-0.76eV，以side-on构型吸附的E_{ads}为-1.02eV，结果表明side-on吸附方式更加稳定。在吸附O_2之后，所有的Fe—S和Fe—C键的键长（d）均有所增长，同时O—O键的键长也从平衡态1.236Å伸长至1.401Å，这意味着O_2分子受到了催化剂强烈的活化作用。

▫ 表4-19 Fe—S_2/C催化剂的结构参数和相对应的吸附能E_{ads}和键长

参数	Fe—S_2/C	*O_2	*OOH	*O	*OH	*H_2O
E_{ads}/eV	—	$-1.02/-0.76$	-1.29	-4.35	-2.81	-0.36
d_{Fe-O_1}/Å	—	1.805	2.022	1.624	1.805	2.063
$d_{O_1-O_2}$/Å	—	1.401	1.521	—	—	—
d_{Fe-S_1}/Å	2.598	2.906	2.887	2.806	2.697	2.652
d_{Fe-S_2}/Å	2.598	2.909	2.830	2.805	2.683	2.605
d_{Fe-C_1}/Å	1.986	1.988	1.958	1.969	1.948	1.997
d_{Fe-C_2}/Å	1.984	1.987	1.984	1.971	1.942	1.989
d_{Fe-C_3}/Å	4.095	4.323	4.362	4.236	4.244	4.114
d_{Fe-C_4}/Å	4.093	4.327	4.370	4.239	4.237	4.101

电子密度可以反映体系的电荷分布情况。Fe—S_2/C吸附O_2后的总电子密度等值面和差分电子密度如书后彩图18所示，其中蓝色区域代表得电子，黄色区域代表失电子。从图中可以明显地看出O_2和Fe—S_2/C的电子云发生了重叠，这表明O_2已经吸附在催化剂的表面上。吸附行为发生时，电子由Fe—S_2/C催化剂转移给了O_2分子，这也进一步表明O_2分子受到了Fe—S_2/C催化剂强烈的活化作用。

为了进一步的探究Fe—S_2/C的催化活性，将O_2在Pt(111)表面的E_{ads}作为评价标准来探究Fe—S_2/C是否具有与Pt相似的ORR催化活性[55]。基于不同的计算方法和模型的研究表明，O_2在Pt表面上的E_{ads}在$-0.53\sim-1.02$eV[41,42,54]，其与O_2在Fe—S_2/C表面上的E_{ads}非常接近，这说明Fe—S_2/C具有与Pt类似的ORR催化性能。接下来，计算了其他ORR物种在Fe—S_2/C表面的E_{ads}，包括*OOH、*O、*OH和H_2O，结果列于表4-19中，相关的讨论部分见下一小节。

4.6.3 氧还原反应路径分析

图 4-16 表示在 Fe—S_2/C 催化剂表面，氧还原基元反应的初态、过渡态和末态的优化结构。在 ORR 过程中，首先，吸附态 O_2 分子将会结合一个 H^+ 和 e^- 生成 *OOH，该过程的方程式表示如下：

$$^*O_2 + H^+ + e^- \longrightarrow {^*OOH} \quad (4\text{-}18)$$

由于在非贵金属催化剂存在的情况下，O_2 分子的直接解离路径需要非常高的活化能，因此没有考虑 O_2 分子的直接解离路径[71]。构型优化后发现 *OOH 的吸附构型与 O_2 分子的吸附构型类似，也是以 side-on 方式吸附在催化剂表面，但与 *OOH 在 Fe—N_4 嵌入石墨烯结构上的吸附方式不同[61]。对 *OOH 来说，采用 side-on 方式吸附的 O—O 键更弱，其 E_{ads} 比 end-on 构型吸附的吸附能更大，其 O—O 键被拉长至一个非常大的值——1.521Å，极有可能发生断键。*OOH 在 Fe—S_2/C 上的 E_{ads} 为-1.29eV，与 Pt 表面（-1.06eV）相差 0.23eV[16]，Fe-S_2/C 对 *OOH 的吸附更强。有研究表明 Pt 对 *OOH 的吸附作用偏弱，导致 Pt 不是非常理想的 ORR 催化剂[55]，但作为目前性能最好的电催化材料，*OOH 在其表面的 E_{ads} 对评估其他非 Pt 材料 ORR 催化性能具有重要的参考价值。以上结论表明 Fe-S_2/C 具有良好的 ORR 催化活性。此外，*OOH 物种在 Fe—S_2/C 上的 E_{ads} 越负，方程式（4-18）对应的基元反应放出的热量就越多，对电子的转移过程就越有利，因此该步骤具有非常低的活化能，为 0.59eV，且其反应能为-1.54eV。

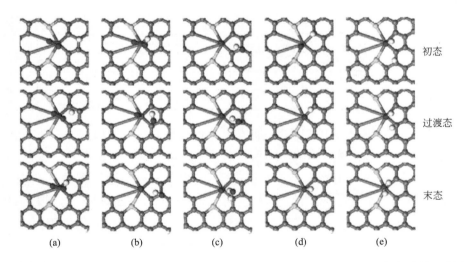

图 4-16　Fe—S_2/C 催化剂表面 *OOH 解离路径的初态、过渡态和末态的优化结构

在第二步电子转移发生之后，*OOH 直接解离生成 *O 和 *OH 或者直接氢化生成 *O 和 *H_2O。

具体反应方程式如下：

$$^*OOH \longrightarrow {^*O} + {^*OH} \tag{4-19}$$

$$^*O + {^*OH} + H^+ + e^- \longrightarrow {^*O} + {^*H_2O} \tag{4-20}$$

$$^*OOH + H^+ + e^- \longrightarrow {^*O} + {^*H_2O} \tag{4-21}$$

前面的结论已经表明，$^*OOH$ 中的 O—O 键容易断裂，生成 $^*O$ 和 $^*OH$。而且方程（4-19）对应的基元反应的活化能为 0.53eV，比方程（4-21）对应的基元反应（$^*OOH$ 氢化反应）的活化能（0.82eV）低，因此 $^*OOH$ 更容易直接解离生成 $^*O$ 和 $^*OH$，而且其 ORR 机理与 Pt 表面上的 ORR 机理相同，均为四电子机理[72,73]。方程（4-20）对应的基元反应会释放更多的热量，其反应能为 -3.18eV，生成的水分子由于与催化剂的作用力非常弱，非常容易从催化剂的表面脱附。

接下来为 O 原子的氢化反应。$^*O$ 结合一个 H^+ 和 e^- 生成 $^*OH$，方程式如下：

$$^*O + H^+ + e^- \longrightarrow {^*OH} \tag{4-22}$$

在表 4-19 中，$^*O$ 和 $^*OH$ 在 Fe—S_2/C 的 E_{ads} 分别为 -4.35eV 和 -2.81eV，在 Pt(111) 表面上的 E_{ads} 分别为 -3.68eV 和 -2.26eV[16]，相比较而言，$^*O$ 和 $^*OH$ 在 Fe—S_2/C 表面上的吸附更强，而且这些 E_{ads} 与 $^*O$ 和 $^*OH$ 在 2nm 的 Pt 纳米粒子[35] 和石墨烯 Fe—N_4/C 催化剂[61] 上的 E_{ads} 十分接近。结果表明 Fe—S_2/C 具有优良的 ORR 催化性能。此外，该基元反应的反应能为 -1.79eV，活化能为 0.64eV，这也进一步表明 $^*O$ 很容易被氢化形成 $^*OH$。

在最后一步电子转移发生之后，$^*OH$ 继续被氢化形成最终产物 $^*H_2O$。

$$^*OH + H^+ + e^- \longrightarrow {^*H_2O} \tag{4-23}$$

在该基元反应中，初态 Fe—O 键的键长为 1.805Å，末态时，Fe—O 键的键长被拉伸至 2.063Å，且从表 4-19 可知 H_2O 的 E_{ads} 为 -0.36eV，结果表明，此时 $^*H_2O$ 与催化剂之间的作用力较弱，$^*H_2O$ 随时可能从催化剂的表面脱离而且很容易被 O_2 分子替代，这意味着整个 ORR 可以在 Fe—S_2/C 上顺利循环更替。除此之外，该基元反应的反应能为 -0.81eV，表明该反应为放热反应且能够自发地进行；而且其活化能最高，为 0.87eV，因此 OH 的还原反应是整个 ORR 的限速步（RDS）。研究表明在 Pt(111)[73] 和 Pt(100)[72] 表面的 ORR 的 RDS 的活化能分别为 0.79eV 和 0.80eV，这再一次表明 Fe—S_2/C 具有非常高的 ORR 催化活性。

对整个氧还原基元反应的反应能和活化能概括如图 4-17 所示，从图中可以看出，$^*OOH$ 直接解离路径更容易进行。随着还原步骤的进行，各基元反应的反应能呈下降趋势，这表明 Fe—S_2/C 催化剂催化的 ORR 是一个自发进行的反应。综上所述，ORR 物种的 E_{ads} 和氧还原基元反应的反应能和活化能的分析结果表明，Fe—S_2/C 催化剂具有非常高的 ORR 催化活性。

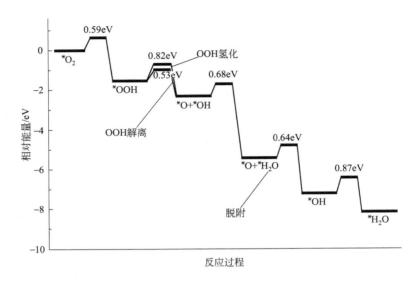

图 4-17　Fe—S_2/C 催化的 ORR 各种可能机理的
相对能量和反应势垒变化图解（短线表示过渡态）

4.6.4　抗中毒能力分析

本节探究了 Fe—S_2/C 催化剂的抗中毒能力。常见的能够造成催化剂失活的气体物质包括含硫化合物（SO_2、H_2S）、含碳化合物（CO）和含氮化合物（NO、NH_3）等。这些气体在 Fe—S_2/C 上的 E_{ads} 和 Mulliken 电荷如表 4-20 所列，其中 *SO_2 所带电荷为 −0.049，SO_2 吸附到催化剂活性位点上以后，金属原子向 SO_2 转移了电子，表明 SO_2 与催化剂之间发生了相互作用。但是，SO_2 的 E_{ads} 为 −0.34 eV，这说明 SO_2 与 Fe—S_2/C 之间的作用力非常弱，且弱于 Pt(111)（1.07 eV）[74]。从表 4-20 可以看出，任意 ORR 物种在 Fe—S_2/C 上的吸附强度都比 SO_2 高，以上结论表明，Fe—S_2/C 催化活性位点几乎不能被 SO_2 占据。即 Fe—S_2/C 催化剂对 SO_2 具有优良的抗中毒能力。除此之外，其他的气体都带有一定量的正电荷，这表明被吸附物向催化剂活性位点转移了电子，而且这些气体在 Fe—S_2/C 催化剂上的吸附强度都比在 Pt(111) 上低[75-78]。综上所述，Fe—S_2/C 催化剂对含硫化合物、含碳化合物、含氮化合物都有非常强的抗中毒能力，尤其是对含硫化合物的抗中毒能力更强。

表 4-20　计算的 Mulliken 电荷和吸附能 E_{ads}　　　　单位：eV

项目		*SO_2	*H_2S	*CO	*NO	*NH_3
Mulliken 电荷		−0.049	0.167	0.257	0.069	0.293
E_{ads}	Fe—S_2/C	−0.34	−0.51	−1.19	−1.65	−0.98
	Pt(111)	−1.07	−0.91	−1.92	−1.85[76]，−2.00[77]	−0.78[76]，−1.23[77]

4.7 金属效应与配体效应

金属螯合物在很早以前就被尝试用来作为 ORR 的催化剂[79]。通过一些研究发现，金属螯合物的催化活性受到中心金属和螯合配体的制约。例如，当中心金属为 Fe(Ⅱ)时，螯合配体的活性顺序为 N_4＞N_2O_2＞N_2S_2＞O_4＞S_4。其中的原因可能为螯合配体的电子结构不相同[80]。类似地，对同一螯合配体来说，中心金属不同，催化活性显然也不相同。有研究表明对金属酞菁（M-Pc）来说，中心金属的活性顺序为 Mn≈Pd≥Fe≥Pt≥Co＞Cu≥Mo＞Ni[81]。然而，中心金属和螯合配体在 ORR 过程中到底起什么样的作用需要进一步地研究。例如，螯合配体的配体场强对催化活性有无影响；为什么有的金属在螯合配体中会表现出活性，有的却不能。

4.7.1 金属中心及配体结构

本节中应用 DFT 方法研究了六种螯合配体和七种 3d 过渡金属形成的 42 种金属螯合物的催化活性。六种螯合配体见图 4-18，分别为 HFAA（hexafluoroacetylacetone）、AA（acetylacetone）、BAAEDI（bisacetylacetoneethylenediimine）、BSAEDI（bissalicylaldeheethylenediimine）、TPP（tetraphenylporphin）和 Pc（phthalocyanine）。可以很明显地看出 HFAA 和 AA 为 O_4 配体，且一般被认为是弱场配体；BAAEDI 和 BSAEDI 为 N_2O_2 配体，场强适中；而 TPP 和 Pc 为 N_4 配体，属于强场配体。七种 3d 过渡金属分别为 Cr、Mn、Fe、Co、Ni、Cu、Zn。

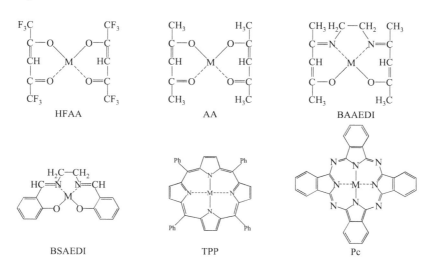

图 4-18 螯合配体结构

4.7.2 吸附情况分析

若要准确评估一种催化剂的催化性能，必须综合考虑中间体的吸附、反应的能量，甚至要考虑电子转移的能垒情况。本节简单地应用中间体的吸附能数据初步判断各金属螯合物的催化行为，并与 Pt(111) 进行比较。图 4-19 给出了 O_2 分子在所有金属螯合物上的吸附数据，而吸附结构（在 Fe 螯合物上）可参见书后彩图 19。从图中可以很明显地看出，与 Pt(111) 相比，所有的 Cr 螯合物对 O_2 分子的吸附过强，这意味着它们的活性中心一旦被 O_2 分子所吸附，即可被其氧化而失去催化性能。相反，对 Ni、Cu、Zn 螯合物而言，由于 O_2 分子的吸附能太小，导致其不能够稳定地吸附。因此，上述四种金属螯合物基本上不会有很高的催化活性。

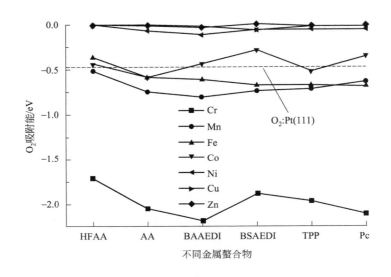

图 4-19 O_2 分子在所有金属螯合物上的吸附数据

对 Fe 螯合物来说，随着螯合配体场强的增大，O_2 分子的吸附也逐渐变得更强；而 Co 和 Mn 的螯合物却没有类似的规律。此外，当螯合配体相同时（如都是 N_4 大环配体），中心金属的活性顺序为 Fe＞Co＞Mn＞Ni。以上结果表明对这些金属螯合物而言，ORR 活性主要受中心金属的控制，而螯合配体起次要的作用。然而，在这些催化剂上，O_2 分子的吸附能与在 Pt(111) 上相比还存在一定差距，这也可能是该类催化剂的活性比 Pt 弱的原因之一。

原子 O 在金属螯合物上的吸附趋势与 O_2 分子类似，见图 4-20(a)。所有的 Cr 螯合物仍然对 *O 中间体的吸附过强。同样，Fe、Mn 的螯合物具有与 Pt(111) 相近的 *O 吸附能。但对一些 Mn 螯合物（如锰酞菁）来说，其稳定性可能不是太好，难以满足复杂的催化条件的要求[82]。

对 *OH 中间体来说，其在几乎所有金属螯合物上的吸附均比在 Pt(111) 上要

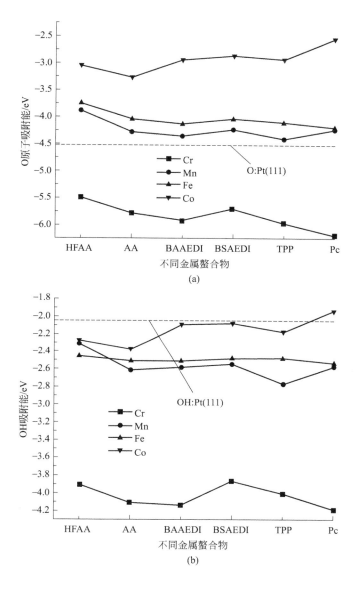

图 4-20 *O 和 *OH 在所有金属螯合物上的吸附情况

强,如图 4-20(b) 所示。*OH 的过强吸附会导致催化剂稳定性的衰减和过电位的产生。单纯以 *OH 的吸附判断稳定性的话,稳定性顺序为 Co > Fe > Mn > Cr 螯合物,这与实验数据非常一致[7]。

4.7.3 HOMO-LUMO 能隙分析

研究了所有金属螯合物的轨道能级情况,见图 4-21。Zn、Cu 和 Ni 的螯合物具有非常大的 HOMO-LUMO 能隙,意味着较小的化学反应活性。随着配体场强的增大,Zn 和 Cu 螯合物的 HOMO-LUMO 能隙逐渐减小,预示着螯合物本身的化学活性增大。然而，它们的 HOMO-LUMO 能隙最终无法减小到可以发生 ORR 的程度，这可能是这几种金属螯合物没有催化活性的本质原因。对有 ORR 活性的金属螯合物，如 Fe、Co、Mn 等，它们的 HOMO-LUMO 能隙均比较小，范围在 0.23~1.07eV 之间。此范围内的能隙意味着催化剂与 O_2 分子之间可以形成足够大的 d-π^* 轨道重叠，从而促进电子转移的发生。

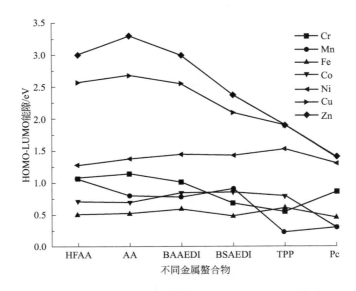

图 4-21 所有金属螯合物的 HOMO-LUMO 能隙

4.8 小结

本章使用密度泛函理论，建立不同类型的过渡金属-氮-碳催化剂的结构模型，包括单核钴（铁）酞菁与双核钴（铁）酞菁、钴—聚吡咯、FeN_x ($x=1~4$) 内嵌石墨烯、FeN_4 内嵌碳纳米管以及具有类 FeN_x 的催化位点的结构：FeS_x，通过氧还原中间体在这些结构上的吸附能以及 ORR 的相对能量变化或者自由能变化的计算结果可以判断金属—氮-碳催化剂具有较好的 ORR 催化活性。这为寻找无铂或者低铂的 ORR 催化剂提供了一种有前景的研究方向。

参考文献

[1] R. Jasinski. A new fuel cell cathode catalyst. Nature，1964，201：1212-1213.
[2] H. Jahnke, M. Schonborn, G. Zimmerman. Transition metal chelates as catalysts for fuel cell reactions. Journal of The Electrochemical Society，1974，303-318.

[3] M. Yamana, R. Darby, H. Dhar, et al. Electrodeposition of cobalt tetraazaannulene on graphite electrodes. Journal of Electroanalytical Chemistry and Interfacial Electrochemistry, 1983, 152: 261-268.

[4] D. H. Lee, W. J. Lee, W. J. Lee, et al. Theory, synthesis, and oxygen reduction catalysis of Fe-porphyrin-like carbon nanotube. Physical Review Letters, 2011, 106: 175502.

[5] H. R. Byon, J. Suntivich, E. J. Crumlin, et al. Fe—N-modified multi-walled carbon nanotubes for oxygen reduction reaction in acid. Physical Chemistry Chemical Physics, 2011, 13: 21437-21445.

[6] M. Lei, P. G. Li, L. H. Li, et al. A highly ordered Fe—N—C nanoarray as a non-precious oxygen-reduction catalyst for proton exchange membrane fuel cells. Journal of Power Sources, 2011, 196: 3548-3552.

[7] R. Chen, H. Li, D. Chu, et al. Unraveling oxygen reduction reaction mechanisms on carbon-supported Fe-phthalocyanine and Co-phthalocyanine catalysts in alkaline solutions. Journal of Physical Chemistry C, 2009, 113: 20689-20697.

[8] L. N. Ramavathu, K. K. Maniam, K. Gopalram, et al. Effect of pyrolysis temperature on cobalt phthalocyanine supported on carbon nanotubes for oxygen reduction reaction. Journal of Applied Electrochemistry, 2012, 42: 945-951.

[9] M. R. Hempstead, A. B. P. Lever, C. C. Leznoff. Electrocatalytic reduction of molecular oxygen by mononuclear and binuclear cobalt phthalocyanines. Canadian Journal of Chemistry, 1987, 65: 2677-2684.

[10] E. Vayner, A. B. Anderson. Theoretical predictions concerning oxygen reduction on nitrided graphite edges and a cobalt center bonded to them. Journal of Physical Chemistry C, 2007, 111: 9330-9336.

[11] X. Chen, Q. Qiao, L. An, et al. Why do boron and nitrogen doped α-and γ-graphyne exhibit different oxygen reduction mechanism? A first-principles study. Journal of Physical Chemistry C, 2015, 119: 11493-11498.

[12] S. Kattel, P. Atanassov, B. Kiefer. Catalytic activity of Co—N_x/C electrocatalysts for oxygen reduction reaction: A density functional theory study. Physical Chemistry Chemical Physics, 2013, 15: 148-153.

[13] A. B. Anderson, T. V. Albu. Catalytic effect of platinum on oxygen reduction an ab initio model including electrode potential dependence. Journal of The Electrochemical Society, 2000, 147: 4229-4238.

[14] X. Chen, S. Sun, F. Li, et al. The interactions of oxygen with small gold clusters on nitrogen-doped graphene. Molecules, 2013, 18: 3279-3291.

[15] T. Jacob, W. A. Goddard III. Water formation on Pt and Pt-based alloys: A theoretical description of a catalytic reaction. ChemPhysChem, 2006, 7: 992-1005.

[16] Y. Sha, T. H. Yu, Y. Liu, et al. Theoretical study of solvent effects on the platinum-catalyzed oxygen reduction reaction. The Journal of Physical Chemistry Letters, 2010, 1: 856-861.

[17] F. A. Uribe, T. A. Zawodzinski. A study of polymer electrolyte fuel cell performance at high voltages. Dependence on cathode catalyst layer composition and on voltage conditioning. Electrochimica Acta, 2002, 47: 3799-3806.

[18] A. Lyalin, A. Nakayama, K. Uosaki, et al. Theoretical predictions for hexagonal BN based nanomaterials as electrocatalysts for the oxygen reduction reaction. Physical Chemistry Chemical Physics, 2013, 15: 2809-2820.

[19] J. A. Keith, T. Jacob. Theoretical studies of potential-dependent and competing mechanisms of the electrocatalytic oxygen reduction reaction on Pt(111). Angewandte Chemie International Edition, 2010, 49: 9521-9525.

[20] J. Roques, A. B. Anderson. Pt_3Cr(111) alloy effect on the reversible potential of OOH (ads) formation from O_2 (ads) relative to Pt(111). Journal of Fuel Cell Science and Technology, 2005, 2: 86-93.

[21] Y. Sun, K. Chen, L. Jia, et al. Toward understanding macrocycle specificity of iron on the dioxygen-binding ability: A theoretical study. Physical Chemistry Chemical Physics, 2011, 13: 13800-13808.

[22] Z. Shi, J. Zhang. Density functional theory study of transitional metal macrocyclic complexes' dioxygen-binding abilities and their catalytic activities toward oxygen reduction reaction. Journal of Physical Chemistry C, 2007, 111: 7084-7090.

[23] M. S. Liao, S. Scheiner. Comparative study of metal-porphyrins, -porphyrazines, and -phthalocyanines. Journal of Computational Chemistry, 2002, 23: 1391-1403.

[24] M. Yuasa, A. Yamaguchi, H. Itsuki, et al. Modifying carbon particles with polypyrrole for adsorption of cobalt ions as electrocatatytic site for oxygen reduction. Chemistry of Materials, 2005, 17: 4278-4281.

[25] R. Bashyam, P. Zelenay. A class of non-precious metal composite catalysts for fuel cells. Nature, 2011: 247-250.

[26] K. Asazawa, K. Yamada, H. Tanaka, et al. A platinum-free zero-carbon-emission easy fuelling direct hydrazine fuel cell for vehicles. Angewandte Chemie International Edition, 2007, 46: 8024-8027.

[27] H. Y. Qin, Z. X. Liu, W. X. Yin, et al. A cobalt polypyrrole composite catalyzed cathode for the direct borohydride fuel cell. Journal of Power Sources, 2008, 185: 909-912.

[28] X. F. Wang, J. B. Xu, B. Zhang, et al. Signature of intrinsic high-temperature ferromagnetism in cobalt-doped zinc oxide nanocrystals. Advanced Materials, 2006, 18: 2476-2480.

[29] Z. Shi, H. Liu, K. Lee, et al. Theoretical study of possible active site structures in Cobalt-Polypyrrole catalysts for oxygen reduction reaction. Journal of Physical Chemistry C, 2011, 115: 16672-16680.

[30] 天津大学物理化学教研室. 物理化学. 4版. 北京：高等教育出版社, 2007.

[31] H. K. Dipojono, A. G. Saputro, S. M. Aspera, et al. Density functional theory study on the interaction of O_2 molecule with cobalt-(6)pyrrole clusters. Japanese Journal of Applied Physics,

2011, 50: 055702.

[32] H. K. Dipojono, A. G. Saputro, R. Belkada, et al. Adsorption of O_2 on cobalt-(n) pyrrole molecules. from first-principles calculation Journal of the Physical Society of Japan, 2009, 78: 094710.

[33] S. Nakanishi, Y. Mukouyama, K. Karasumi, et al. Appearance of an oscillation through the autocatalytic mechanism by control of the atomic-level structure of electrode surfaces in electrochemical H_2O_2 reduction at Pt electrodes. The Journal of Physical Chemistry B, 2000, 104: 4181-4188.

[34] Y. Wang, P. B. Balbuena. Potential energy surface profile of the oxygen reduction reaction on a Pt cluster: Adsorption and decomposition of OOH and H_2O_2. Journal of Chemical Theory and Computation, 2005, 1: 935-943.

[35] B. C. Han, C. R. Miranda, G. Ceder. Effect of particle size and surface structure on adsorption of O and OH on platinum na-nopartices: A first-principles study. Physical Review B, 2008, 77: 075410.

[36] Y. Xu, A. V. Ruban, M. Mavrikakis. Adsorption and dissociation of O_2 on Pt—Co and Pt—Fe alloys. Journal of the American Chemical Society, 2004, 126: 4717-4725.

[37] S. Kattel, P. Atanassov, B. Kiefer. Density functional theory study of Ni—N_x/C electrocatalyst for oxygen reduction in alkaline and acidic media. Journal of Physical Chemistry C, 2012, 116: 17378-17383.

[38] H. He, Y. Lei, C. Xiao, et al. Molecular and electronic structures of transition-metal macrocyclic complexes as related to catalyzing oxygen reduction reactions: A density functional theory study. Journal of Physical Chemistry C, 2012, 116: 16038-16046.

[39] J. Yang, D. J. Liu, N. N. Kariuki, et al. Aligned carbon nanotubes with built-in FeN_4 active sites for electrocatalytic reduction of oxygen. Chemical Communications, 2008, 329-331.

[40] A. Titov, P. Zapol, P. Král, et al. Catalytic Fe-xN sites in carbon nanotubes. Journal of Physical Chemistry C, 2009, 113: 21629-21634.

[41] L. Qi, X. Qian, J. Li. Near neutrality of an oxygen molecule adsorbed on a Pt(111) surface. Physical Review Letters, 2008, 101: 146101.

[42] Y. Feng, F. Li, Z. Hu, et al. Tuning the catalytic property of nitrogen-doped graphene for cathode oxygen reduction reaction. Physical Review B, 2012, 85: 155454.

[43] X. Chen, S. Sun, X. Wang, et al. DFT study of polyaniline and metal composites as non-precious metal catalysts for oxygen reduction in fuel cells. Journal of Physical Chemistry C, 2012, 116: 22737-22742.

[44] X. D. Yang, Y. Zheng, J. Yang, et al. Modeling Fe/N/C catalysts in monolayer graphene. ACS Catalysis, 2016, 7: 139-145.

[45] R. Liu, C. von Malotki, L. Arnold, et al. Triangular trinuclear metal-N_4 complexes with high electrocatalytic activity for oxygen reduction. Journal of the American Chemical Society, 2011, 133: 10372-10375.

[46] H. R. Byon, J. Suntivich, Y. Shao-Horn. Graphene-based non-noble-metal catalysts for oxygen reduction reaction in acid. Chemistry of Materials, 2011, 23: 3421-3428.

[47] Y. Li, W. Zhou, H. Wang, et al. An oxygen reduction electrocatalyst based on carbon nanotube-graphene complexes. Nature Nanotechnology, 2012, 7: 394-400.

[48] Y. Zhang, Z. Liu. Oxidation of zigzag carbon nanotubes by singlet O_2: Dependence on the tube diameter and the electronic structure. Journal of Physical Chemistry B, 2004, 108: 11435-11441.

[49] E. Zurek, J. Autschbach. Density functional calculations of the ^{13}C NMR chemical shifts in (9, 0) single-walled carbon nanotubes. Journal of the American Chemical Society, 2004, 126: 13079-13088.

[50] J. Zhao, P. B. Balbuena. Structural and reactivity properties of finite length cap-ended single-wall carbon nanotubes. Journal of Physical Chemistry A, 2006, 110: 2771-2775.

[51] X. Hu, C. Liu, Y. Wu, et al. Density functional theory study on nitrogen-doped carbon nanotubes with and without oxygen adsorption: the influence of length and diameter. New Journal of Chemistry, 2011, 35: 2601-2606.

[52] C. T. Campbell, G. Ertl, H. Kuipers, et al. A molecular beam study of the adsorption and desorption of oxygen from a Pt(111) surface. Surface Science, 1981, 107: 220-236.

[53] P. D. Nolan, B. R. Lutz, P. L. Tanaka, et al. Molecularly chemisorbed intermediates to oxygen adsorption on Pt(111): A molecular beam and electron energy-loss spectroscopy study. The Journal of Chemical Physics, 1999, 111: 3696-3704.

[54] M. P. Hyman, J. W. Medlin. Effects of electronic structure modifications on the adsorption of oxygen reduction reaction intermediates on model Pt(111)-alloy surfaces. Journal of Physical Chemistry C, 2007, 111: 17052-17060.

[55] X. Chen, S. Chen, J. Wang. Screening of catalytic oxygen reduction reaction activity of metal-doped graphene by density functional theory. Applied Surface Science, 2016, 379: 291-295.

[56] X. Chen, M. Li, Z. Yu, et al. A comparative DFT study of oxygen reduction reaction on mononuclear and binuclear cobalt and iron phthalocyanines. Russian Journal of Physical Chemistry A, 2016, 90: 2413-2417.

[57] X. Chen, J. Chang, H. Yan, et al. Boron nitride nanocages as high activity electrocatalysts for oxygen reduction reaction: Synergistic catalysis by dual active sites. Journal of Physical Chemistry C, 2016, 120: 28912-28916.

[58] X. Chen. Graphyne nanotubes as electrocatalysts for oxygen reduction reaction: the effect of doping elements on the catalytic mechanisms. Physical Chemistry Chemical Physics, 2015, 17: 29340-29343.

[59] G. B. Fisher, J. L. Gland. The interaction of water with the Pt(111) surface. Surface Science, 1980, 94: 446-455.

[60] G. L. Chai, Z. Hou, D. J Shu, et al. Active sites and mechanisms for oxygen reduction reaction on nitrogen-doped carbon alloy catalysts: Stone-Wales defect and curvature

[61] S. Kattel, G. Wang. Reaction pathway for oxygen reduction on FeN_4 embedded grapheme. Journal of Physical Chemistry Letters, 2014, 5: 452-456.

[62] X. Chen, F. Sun, J. Chang. Cobalt or nickel doped SiC nanocages as efficient electrocatalyst for oxygen reduction reaction: A computational prediction. Journal of The Electrochemical Society, 2017, 164: F616-F619.

[63] V. Stamenkovic, B. S. Mun, K. J. J. Mayrhofer, et al. Changing the activity of electrocatalysts for oxygen reduction by tuning the surface electronic structure. Angewandte Chemie International Edition, 2006, 118: 2963-2967.

[64] F. H. B. Lima, J. Zhang, M. H. Shao, et al. Catalytic activity d-band center correlation for the O_2 reduction reaction on platinum in alkaline solutions. Journal of Physical Chemistry C, 2007, 111: 404-410.

[65] X. Chen. Oxygen reduction reaction on cobalt-(n)pyrrole clusters from DFT studies. RSC Advances, 2016, 6: 5535-5540.

[66] Herrmann I, Kramm U I, Radnik J, et al. Influence of sulfur on the pyrolysis of CoTMPP as electrocatalyst for the oxygen reduction reaction. Journal of The Electrochemical Society, 2009, 156: B1283-B1292.

[67] W. Li, D. Yang, H. Chen, et al. Sulfur-doped carbon nanotubes as catalysts for the oxygen reduction reaction in alkaline medium. Electrochimica Acta, 2015, 165: 191-197.

[68] H. T. Chung, D. A. Cullen, D. Higgins, et al. Direct atomic-level insight into the active sites of a high-performance PGM-free ORR catalyst. Science, 2017, 357: 479-484.

[69] Y. Guo, H. Wang, Y. Xiao, et al. Characterization of the Fe site in iron-sulfur cluster-free hydrogenase (Hmd) and of a model compound via nuclear resonance vibrational spectroscopy (NRVS). Inorganic Chemistry, 2008, 47: 3969-3977.

[70] Y. Xiao, H. Wang, S. J. George, et al. Normal mode analysis of *pyrococcus furiosus* rubredoxin via nuclear resonance vibrational spectroscopy (NRVS) and resonance raman spectroscopy. Journal of the American Chemical Society, 2005, 127: 14596-14606.

[71] J. Zhang, Z. Wang, Z. Zhu. The inherent kinetic electrochemical reduction of oxygen into H_2O on FeN_4-carbon: A density functional theory study. Journal of Power Sources, 2014, 255: 65-69.

[72] Z. Duan, G. Wang. Comparison of reaction energetics for oxygen reduction reactions on Pt(100), Pt(111), Pt/Ni(100), and Pt/Ni(111) surfaces: A first-principles study. Journal of Physical Chemistry C, 2013, 117: 6284-6292.

[73] Z. Duan, G. Wang. A first principles study of oxygen reduction reaction on a Pt(111) surface modified by a subsurface transition metal M (M=Ni, Co, or Fe). Physical Chemistry Chemical Physics, 2011, 13: 20178-20187.

[74] M. Happel, N. Luckas, F. Vines, et al. SO_2 adsorption on Pt(111) and oxygen precovered Pt(111): A combined infrared reflection absorption spectroscopy and density functional study. Journal of Physical Chemistry C, 2010, 115: 479-491.

[75] D. R. Alfonso. First-principles studies of H_2S adsorption and dissociation on metal surfaces. Surface Science, 2008, 602: 2758-2768.

[76] D. C. Ford, Y. Xu, M. Mavrikakis. Atomic and molecular adsorption on Pt(111). Surface Science, 2005, 587: 159-174.

[77] R. B. Getman, W. F. Schneider. DFT-based characterization of the multiple adsorption modes of nitrogen oxides on Pt(111). Journal of Physical Chemistry C, 2007, 111: 389-397.

[78] D. R. Jennison, P. A. Schultz, M. P. Sears. Ab initio calculations of adsorbate hydrogen-bond strength: Ammonia on Pt(111). Surface Science, 1996, 368: 253-257.

[79] A. Elzing, A. van der Putten, W. Visscher, et al. Models for the adsorption of dioxygen on metal chelates. Recueil des Travaux Chimiques des Pays-Bas, 1990, 109: 31-39.

[80] K. Wiesener, D. Ohms, V. Neumann, et al. N_4 macrocycles as electrocatalysts for the cathodic reduction of oxygen. Materials Chemistry and Physics, 1989, 22: 457-475.

[81] J. Ulstrup. Catalysis of the electrochemical reduction of molecular dioxygen by metal phthalocyanines. Journal of Electroanalytical Chemistry and Interfacial Electrochemistry, 1977, 79: 191-197.

[82] J. P. Randin. Interpretation of the relative electrochemical activity of various metal phthalocyanines for the oxygen reduction reaction. Electrochimica Acta, 1974, 19: 83-85.

第5章 二维碳材料的结构与作用机制

5.1 概述

自 Novoselov 等[1] 于 2004 年成功剥离石墨烯以来,科研人员对无机二维材料(2D)的开发热情高涨。因此,大量的 2D 材料已经成功剥离或合成,例如过渡金属氧化物(TMOs)、过渡金属二硫化物(TMDs)、过渡金属碳化物/氮化物(Mxenes)和石墨烯的元素类似物(硅烯、磷烯和硼烯)。二维材料具有独特的能力,能够提供具有丰富活性位点的大表面积的同时保持较低的尺寸。此外,二维材料还具有导电率高、结构稳定性好的优点[2]。这使得它们在许多方面都优于体材料,使其成为有潜力的燃料电池材料。

其中,石墨烯是 C 原子以 sp^2 杂化方式形成的蜂窝状结构的二维材料。理想的石墨烯是无限大的,这种二维材料大平面结构具有一定的结构缺陷,很容易产生褶皱、起伏等。因此,近年来科学工作者向着石墨烯掺杂改性、石墨烯不同形态衍生物(如石墨烯纳米带)、类石墨烯二维层状材料(如过渡金属二硫化钼)等方向进行研究。本章将研究金属掺杂石墨烯、氧-氮共掺杂石墨烯的氧还原反应(ORR)催化活性。此外,对另一种碳的同素异形体——石墨炔的氧还原催化机理也进行了探究。

5.2 金属直接掺杂石墨烯的催化机制

掺杂的石墨烯等碳材料是潜在的高效 ORR 催化剂。目前为止,对该类材料进行掺杂一般采用两种形式的掺杂剂:一种是应用非金属轻元素,如 N、B、P、S 或 O 等;另一种是采用 FeN_4 复合物。前一种掺杂剂制备的催化剂的催化性能一般来说比 Pt 要低，而后一种掺杂剂制备的催化剂尽管在低电极电势时活性较高，但在高电势时性能衰减得很快[3]。在本节中，我们将采用与以往不同的方式对石墨烯进行掺杂，即简单地通过向石墨烯缺陷中直接掺杂金属元素来提高其催化性能。在前人的研究中，已经有金属掺杂石墨烯在其他领域应用的报道。例如，Al 和 Si 掺杂的石墨烯被认为可作为高效的气体传感器[4-6]；Ni 掺杂的石墨烯可作为生物传感器[7]；Pt 掺杂的石墨烯可作为有效的储氢材料[8]。然而，很少有研究聚焦于金属掺杂石墨烯的电催化 ORR 性能。最近，Stolbov 等[9] 应用密度泛函理论（DFT）研究了 Au 掺杂石墨烯的 ORR 性能，预测其具有较高的催化活性[9]。基于上述的一些工作，我们将用 DFT 方法研究一系列金属掺杂石墨烯的 ORR 催化性能，并筛选出潜在的高效催化剂材料。

5.2.1 结构与稳定性评估

所采用的未掺杂缺陷石墨烯的结构如图 5-1(a) 所示。石墨烯边界的碳原子均用氢饱和。笔者研究了十种金属掺杂的石墨烯结构，分别为轻金属 Al，半导体 Si，3d 金属 Mn、Fe、Co、Ni，4d 金属 Pd 和 Ag，5d 金属 Pt 和 Au。在下文中，形成的金属掺杂石墨烯的结构用符号 M-G 表示（如 Al 掺杂的石墨烯为 Al-G）。对于 ORR 中间体在 M-G 上的吸附，研究了三种可能的吸附部位，分别为金属顶位（T_M）、与金属直接相连的碳顶位（T_C）和 M-C 桥位（B）。为了精确地预测以及比较这些 M-G 的催化性能，构建了含有 35 个 Pt 原子的三层 Pt 团簇[10]，如图 5-1（b）所示，用以模拟 Pt(111) 面的催化 ORR 性能。Pt_{35} 团簇的第一层包含 14 个 Pt 原子，第二层包含 13 个 Pt 原子，第三层包含 8 个 Pt 原子。在催化过程中，第一层中心的 4 个 Pt 原子进行结构优化，而其他原子坐标固定，以保持 Pt 的体相结构。之后，将十种 M-G 的催化性能与 Pt(111) 比较，以评估它们的催化性能和机理。

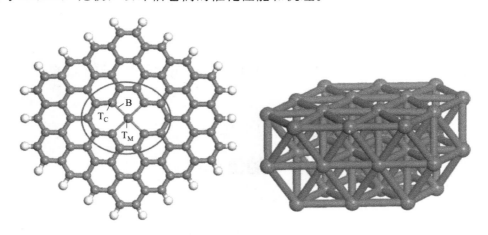

(a) 金属掺杂石墨烯结构和ORR中间体吸附部位　　(b) Pt_{35}结构图

图 5-1　金属掺杂石墨烯的结构、ORR 中间体的吸附部位以及 Pt_{35} 结构图

作为一种有效的 ORR 催化剂，其结构能否在催化过程中保持稳定是一个关键的问题。例如，在质子交换膜燃料电池（PEMFC）的运行条件下，周期表中的大多数金属材料均会在复杂的催化环境下溶解，只有 Pt 等少数金属能够保持较长时间的稳定。原因之一在于 Pt 的共聚能（cohesive energy）非常大。然而，Pt（特别是 Pt 纳米粒子）仍然会在一定的电极电势下溶解，特别是对那些小尺寸的 Pt 纳米粒子而言[11]，因为小的纳米颗粒一般具有较小的金属共聚能。因此，金属共聚能可以在一定程度上评估金属本身的结构稳定性。在本工作中，对每种 M-G 首先计算了每种金属掺杂到石墨烯缺陷中的金属结合能（binding energy，ΔE_b），并将此数值与该金属的共聚能进行比较[12]，以评估 M-G 本身的结构稳定性。M-G 结构中的金属结合能 ΔE 定义为：$\Delta E_b = (E_M + E_G) - E_{M-G}$，其中 E_M、E_G、E_{M-G} 分别为孤立的金属原子能量、缺陷石墨烯能量、M-G 能量。计算得到的结果见图 5-2。从图中可以明显看出，除 Ag-G 之外，其他所有 M-G 的 ΔE_b 均比相应体相金属的共聚能大。需要说明的是，DFT 方法一般会低估此类材料的结合能[13]。因此，对 Ag-G 来说，其实际的 ΔE_b 可能也比体相 Ag 的共聚能大。有趣的是，所有 ΔE_b 的变动趋势与体相金属共聚能的变化趋势十分相似，即如果一种金属的共聚能较大，那么由该金属形成的 M-G 的 ΔE_b 也较大。如果此规律成立的话，那么对任意一种 M-G 而言，要评估其结构稳定性，只需查找到相应金属的共聚能数据即可。以上结果表明在 M-G 的结构中，掺杂的金属与碳之间会形成较强的轨道杂化，使其活性中心结构异常稳定。换句话说，M-G 的结构稳定性甚至比相应金属的要高。

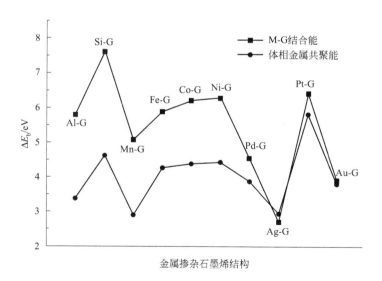

图 5-2　金属掺杂石墨烯的 ΔE_b 和相应金属的共聚能

当然，众所周知，电化学的 ORR 是一个非常复杂的过程，故催化剂的稳定性受多方面的影响。例如，对 Pt 基合金类的催化剂，研究表明催化过程中的中间体 *O 会导致催化剂的表面偏析现象，进而催化剂的稳定性大大降低[14,15]。此外，一些研究表明吸附的*OH中间体同样会影响催化剂的稳定性[16]。换句话说，催化剂的稳定性不仅取决于催化剂的结构本身，还受实际的催化环境和催化过程的制约。以上讨论的活性中心的金属结合能仅可作为一种简单的、初步的判断结构稳定性的参数。

为了进一步评估所研究的M-G的结构稳定性，根据相关文献[17]，应用第一性原理分子动力学方法计算了每种M-G在不同温度下的结构变化情况。在1000K的温度下，经历1000fs，掺杂的金属基本上保持在其固有的位置，整个催化剂仅有微小的结构扭曲。例如，如表5-1所列，对大多数M-G而言，四个M-C键的平均键长的变化率小于3.5%（除Pt-G以外），且掺杂金属离开石墨烯平面的距离不超过0.8Å。以上结果再一次表明所研究的十种M-G的结构均非常稳定。下一步将研究它们的ORR催化活性。

表5-1 分子动力学计算前（后）得到的各种参数

结构	M-G 平均键长/Å	变化率/%	金属原子的高度/Å
Al-G	1.973(1.981)	0.41	0(0.322)
Si-G	1.914(1.935)	1.10	0.262(0.915)
Mn-G	2.006(2.069)	3.14	0.987(1.405)
Fe-G	1.945(1.939)	−0.31	0(0.112)
Co-G	1.930(1.916)	−0.73	0(0.106)
Ni-G	1.898(1.931)	1.74	0(0.749)
Pd-G	2.022(2.031)	0.45	1.090(1.692)
Ag-G	2.006(2.031)	1.25	0(0.363)
Pt-G	2.025(2.285)	12.8	1.130(1.437)
Au-G	2.014(2.047)	1.64	0(0.487)

5.2.2 吸附关系分析

一般来说，对一种有效的催化剂而言，其催化的ORR过程如下所示：

$$O_2 + H^+ + e^- \longrightarrow {}^*OOH \tag{5-1}$$

$$^*OOH + H^+ + e^- \longrightarrow {}^*O + H_2O \tag{5-2}$$

$$^*O + H^+ + e^- \longrightarrow {}^*OH \tag{5-3}$$

$$^*OH + H^+ + e^- \longrightarrow H_2O \tag{5-4}$$

对每一种M-G催化剂，都研究了中间体在它们表面上的最稳定吸附结构。图5-3给出了各ORR中间体在Co-G上的稳定吸附构象。如之前所述，反应中间体，特别是*O和*OH的吸附，对整个催化性能和机理起着重要的作用[18]。而且，ORR中间体在催化剂上的吸附部位不同，催化机理也不尽相同[19]。因此，首先研究了各ORR中间体在每种催化剂上的最稳定吸附位置。对*O中间体来说，在各M-G催化剂上（除Mn-G外），其最稳定的吸附位为M-C桥位（B位）。对*OH中间体来说，其在Al-G、Si-G、Mn-G、Fe-G上的最稳定吸附位为T_M位；在Au-G

上为 T_C 位；而在剩余的其他 M-G 上为 B 位。为了评估吸附的中间体与 M-G 之间的相互作用，通过以下方程计算了 ORR 中间体在催化剂上的结合能：$E_b = (E_X + E_{M-G}) - E_{total}$。如之前所述，在金属催化剂上，存在中间体吸附的线性关系，即如果一种金属对 *OH 的吸附较强，那么其对其他中间体如 *O 和 *OOH 的吸附也会比较强[20]。从书后彩图 20 和图 5-4 中可以看出，对大部分 M-G 催化剂而言，这一观点基本上成立，但中间体的结合能并不呈线性关系。此外，对 Ni-G，以上规律完全不成立。Ni-G 对 *O 的吸附强于 Pt(111)，但对 *OH 和 *OOH 的吸附反而比在 Pt(111) 上要弱。因此，在金属催化剂上得出的中间体吸附的线性关系并不能应用到任意的 ORR 催化剂上。以上结果同时表明，单纯应用 *O 或者是 *OH 的吸附情况去判断一种催化剂的催化活性是不严谨的，特别是对非金属催化剂而言。同样以 Ni-G 作为例子。Ni-G 对 *O 的结合能较强，为 4.67eV；而对 *OH 的结合能较弱，为 1.81eV。这会导致方程(5-3)的能量变化为 +0.47eV，意味着此步在热力学上是不利过程，也就预示着 Ni-G 不是一种有效的催化剂。然而，如果单纯以 E_b(*OH) 的数值作判断的话，就会错误地认为 Ni-G 是一种高效催化剂，因为之前有研究表明降低 Pt 的 E_b(*OH) 会大幅度提高其催化活性[21]。

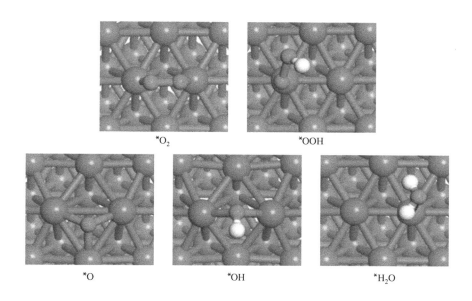

图 5-3 各 ORR 中间体在 Pt(111)上的最稳定吸附结构

根据先前大量的研究，如果一种催化剂的催化活性大于 Pt，那么它在图 5-4 中的位置应该在 Pt(111) 的左下方。然而，遗憾的是，没有任何一种 M-G 催化剂位于此位置，只有 Au-G 和 Ag-G 离 Pt(111) 距离最近。这是否意味着这两种催化剂的催化活性与 Pt(111) 最接近？或者说距离 Pt(111) 越远催化活性就越低？要解答此问题必须详细地研究相应的催化过程。

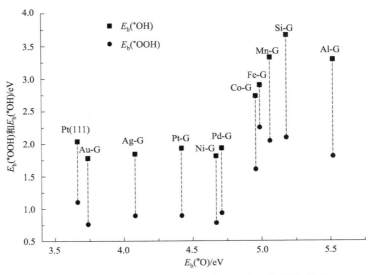

图 5-4 $E_b(^*OOH)$ 和 $E_b(^*OH)$ 随 $E_b(^*O)$ 的变化趋势

5.2.3 反应过程及限速步骤分析

从反应热力学的角度出发，目前普遍接受的观点为一种有效的催化剂必须使得每一步的 ORR 基元过程均是自发反应（即每步能量均降低）。在此过程中，反应限速步（rate-determining step，RDS）被认为是能量降低梯度最小的那一步。根据笔者的计算结果，Al-G、Si-G、Mn-G 三者催化的 ORR 的最后一步是非自发反应，原因为它们具有较强的 $E_b(^*OH)$。对 Ni-G、Pd-G、Pt-G 三者而言，第三步还原过程为非自发反应，这是由较强的 $E_b(^*O)$ 和较弱的 $E_b(^*OH)$ 共同导致的。以上部分 M-G 催化剂的催化过程能量变化情况可参见图 5-5，表明它们都不是有效的催化材料。图 5-6 给出了 Fe-G、Co-G、Ag-G、Au-G 和 Pt(111) 催化的催化过程能量变化情况。从图中可以很明显地看出，所有这几种催化剂的催化步骤都是自发的，且 Pt(111) 的活性最高，其限速步的能量梯度变化为 -0.77eV。在所有的 M-G 催化剂中，Au-G 的催化活性与 Pt(111) 最接近，其 RDS 的能量梯度变化为 -0.44eV。这一结果也可通过图 5-4 的结合能数据得到。然而，尽管 Ag-G 在图 5-4 中的位置与 Pt(111) 也非常接近，但其限速步的能量梯度变化仅为 -0.15eV。稍令人意外的是，在图 5-4 中远离 Pt(111) 的 Fe-G 和 Co-G，它们的催化过程也均为自发反应，且 Co-G 的限速步的能量梯度变化为 -0.18eV，甚至比 Ag-G 还要稍微大一些。对 Fe-G 来说，由于其对 $^*OH$ 中间体的吸附稍强，导致其反应限速步的能量梯度变化仅为 -0.02eV。

综合分析本工作中得到的数据，可以评估和比较这些 M-G 催化剂的催化性能。无论是中间体的吸附数据还是反应能量变化数据均表明 Au-G 的催化活性与 Pt(111) 最接近，活性最高。而且，Au-G 的催化稳定性也比体相 Au 的更高，但仍然弱于 Pt(111)。对 Co-G 来说，尽管其催化活性低于 Au-G，但其稳定性却高于后者。总体来说，Au-G、Co-G、Ag-G 三者是潜在的高效 ORR 催化剂。

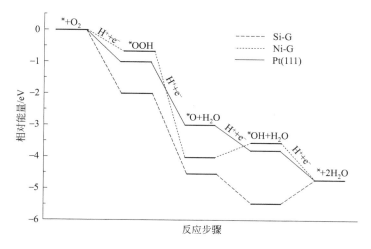

图 5-5 Si-G 和 Ni-G 催化过程的能量变化图

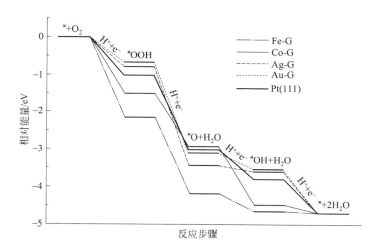

图 5-6 Fe—G、Co—G、Ag—G、Au—G 催化过程的能量变化图

5.3 氮-氧共掺杂石墨烯的催化机制

最近，Silva[22] 报道了一种无金属聚苯胺衍生的 N 和 O 掺杂介孔炭，它能在碱性介质中有效地催化 ORR 且具有较高的电流密度、较低的过电势。由于氮和氧在催化剂上形成络合物以稳定单线态二氧，因此对 ORR 具有较高的催化活性。Cao[23] 还证明了氮氧化物中的 O 和 N 元素对催化剂电子结构有良好的改性作用，进一步增强了 ORR 的活性和耐用性。因此，人们认为掺杂，特别是在掺杂 N 和 O 元素时，可以有效地改变催化剂的电子结构，这对提高 ORR 活性具有重要作用。本节利用密度泛函理论预测了在酸性介质中引入 N、O 共掺杂后石墨烯基面的电催

化氧还原活性会有很大提高。这种 N、O 共掺杂石墨烯可以促进一个完整的四电子 ORR 路径发生，其催化活性与贵金属铂催化剂相当。

5.3.1 掺杂位置与形成能

基于 N 和 O 的相对掺杂位置，共研究了八种不同的共掺杂石墨烯结构，如书后彩图 21 所示，分别命名为（N1-O2）、（N1-O3）、（N1-O4）、（N1-O5）、（N1-O6）、（N1-O7）、（N11-O14）和（N11-O15）。这些石墨烯模型都是氢封结构，其被广泛应用于 ORR 的催化研究[24-26]。此外，它们的直径约为 1.7nm，先前的工作证明该尺寸具有高催化活性[27]。在前七种结构中，位于石墨烯基面或边缘的 C 原子被 O 原子取代，而在最后一种结构中，是边缘的 H 原子被 O 原子取代。上述构型中氧原子周围的局部结构，特别是（N11-O14）和（N11-O15）与烟煤的结构非常相似，这表明它们在实验上更容易合成[28]。

在研究 ORR 过程之前，首先计算了 N、O 共掺杂石墨烯结构的形成能。它们是由 N 单掺杂石墨烯［命名为（N1）］中的一个 C 原子被 O 原子替换而成。E_f 定义为 $E_f = E_{N,O} + E_C - E_O - E_{N1}$，其中 $E_{N,O}$、E_{N1}、E_C 和 E_O 分别是 N、O 共掺石墨烯、N 单掺石墨烯、C 原子以及 O 原子的能量。如图 5-7 所示，所有 N、O 共掺杂石墨烯结构都具有正的 E_f 值，这表明在 N 单掺杂石墨烯中掺杂 O 需要外部供应额外的能量。

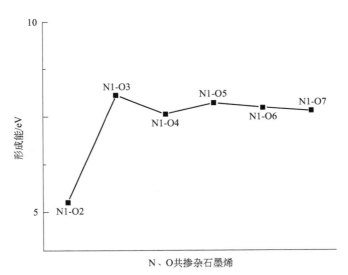

图 5-7　N、O 共掺杂石墨烯形成能的计算值

5.3.2 氧还原物种吸附情况比较

O_2 和 ORR 物种的吸附能定义为吸附系统和孤立系统之间的能量差。在这里，孤立系统的能量是指 N、O 共掺杂石墨烯和单个吸附质分子的能量之和。因此，负

的 E_{ads} 值表明吸附质分子在能量上有利于与 N、O 共掺杂石墨烯的表面吸附。

对于八种不同的共掺杂石墨烯结构，考虑了一些可能的活性位点，并以（N1-O5）为例。选择 C2 和 C3 位点作为 ORR 活性位点的候选位点，但是当 ORR 物种吸附在 C3 位点上时，石墨烯的平面结构发生了强烈的扭曲，且与 ORR 物种之间的吸附作用太强［例如，$E_{ads}(^*O)$ 为 $-6.66eV$，$E_{ads}(^*OH)$ 为 $-4.26eV$］，说明 C3 位点易被吸附的含氧物质氧化。因此，最终确定 C2 位置为催化位点。首先通过比较 ORR 物种（O_2、$^*OOH$、$^*O$、$^*OH$ 和 H_2O）的 E_{ads} 与 Pt(111) 表面上相应的 E_{ads} 来预测八种共掺杂石墨烯结构的催化活性。结果表明，（N1-O2）、（N1-O3）、（N1-O4）和（N11-O15）这四种 N 和 O 共掺杂的结构催化活性很低，因为它们的 $E_{ads}(O)$ 和 $E_{ads}(OH)$ 与 Pt(111) 相比都太弱或太强（如表 5-2 所列）。在表 5-2 中，吸附位点位于与氮原子相邻的碳上。（N1-O5）、（N1-O6）和（N11-O14）催化剂所有的 E_{ads} 都与 Pt(111) 上的数值接近[10,29]，如表 5-3 所列。在表 5-3 中，括号中的值由 COSMO 在 H_2O 溶剂环境中获得。（N1-O7）上的 ORR 物种的 E_{ads}（N 和 O 被四个 C 原子隔开）远低于 Pt(111) 上的数值，但仍然强于 N 单掺杂石墨烯（结构 N1）。已有的结果表明，非 Pt 催化剂的吸附能与 Pt 接近，其催化活性与 Pt 接近[30]。因此，可以预测（N1-O5）、（N1-O6）和（N11-O14）催化剂具有与 Pt 类似的 ORR 催化活性。此外，（N1-O5）上的 $E_{ads}(^*OH)$ 为 $-1.96eV$，比 Pt(111) 低约 0.1eV，如表 5-3 所列，因此可以预测其具有良好的 ORR 活性。已有研究表明，Cu/Pt(111) 近表面合金的 $E_{ads}(^*OH)$ 相较于 Pt(111) 也仅弱约 0.1eV，但这却使其 ORR 活性得到巨大提升[21]。此外，对于 Fe-N/C 基催化剂而言，$E_{ads}(^*OH)$ 被认为是描述 ORR 循环稳定性的关键参数[16]。由于过强的 $E_{ads}(^*OH)$ 引起的性能下降将比过弱的 $E_{ads}(^*OH)$ 引起的性能下降更严重，因此计算结果清楚地表明，将 O 引入合适的碳位置可以产生相比于贵重的 Pt 催化剂更高的 ORR 催化性能。此外，（N1-O5）、（N1-O6）和（N11-O14）上的 $E_{ads}(H_2O)$ 基本上约为 0.1eV，弱于 Pt(111)，这意味着 H_2O 分子容易从催化中心脱附，从而加速后续的催化循环。需要注意的是，溶剂效应对（N1-O5）、（N1-O6）上 ORR 物质的吸附能的影响是通过 $DMol^3$ 模块中的真实溶剂似的导体屏蔽模型模拟的。结果表明，水环境对含氧物种的吸附有不同程度的促进作用。

▫ 表 5-2 在（N1-O2）、（N1-O3）、（N1-O4）和（N11-O15）上 ORR 物质的吸附能

单位：eV

结构	$E_{ads}(^*O)$	$E_{ads}(^*OH)$
（N1-O2）	-2.47	-1.05
（N1-O3）	-7.69	-4.62
（N1-O4）	-6.39	-1.7
（N11-O15）	-2.41	-1.42

表5-3 ORR物质在（N1）、（N1-O5）、（N1-O6）、（N1-O7）、（N11-O14）和Pt(111)上的吸附能

单位：eV

结构	$E_{ads}(O_2)$	$E_{ads}(^*OOH)$	$E_{ads}(^*O)$	$E_{ads}(^*OH)$	$E_{ads}(H_2O)$
（N1）	−0.29	−0.36	−2.90	−1.80	−0.08
（N1-O5）	−0.34(−0.86)	−0.72(−1.22)	−3.61(−4.35)	−1.96(−2.40)	−0.11(−0.71)
（N1-O6）	−0.38(−0.76)	−0.86(−1.35)	−3.91(−4.70)	−2.15(−2.61)	−0.10(−0.76)
（N1-O7）	−0.31	−0.38	−3.21	−1.82	−0.09
（N1-O14）	−0.26	−0.62	−3.34	−1.91	−0.09
Pt(111)	−0.48，−0.49	−1.03，−1.06	−3.37，−3.68	−2.06，−2.26	−0.22，−0.60

5.3.3 催化反应能量与能垒

目前，关于杂原子掺杂石墨烯的ORR性质的研究很多，它们主要集中在热力学性质上，其详细的动力学行为尚不清楚。这些行为对于进一步设计和优化催化剂结构和性能非常重要。为了进一步阐明ORR动力学活性，本研究根据以前的文献计算了（N1-O5）和（N1-O6）上每个ORR步骤的反应能量（ΔE）和活化势垒（E_a）[31-33]。值得注意的是，虽然（N11-O14）也被预测具有较高的ORR活性，但由于本节研究的重点是通过N、O共掺杂对石墨烯基面的催化活性进行修饰，因此没有计算它的每个ORR步骤的活化势垒。以下讨论将以（N1-O5）为例，计算出的所有可能反应步骤的ΔE和E_a如图5-8所示。在图5-8中，初始或最终状态和过渡状态分别表示为长线和短线。

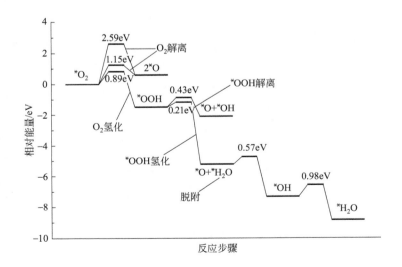

图5-8 (N1-O5)上ORR的整个反应途径的反应能量和活化势垒

在 ORR 过程中，吸附的 O_2 分子（$^*O_2$）既可以分解成 2^*O，也可以氢化成 $^*OOH$。

$$^*O_2 \longrightarrow 2^*O \tag{5-5}$$

$$^*O_2 + H^+ + e^- \longrightarrow {}^*OOH \tag{5-6}$$

确定了两种氧离解途径：

① 氧被分解产生两个 O 原子，分别吸附在 C2 和 C9 原子的顶部（如书后彩图 22 所示）；

② 一个 O 原子吸附在 C2 位置上，另一个 O 原子吸附在 C9-C10 桥位上。

这两种解离途径都具有很强的吸热性，E_a 分别为 1.15eV 和 2.59eV，在路径 ②中，O_2 可以捕获一个 H 形成 $^*OOH$，其 ΔE 为 -1.46eV，E_a 为 0.89eV。因此，与路径①相比，这一步骤在热力学和动力学上都是有利的，并且 O_2 更倾向于氢化成 $^*OOH$ 物种，而不是直接破坏 O—O 键。

当形成 $^*OOH$ 时，可将其分解成 $^*O + {}^*OH$ 或氢化成 $^*O + {}^*H_2O$。

$$^*OOH \longrightarrow {}^*O + {}^*OH \tag{5-7}$$

$$^*OOH + H^+ + e^- \longrightarrow {}^*O + {}^*H_2O \tag{5-8}$$

在 $^*OOH$ 解离过程中，$^*OOH$ 的 O—O 键被分离，产生一个吸附在 C2 处的 O 原子和一个吸附在 C9 原子顶位的 $^*OH$，反应能量为 -0.72eV，相应的 E_a 为 0.43eV，远低于 Zhu 等（1.18eV）[33] 和 Wang 等（0.72eV，FeN_4-C_{12}）报道的 FeN_4 内嵌的石墨烯的相应数值，但却高于 FeN_4-C_8 催化剂（0.20eV）上数值[34]。然而，反应（5-8）需要的活化势垒更低为 0.21eV，这意味着在 H^+ 的帮助下，$^*OOH$ 中的 O—O 键更容易断裂为 $^*O + H_2O$（吸附在 C10 位点，彩图 22）。较低的 E_a 是由于这一步骤的热力学十分有利，ΔE 为 -3.77eV。计算结果表明，N、O 共掺杂石墨烯催化 ORR 是一个完整的四电子路径，形成的 H_2O 由于其弱的吸附能很容易脱附，而形成的 O 原子由于其强烈的吸附作用倾向于在 C2 位点保持吸附以进一步还原（$E_{ads} = -3.61$eV）。

所形成的 O 原子将通过以下两个步骤进行连续加氢反应以形成第二个 H_2O 分子：

$$^*O + H^+ + e^- \longrightarrow {}^*OH \tag{5-9}$$

$$^*OH + H^+ + e^- \longrightarrow H_2O \tag{5-10}$$

在反应(5-9)中，O 原子可以在 H^+ 的协助下氢化形成 $^*OH$（吸附在 C4 位点，见书后彩图 22）。这一步在热力学上也是有利的（$\Delta E = -2.06$eV 和 $E_a = 0.57$eV）。反应（5-10）是整个 ORR 过程的最后一步，在这个过程中，$^*OH$ 可以被 H^+（吸附在 C8 位置）氢化（$\Delta E = -1.73$eV 和 $E_a = 0.98$eV）。

本节还研究了（N1-O6）催化的氧还原过程动力学。所有可能的反应步骤的计算 ΔE、E_a 和优化的结构见图 5-9 和书后彩图 23。在图 5-9 中，初始或最终状态和过渡状态分别表示为长线和短线。与（N1-O5）的情况不同，（N1-O6）催化的 ORR 可能经历一个 *OOH 解离途径，因为 O—O 键的断裂需要一个非常低的活化势垒（0.36eV）。整个 ORR 过程的限速步骤也被确定为 *OH 的还原，相应的 E_a 为 0.96eV。

基于以上分析，预测了 N、O 共掺杂石墨烯催化剂上完整的四电子 ORR 通路。O_2 分子在（N1-O5）上逐步还原为 H_2O，通过了四个氢化过程：$*O_2$ → *OOH → *O + H_2O → *OH + H_2O → $2H_2O$。限速步骤为 *OH 的还原，活化能为 0.98eV。以往的工作预测 Pt(111)[35] 和 Pt(100) 表面[36] 上 ORR 的限速步骤的活化能分别为 0.79eV 和 0.80eV。因此，（N1-O5）上限速步骤的活化能只比 Pt 高 0.2eV。所以，以上热力学分析的吸附能和动力分析的活化能表明，N、O 共掺杂石墨烯具有与贵金属 Pt 催化剂相当的氧还原催化活性。

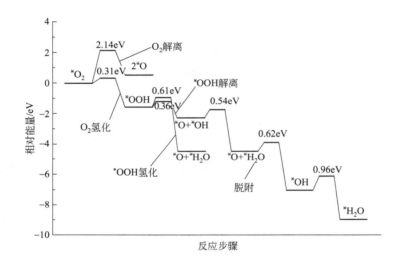

图 5-9 （N1-O6）上 ORR 的整个反应途径的反应能量和活化势垒

5.3.4 氧还原活性起源

为了阐明 N、O 共掺杂石墨烯上 ORR 的类 Pt 的催化活性，本节还计算了 N 掺杂石墨烯掺杂 O 前后的 Mulliken 电荷分布情况。结果表明，O 掺杂后，与 N 和 O 相邻的 C 的 Mulliken 电荷密度明显增加，如图 5-10 所示。氧诱导的电荷离域化可以在很大程度上导致 ORR 物种吸附能的增加，如表 5-13 所列。N 单掺杂石墨烯上的 E_{ads}(*OOH) 只有 −0.36eV，说明 *OOH 很难生成。N、O 共掺杂石墨烯 E_{ads}(*OOH) 为 −0.72eV ［在（N1-O6）上为 −0.86eV］，约为 N 单掺杂石墨烯的 2 倍，表明 *OOH 发生了有效的活化，进而使得 O—O 键在捕获氢后很容易断裂。

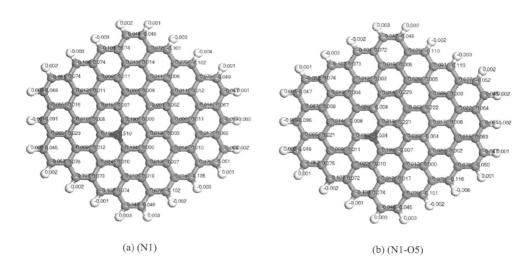

(a) (N1)   (b) (N1-O5)

图 5-10 （N1）和（N1-O5）上的 Mulliken 电荷分布

5.4 硼、氮掺杂的 α- 和 γ- 石墨炔的催化机制

基于对石墨烯催化 ORR 机理的研究，笔者认为石墨炔——另一种碳的同素异形体，应该也具有一定的 ORR 活性。与石墨烯中只含有 sp^2 杂化的碳不同，在石墨炔中还同时存在 sp 杂化的碳。因此，在理论上，石墨炔具有多种不同的结构[37]。现在的问题是，不同结构的石墨炔是否它们的 ORR 活性也不相同？Cai 等[38]对纯 α-石墨炔的 DFT 研究表明其具有一定的 ORR 活性，但起始电压很低（约 0.35V）。最近，对 B 掺杂的 γ-石墨炔催化 ORR 的理论研究亦有报道[39]。

由于缺乏实验上对石墨炔材料催化 ORR 的研究，理论模拟研究方法，对预测其 ORR 活性及稳定性显得特别重要。然而，目前为止，相关的理论研究仍很缺乏，更多的理论工作需要进行，用以研究和理解其催化的 ORR 机理。本节运用 DFT 方法研究了 B、N 单掺杂的 α-石墨炔、γ-石墨炔以及 B、N 共掺杂的 α-石墨炔催化 ORR 的机理。

图 5-11 为经过 H 原子饱和的 α-石墨炔和 γ-石墨炔的优化结构图。对 B、N 单掺杂的 α-石墨炔，研究了两个掺杂位：C1 位和 C2 位。计算结果表明 B 原子掺杂到 C1 位比掺杂到 C2 位稳定（命名为 α-B_1G），而 N 原子恰好相反，其掺杂到 C2 位更稳定（命名为 α-N_2G）。此外研究了 B、N 单掺杂到 α-石墨炔边界

上的情况，掺杂位为 C7。对 B、N 共掺杂的 α-石墨炔，研究了三种掺杂方式，分别为：B 原子掺杂到 C1 位同时 N 原子掺杂到 C2 位（命名为 α-B_1N_2G）；B 原子掺杂到 C1 位同时 N 原子掺杂到 C3 位（命名为 α-B_1N_3G）；B 原子掺杂到 C1 位同时 N 原子掺杂到 C4 位（命名为 α-B_1N_4G）。这三种掺杂方式结构稳定性的顺序为 α-B_1N_2G > α-B_1N_3G > α-B_1N_4G。以上所研究的各种掺杂结构见书后彩图 24。

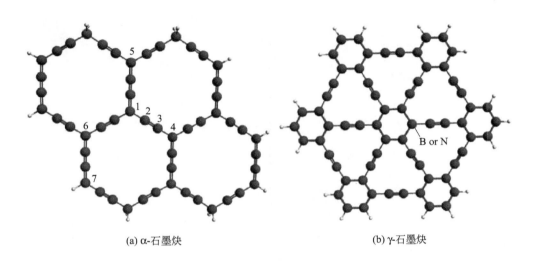

(a) α-石墨炔   (b) γ-石墨炔

图 5-11　α-石墨炔和 γ-石墨炔的优化结构图

5.4.1　硼掺杂的 α-石墨炔

书后彩图 25 给出了 α-B_1G 催化的整个 ORR 过程的优化结构。从图中可以看出，经过第二步电子转移，生成的原子 O 完全嵌入石墨炔层中，而 H_2O 分子倾向于从催化剂表面脱除。能量分析表明该步电子转移会释放大量的热，导致 B—O 和 C—O 键的键合力非常强。计算得到的该步的可逆电位为 4.052V，见表 5-4。这一数值表明在 O_2 还原的标准可逆电极电位（1.23V）下，在 α-B_1G 表面上生成的 OOH 极易被还原为 O + H_2O。然而，第三步电子转移的可逆电位为 -0.234V，意味着这一步的过电位极高，因此 α-B_1G 并不是一种有效的 ORR 电催化剂。

类似地，B 原子掺杂到 α-石墨炔边界上的结构同样表现出很低的催化 ORR 活性，原因在于生成的 OOH 和 OH 在催化剂表面的吸附能太大。例如，OH 的吸附键合力高达 5.146eV，导致其被还原为 H_2O 的可逆电位为 -1.912V（H_2O 的吸附键合力为 0.514eV）。这意味着 OH 基团会毒化催化剂的表面，使其很难被继续还原，进而导致极高的过电势。

表 5-4 ORR 过程的标准电位和计算可逆电位

反应步骤	$U°$ /(V/SHE)	U_{rev}/(V/SHE)							
		α-B_1G	α-N_2G	α-B_1N_2G	α-B_1N_3G	α-B_1N_4G	α-$B_1(N_4)_3$G	γ-BG	γ-NG
1	−0.125	0.565	0.96	0.985	0.898	0.699	0.780	0.858	0.498
2	0.210	4.052	2.932	3.038	3.044	3.091	1.658	3.058	0.324
3	2.120	−0.234	0.966	1.039	0.957	0.829	2.074	0.793	3.534
4	2.720	0.542	0.067	−0.137	0.026	0.306	0.413	0.216	0.569
平均	1.23	1.23	1.23	1.23	1.23	1.23	1.23	1.23	1.23

5.4.2 氮掺杂的 α-石墨炔

与 α-B_1G 不同，在 α-N_2G 中，生成的 *OOH 和 *OH 并不是键合在掺杂的 N 原子上，而是键合在与 N 邻近的 C 原子上。这一结果与 N 掺杂的石墨烯类似[40]，原因在于 N 的掺杂使得与其邻近的 C 原子上产生了净的正电荷（或正自旋密度），而带正电荷的 C 原子更易于吸附 O_2 及 ORR 中间体。然而，与 α-B_1G 类似，*OH 基团在 α-N_2G 上的键合力同样太强。从表 5-4 中可以得到，在 α-N_2G 上，*OH 生成 H_2O 的还原电位仅为 0.067V，意味着 *OH 只有在低于该电位时才能被还原。因此，极高的过电势在 α-N_2G 催化的 ORR 过程中是不可避免的，这也会极大地限制 PEMFC 的效率。

对 N 原子掺杂到 α-石墨炔边界上的结构，从书后彩图 26 中可以看出，经过第一步电子转移，O—O 即完全断裂，产物为一个吸附的 *O 与一个吸附的 *OH。计算结果表明此步同样会释放大量的热，导致 *OOH 还原的这一步可逆电位极高（4.976V）。根据公式 $\Delta G = -nFU$，对一个完全的 O_2 还原成 H_2O 的四电子转移过程，其理想的总吉布斯自由能的变化为 1.23eV × 4 = 4.92eV。因此，在该催化剂上，*OOH 还原这一步将会消耗 4.976eV 的吉布斯自由能，这意味着剩余的其他三步还原过程的总吉布斯自由能基本为零。以上分析表明该催化剂的活性中心在第一步电子转移之后即被氧化，从而失去催化性能。因此，对该催化剂进一步的研究已无必要。

5.4.3 硼、氮共掺杂的 α-石墨炔

正如上文所述，B、N 单掺杂的 α-石墨炔，无论是掺杂到内部的还是边界的结构，均表现出较差的 ORR 活性，原因在于它们催化的 ORR 过程存在某些不利的可逆电位。因此，进一步研究了 B、N 共掺杂的 α-石墨炔催化 ORR 的机理，以克服此问题。因为根据文献报道，在 B、N 共掺杂的石墨烯中，B 和 N 存在协同效应，能够促进石墨烯的催化 ORR 进程[41]。

B、N 共掺杂的 α-石墨炔催化 ORR 的可逆电势同样列于表 5-4 中。从表中可以很明显地看出，经过 B、N 共掺杂之后，几乎所有的可逆电势均为正值，唯一的例外为 α-B_1N_2G。其最后一步，即 *OH 还原的电位为 −0.137V，意味着此步的过电

势很高。这一结果与 Zhao 等[42]对 B、N 共掺杂石墨烯的 ORR 研究相一致。他们发现，当 B、N 共掺杂到邻近的两个 C 原子上时，其性能并没有明显的提高；相反，B、N 共掺杂到非邻近的 C 上会使石墨烯具有很高的催化活性。

对 α-B_1N_3G 和 α-B_1N_4G 而言，二者的催化机理比较相似。对其催化的 ORR 而言，每一步的可逆电位均为正值，意味着四电子的 ORR 可以自发地在催化剂表面上进行。对二者来说，第一步电子转移，即 O_2 还原为 *OOH 的可逆电位大约为 0.7~0.9V，但与 1.23V 的理论电位还有一定的差距。二者催化的第二步电子转移的可逆电位非常高，分别为 3.044V 和 3.091V，见表 5-4。如此高的可逆电位意味着该步反应释放了大量的热，同时生成的中间产物也非常稳定。二者催化的第四步电子转移在整个过程中的可逆电位最低，分别为 0.026V 和 0.306V。一般认为，对四电子的 ORR 来说，具有最高过电势的一步是反应的限速步[43]。因此，对于 α-B_1N_3G 和 α-B_1N_4G 这两种催化剂而言，*OH 还原为 H_2O 的一步决定着整个 ORR 的速率。

对以上两种催化剂，其最后一步还原过程的过电势比较高，这主要是由 *OH 的吸附键合力太强所导致的。实际上，在 Pt 表面上，*OH 的吸附键合力同样很大，但 Pt 与其他过渡金属如 Cu 和 Co 组成合金后能够有效地降低 *OH 的吸附键合力[21,44]。研究表明，对碳基材料而言，通过调控 B 和 N 的掺杂量可以有效地改善 ORR 活性[45]。鉴于此，进一步构造了另一种 B、N 共掺杂的 α-石墨炔结构，即 B 原子掺杂到 C1 位而三个 N 原子分别掺杂到 C4、C5 和 C6 位[命名为 α-$B_1(N_4)_3G$]。预测的可逆电势见表 5-4。

对 α-$B_1(N_4)_3G$，其催化的第一步电子转移的可逆电位为 0.78V，这比 α-B_1N_3G 和 α-B_1N_4G 催化的大约高 0.1V。更重要的是，α-$B_1(N_4)_3G$ 催化的第二步电子转移的可逆电势有较大的降低，更加接近于 1.23V 的理想电势。一般认为，如果在四电子的 ORR 过程中每一步的可逆电势均等于 1.23V 的理想电势的话，那么整个反应的过电势以及活化能均等于零[46]。因此，第二步降低的可逆电势有利于降低该步的活化能，并且加速电子的转移进程。同时，最后一步的还原电位与 α-B_1N_3G 和 α-B_1N_4G 催化的相比有了一定的提高，为 0.413V，这主要是 *OH 的吸附键合力降低的结果。一般来说，反应限速步的可逆电位直接决定着起始电压[43]，因此，α-$B_1(N_4)_3G$ 的起始电压比 α-B_1N_3G 和 α-B_1N_4G 的大约高 0.1V，这也意味着其电催化效率更高。

5.4.4 硼、氮分别掺杂的 γ-石墨炔

B、N 单掺杂的 γ-石墨炔催化 ORR 的机理与 α-石墨炔的明显不同。从表 5-4 中可以看出，B、N 单掺杂的 γ-石墨炔均具有 ORR 性能，且起始电压大约为 0.2~0.5V。因此，综上所述，该结果表明不同结构的石墨炔具有明显不同的 ORR 机理和活性。此外，通过 B、N 共掺杂，可以使无活性的单掺杂 α-石墨炔变得具备一定

的 ORR 活性。

5.5 小结

  二维碳材料催化剂是一类非常有前景的燃料电池氧还原催化剂。本章首先研究了金属直接掺杂石墨烯的催化机制，结果证明在所有 M-G 的结构中，掺杂的金属与碳之间会发生较强的轨道杂化，使其活性中心结构非常稳定，其稳定性甚至高于相应的体相金属；通过详细分析金属催化剂的反应路径得出：Au-G、Co-G、Ag-G 三者是潜在的高效 ORR 催化剂，其中 Au-G 的催化活性最高。随后，对氮-氧共掺杂石墨烯的氧还原活性进行研究，预测了其具有与贵金属铂催化剂相当的 ORR 催化活性。最后，系统地研究了 B、N 掺杂的 α-石墨炔和 γ-石墨炔催化 ORR 的机理。研究结果表明 B、N 共掺杂的 α-石墨炔（B 和 N 掺杂到非相邻的 C 原子上）展现出了比 B、N 单掺杂的 α-石墨炔更高的催化活性。

参考文献

[1] K. S. Novoselov, A. K. Geim, S. V. Morozov, et al. Electric field effect in atomically thin carbon films. Science, 2004, 306: 666-669.

[2] Y. Jing, Z. Zhou, C. R. Cabrera, et al. Graphene, inorganic graphene analogs and their composites for lithium ion batteries. Journal of Materials Chemistry A, 2014, 2: 12104-12122.

[3] H. R. Byon, J. Suntivich, Y. Shao-Horn. Graphene-based non-noble-metal catalysts for oxygen reduction reaction in acid. Chemistry of Materials, 2011, 23: 3421-3428.

[4] Z. M. Ao, J. Yang, S. Li. Enhancement of CO detection in Al doped graphene. Chemical Physics Letters, 2008, 461: 276-279.

[5] M. Chi, Y. P. Zhao. Adsorption of formaldehyde molecule on the intrinsic and Al-doped graphene: A first principle study. Computational Materials Science, 2009, 46: 1085-1090.

[6] Y. Chen, B. Gao, J. X. Zhao, et al. Si-doped graphene: An ideal sensor for NO- or NO_2-detection and metal-free catalyst for N_2O-reduction. Journal of Molecular Modeling, 2012, 18: 2043-2054.

[7] N. Ding, X. Lu, C. M. L. Wu. Nitrated tyrosine adsorption on metal-doped graphene: A DFT study. Computational Materials Science, 2012, 51: 141-145.

[8] G. M. Psofogiannakis, G. E. Froudakis. DFT study of the hydrogen spillover mechanism on Pt-doped graphite. Journal of Physical Chemistry C, 2009, 113: 14908-14915.

[9] S. Stolbov, M. A. Ortigoza. Gold-doped graphene: A highly stable and active electrocatalysts for the oxygen reduction reaction. The Journal of Chemical Physics, 2015, 142: 154703.

[10] T. Jacob, W. A. Goddard III. Water formation on Pt and Pt-based alloys: a theoretical de-

[11] L. Tang, B. Han, K. Persson, et al. Electrochemical stability of nanometer-scale Pt particles in acidic environments. Journal of the American Chemical Society, 2010, 132: 596-600.

[12] C. Kittel. Introduction to Solid State Physics. Hoboken: John Wiley & Sons, Inc., 2005.

[13] A. Ikeda, Y. Nakao, H. Sato, et al. Binding energy of transition-metal complexes with large π-conjugate systems. Density functional theory vs post-hartree-fock methods. The Journal of Physical Chemistry A, 2007, 111: 7124-7132.

[14] S. H. Noh, M. H. Seo, J. K. Seo, et al. First principles computational study on the electrochemical stability of Pt-Co nanocatalysts. Nanoscale, 2013, 5: 8625-8633.

[15] S. H. Noh, B. Han, T. Ohsaka. First-principles computational study of highly stable and active ternary PtCuNi nanocatalyst for oxygen reduction reaction. Nano Research, 2015, 8: 3394-3403.

[16] R. Chen, H. Li, D. Chu, et al. Unraveling oxygen reduction reaction mechanisms on carbon-supported Fe-phthalocyanine and Co-phthalocyanine catalysts in alkaline solutions. Journal of Physical Chemistry C, 2009, 113: 20689-20697.

[17] Z. Lu, G. Xu, C. He, et al. Novel catalytic activity for oxygen reduction reaction on MnN_4 embedded graphene: A dispersion-corrected density functional theory study. Carbon, 2015, 84: 500-508.

[18] X. Chen. Graphyne nanotubes as electrocatalysts for oxygen reduction reaction: the effect of doping elements on the catalytic mechanisms. Physical Chemistry Chemical Physics, 2015, 17: 29340-29343.

[19] A. S. Dobrota, I. A. Pašti, S. V. Mentus, et al. A general view on the reactivity of the oxygen-functionalized graphene basal plane. Physical Chemistry Chemical Physics, 2016, 18: 6580-6586.

[20] J. Rossmeisl, J. Greeley, G. S. Karlberg. Electrocatalysis and catalyst screening from density functional theory calculations. Fuel Cell Catalysis. Hoboken: John Wiley & Sons, Inc., 2009: 57-92.

[21] I. E. L. Stephens, A. S. Bondarenko, F. J. Perez-Alonso, et al. Tuning the activity of Pt (111) for oxygen electroreduction by subsurface alloying. Journal of the American Chemical Society, 2011, 133: 5485-5491.

[22] R. Silva, D. Voiry, M. Chhowalla, et al. Efficient metal-free electrocatalysts for oxygen reduction: Polyaniline-derived N-and O-doped mesoporous carbons. Journal of the American Chemical Society, 2013, 135: 7823-7826.

[23] B. Cao, G. M. Veith, R. E. Diaz, et al. Cobalt molybdenum oxynitrides: Synthesis, structural characterization, and catalytic activity for the oxygen reduction reaction. Angewandte Chemie international edition, 2013, 52: 10753-10757.

[24] X. Chen, S. Chen, J. Wang. Screening of catalytic oxygen reduction reaction activity of metal-doped graphene by density functional theory. Applied Surface Science, 2016, 379: 291-295.

[25] R. A. Sidik, A. B. Anderson, N. P. Subramanian. O_2 reduction on graphite and nitrogen-doped graphite: experiment and theory. The Journal of Physical Chemistry B, 2006, 110: 1787-1793.

[26] L. Xue, Y. Li, X. Liu, et al. Zigzag carbon as efficient and stable oxygen reduction electrocatalyst for proton exchange membrane fuel cells. Nature Communications, 2018, 9: 3819.

[27] X. Chen, F. Li, N. Zhang, et al. Mechanism of oxygen reduction reaction catalyzed by Fe(Co)-N_x/C. Physical Chemistry Chemical Physics, 2013, 15: 19330-19336.

[28] J. H. Shinn. From coal to single-stage and two-stage products: A reactive model of coal structure. Fuel, 1984, 63: 1187-1196.

[29] Y. Sha, T. H. Yu, Y. Liu, et al. Theoretical study of solvent effects on the platinum-catalyzed oxygen reduction reaction. The Journal of Physical Chemistry Letters, 2010, 1: 856-861.

[30] K. R. Lee, Y. Jung, S. I. Woo. Combinatorial screening of highly active Pd binary catalysts for electrochemical oxygen reduction. ACS Combinatorial Science, 2011, 14: 10-16.

[31] X. Chen, T. Chen. DFT prediction of the catalytic oxygen reduction activity and poisoning-tolerance ability on a class of Fe/S/C catalysts. Journal of The Electrochemical Society, 2018, 165: F334-F337.

[32] S. Kattel, G. Wang. Reaction pathway for oxygen reduction on FeN_4 embedded graphene. The Journal of Physical Chemistry Letters, 2014, 5: 452-456.

[33] J. Zhang, Z. Wang, Z. Zhu. The inherent kinetic electrochemical reduction of oxygen into H_2O on FeN_4-carbon: A density functional theory study. Journal of Power Sources, 2014, 255: 65-69.

[34] K. Liu, G. Wu, G. Wang. Role of local carbon structure surrounding FeN_4 sites in boosting the catalytic activity for oxygen reduction. Journal of Physical Chemistry C, 2017, 121: 11319-11324.

[35] Z. Duan, G. Wang. A first principles study of oxygen reduction reaction on a Pt(111) surface modified by a subsurface transition metal M (M=Ni, Co, or Fe). Physical Chemistry Chemical Physics, 2011, 13: 20178-20187.

[36] Z. Duan, G. Wang. Comparison of reaction energetics for oxygen reduction reactions on Pt(100), Pt(111), Pt/Ni(100), and Pt/Ni(111) surfaces: A first-principles study. Journal of Physical Chemistry C, 2013, 117: 6284-6292.

[37] Y. Y. Zhang, Q. X. Pei, C. M. Wang. Mechanical properties of graphynes under tension: A molecular dynamics study. Applied Physics Letters, 2012, 101: 081909.

[38] P. Wu, P. Du, H. Zhang, et al. Graphyne as a promising metal-free electrocatalyst for oxygen reduction reactions in acidic fuel cells: A DFT study. Journal of Physical Chemistry C, 2012, 116: 20472-20479.

[39] X. K. Kong, Q. W. Chen, Z. Sun. The positive influence of boron-doped graphyne on surface enhanced Raman scattering with pyridine as the probe molecule and oxygen reduction reaction in fuel cells. RSC Advances, 2013, 3: 4074-4080.

[40] F. Studt. The oxygen reduction reaction on nitrogen-doped graphene. Catalysis letters, 2013, 143: 58-60.

[41] Y. Zheng, Y. Jiao, L. Ge, et al. Two-step boron and nitrogen doping in graphene for enhanced synergistic catalysis. Angewandte Chemie International Edition, 2013, 52: 3110-3116.

[42] Y. Zhao, L. Yang, S. Chen, et al. Can boron and nitrogen co-doping improve oxygen reduction reaction activity of carbon nanotubes? Journal of the American Chemical Society, 2013, 135: 1201-1204.

[43] E. Vayner, R. A. Sidik, A. B. Anderson, et al. Experimental and theoretical study of cobalt selenide as a catalyst for O_2 electroreduction. Journal of Physical Chemistry C, 2007, 111: 10508-10513.

[44] J. Roques, A. B. Anderson, V. S. Murthi, et al. Potential shift for OH(ads) formation on the Pt skin on $Pt_3Co(111)$ electrodes in acid: Theory and experiment. Journal of The Electrochemical Society, 2005, 152: E193-E199.

[45] S. Wang, L. Zhang, Z. Xia, et al. BCN graphene as efficient metal-free electrocatalyst for the oxygen reduction reaction. Angewandte Chemie International Edition, 2012, 51: 4209-4212.

[46] E. Vayner, H. Schweiger, A. B. Anderson. Four-electron reduction of O_2 over multiple CuI centers: Quantum theory. Journal of Electroanalytical Chemistry, 2007, 607: 90-100.

第 6 章

富勒烯与其他笼形材料的结构与作用机制

6.1 概述

富勒烯是一种碳的同素异形体，于 1985 年被 Kroto[1] 发现。其形状为球状多面体，主要由五元环与六元环组成（少数含有七元环和四元环）。富勒烯上的 C 原子位于多面体顶点，遵循欧拉定律。最小的富勒烯为 C_{20}，最大则没有上限。Kroto 等[2]于 1987 年提出独立五元环规则（IPR 规则），即富勒烯五元环不共边。不满足该规则的富勒烯也是存在的，但是满足规则的富勒烯更加稳定。富勒烯具有芳香性，体系能量低，较为稳定，通过改性修饰可以调节其性质。富勒烯的改性修饰主要包括三个方面。

① 笼内修饰：将分子或者团簇内嵌到富勒烯空腔内。
② 笼外修饰：将一些功能化基团在富勒烯外部进行键合。
③ 笼上修饰：在富勒烯笼上掺杂原子。

笼内修饰是指将一些原子内嵌到富勒烯 C 笼中而形成的新型的富勒烯衍生物。内嵌物质可以是金属原子或离子、金属氮化物、金属碳化物、非金属原子等。内嵌非金属富勒烯如 $He@C_{60}$、$He_2@C_{60}$ 中的内嵌原子与外部 C 笼之间没有电子的转移，而内嵌金属富勒烯中的金属与外部 C_{60} 笼之间存在电子转移。内嵌富勒烯在诸多领域应用广泛。其中，内嵌金属富勒烯具有独特的磁学、电学和光学性质，在生物医学[3]、催化[4]、传感[5] 等诸多领域广泛应用。

笼外修饰是指富勒烯与其他原子或者功能化基团在外部键生成化合物。C_{60} 最低未占据轨道（LUMO）为三重简并，最高占据轨道（HOMO）为五重简并，有着 2.8eV 的电子亲和势和 7.6eV 的垂直电离能[6]。这表示 C_{60} 具有电子供给与接收双重性质，易与基团或者原子相结合生成富勒烯衍生物。事实上，这一修饰改性方式受到了众多学者的广泛研究。Tang 等[7] 计算模拟了 $C_{60}(CF_3)_n$ ($n=2$、4、6、10) 几何结构和电子性质。探索了它们最稳定的异构体，研究了 CF_3 的个数与反应热之间的关系。2016 年，Ir、Rh 的吡咯富勒烯复合物已经被合成出来[8]，同时也使用 XRD 分析了它们的结构。

笼上修饰是指用其他原子替换 C_{60} 表面的 C 所得到的掺杂富勒烯。B、Si、N、P 与 C 原子半径相近，常被用作替换的原子。C_{60} 中碳原子以 sp^2 杂化形式存在，活性低、化学稳定性强。由于电负性、原子半径等的不同，掺杂可以改变原子自旋和电荷分布、带结构等[9-11]。掺杂富勒烯在储氢材料[12]、锂电池[13]、氢氧燃料电池[14] 等方面有潜在的应用价值。

以上研究表明，改性后的富勒烯在电催化领域也可能具有一定应用价值。本章将主要研究通过三种不同方式掺杂改性（笼内修饰、笼外修饰和笼上修饰）的富勒烯的氧还原反应（ORR）催化机制以及催化活性。此外，对硼氮纳米笼及硅碳纳米笼在氧还原反应中的催化作用也进行了探究。

6.2 氮掺杂富勒烯的催化机制

石墨烯、碳纳米管、富勒烯等碳基材料作为非金属材料，以其独特的结构和性能得到了广泛的研究。诸多研究表明，这些材料尤其是化学掺杂的结构表现出优异的 ORR 催化活性[15-18]。这主要得益于掺杂改变了它们的电子性质（自旋、电荷密度、能带结构等）[9-11]。此外，掺杂也改变了它们的表面和局部化学性质[19-21]。

与碳纳米管和石墨烯相比，富勒烯具有弯曲效应和五边形缺陷，是潜在的 ORR 催化剂材料[22-24]。同时，Wang[25] 的研究表明，与其他元素掺杂的富勒烯相比（$C_{59}B$、$C_{59}P$、$C_{59}Si$、$C_{59}S$），氮掺杂富勒烯具有更好的 ORR 活性。其他人通过实验也证明了氮掺杂富勒烯具有很好的催化性能[14]。此外，材料的 ORR 催化活性在很大程度上也受材料尺寸大小的影响[26]。因此，本节选取 N 作为掺杂元素，对比分析了不同尺寸下的富勒烯与 N 掺杂富勒烯（直径分别为 0.4nm、0.6nm、0.7nm、1.2nm）的 ORR 活性，探究了它们的构效关系。

6.2.1 稳定性与电荷分布

选择不同尺寸富勒烯（C_{20}、C_{40}、C_{60}、C_{180}）作为研究目标。根据文献调研，筛选出各个富勒烯的最稳定构型（最稳定的 C_{40} 构型是 D_2 对称，其他的均为 I_h 对称）用作基本构型[27]。最后通过一个 N 原子替换富勒烯 C 笼上的一个 C 原子形成

N掺杂富勒烯结构。对于一种材料来说，稳定性是其能否用作ORR催化剂的先决条件。利用形成能（E_f）来评估掺杂富勒烯的稳定性。形成能定义为：$E_f = E_{\text{N-surface}} + E_C - E_{\text{surface}} - E_N$。其中，$E_{\text{N-surface}}$、$E_{\text{surface}}$、$E_C$和$E_N$分别指N掺杂富勒烯的总能量、富勒烯的总能量、富勒烯中一个C原子的能量以及一个单独的N原子的能量。E_f如果是负值，则代表该物质可以稳定存在。如图6-1所示，所有的掺杂富勒烯结构都具有很大的负E_f值，这表明从反应热力学来说，它们都是稳定的。此外，E_f值并没有随着N掺杂富勒烯的尺寸增加而单调变化。换言之，$C_{39}N$结构有一个反常的E_f值（−4.64eV），这或许是因为所选取的C_{40}是D_2对称，而其他的富勒烯结构都是I_h对称。

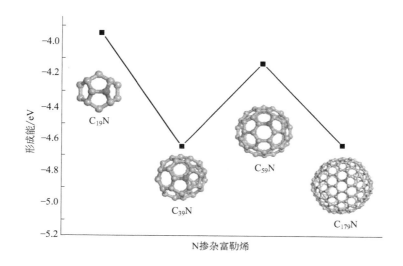

图6-1 各N掺杂富勒烯的形成能

众所周知，对于碳材料而言，带正电荷的原子更容易吸附氧气。为了确定ORR的活性中心，我们计算了富勒烯和掺杂富勒烯的电荷分布。为了简便起见，我们在图6-2中仅仅画出了C_{20}和$C_{19}N$的电荷分布图。对于$C_{19}N$而言，与C_{20}相

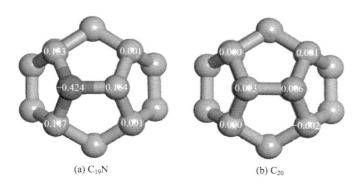

图6-2 $C_{19}N$和C_{20}的电荷分布图

比，由于 N 原子的强电负性，大量正电荷被诱导至邻近的三个 C 原子上。带正电荷最多的 C 原子携带的电荷数为＋0.164，该 C 原子被选作 ORR 的反应位点。通过这种方法，我们还确定了其他所研究材料的活性中心。

6.2.2 氧还原中间体的线性吸附关系

氧还原物种的吸附对于研究 ORR 机理和催化活性至关重要。氧还原物种（O_2、*OOH、*O、*OH、H_2O）在掺杂和未掺杂富勒烯上吸附的稳定性可以通过吸附能来评估。吸附能定义为：$E_{ads}=E_{total}-E_{surface}-E_X$。其中，$E_{total}$、$E_{surface}$ 和 E_X 分别指带有氧还原物种的富勒烯的总能量、富勒烯的总能量以及单独的吸附物种的能量。计算得到了各个氧还原物种的最稳定吸附构型，相应的吸附能列在表 6-1 中。同时，表中 Pt(111) 的吸附能数据引自之前的一篇计算参数与本研究所选取的计算参数完全一致的文章[28]。

表 6-1 氧还原中间产物的吸附能 单位：eV

结构	O_2	*OOH	*O	*OH	H_2O
C_{20}	－1.85	－2.34	－4.56	－3.63	－0.10
$C_{19}N$	－1.75	－2.68	－6.15	－3.98	－0.19
C_{40}	－0.63	－1.04	－3.06	－2.34	－0.06
$C_{39}N$	－0.60	－1.22	－3.88	－2.56	－0.06
C_{60}	0.25	－0.38	－3.38	－1.66	－0.05
$C_{59}N$	－0.12	－1.51	－3.61	－2.79	－0.08
C_{180}	0.62	0.15	－2.66	－0.89	－0.06
$C_{179}N$	0.43	－0.67	－2.68	－1.93	－0.09
Pt(111)	－0.45	－1.10	－3.66	－2.04	－0.27

如表 6-1 所列，与 Pt(111) 相比，C_{20} 的吸附能过强，这意味着 ORR 物种吸附到 C_{20} 上后很难脱附。令人遗憾的是，N 的掺杂将会导致更强的吸附。这一点在 O 原子中间产物上尤为显著，它的吸附能甚至达到了－6.15eV。书后彩图 27 给出了 $C_{19}N$ 上各个 ORR 中间产物最稳定的吸附构型（由于 C_{20} 上的吸附情况与 $C_{19}N$ 类似，不再给出），C—N 键在氧原子吸附之后大幅度拉伸，这也意味着 $C_{19}N$ 似乎不那么稳定。对于大多数碳材料而言，N 的引入将会大幅度提升其催化活性。然而，以上分析却表明 C_{20} 的 ORR 催化活性在 N 掺杂之后将会变低，两者之间有一定差异。这种差异或许是因为 $C_{19}N$ 尺寸太小，其环向应变力将有效地弯曲 C—N 键和 C—C 键。在这种情况下，$C_{19}N$ 对 ORR 物种产生强的吸附作用是不可避免的[29]。

就 C_{40} 富勒烯而言，尽管 ORR 中间产物的吸附构型与 C_{20} 类似（见书后彩图 28），但它们的吸附能有很大的不同。几乎所有的中间产物的吸附能都与 Pt(111) 上的吸附能接近。只有氧原子的吸附能差距较大，其值为－3.06eV，比 Pt(111)

上的吸附能弱大约 0.6eV。N 掺杂之后，O 原子的吸附能显著提升至 -3.88eV，这个值仅比 Pt(111) 上的值强 0.2eV。与此同时，对于其他中间产物（OOH、OH），吸附能在掺杂之后仅增强 0.2eV 左右。$C_{39}N$ 上 O_2 的吸附能为 -0.60eV，它比 N 掺杂石墨烯上 O_2 的吸附能（-0.2eV）更强[30]。这就说明第一步 ORR 在 N 掺杂富勒烯上比 N 掺杂石墨烯上更易发生。因为这些中间产物的吸附能可以用来评判催化活性[31,32]，由此可得 $C_{39}N$ 具有高的催化活性。

至于 C_{60} 和 $C_{59}N$，它们的吸附能与 C_{40} 和 $C_{39}N$ 上的情况相似。对于 $C_{59}N$ 来说，所有 ORR 中间产物的吸附能与它们在 N 掺杂碳纳米管上的数值很接近，这就意味着它们具有相近的催化活性[33]。因此，掺杂的 C_{60} 被视为一种有效的 ORR 催化剂。之前有关掺杂 C_{60} 理论和实验的文献也印证了这一点[14,18]。值得注意的是，最近一篇文献报道表明，对于 N 掺杂 C_{60} 而言，高的 N 掺杂含量将减弱 ORR 物种的吸附能[34]。因为在 $C_{39}N$ 和 $C_{59}N$ 上的中间产物吸附能比 Pt(111) 上的数据略强一些，因此，适当地增加 N 掺杂 C_{40} 和 C_{60} 的 N 含量，将有效地提高它们的 ORR 活性。在本书中，与其他尺寸富勒烯相比，最大尺寸的富勒烯（C_{180}）对这些中间产物的吸附作用最弱。尽管 N 的掺杂可以增强它们的吸附能，但是其值仍然远远弱于 Pt(111) 上的相关值。此外，对于 $C_{179}N$ 来说，O_2 的 E_{ads} 仍然为正。这就说明在该催化剂上，这一吸附过程是难以进行的。因此，预测尺寸在 1.2nm 左右的富勒烯（$C_{179}N$）的催化活性低于 $C_{39}N$ 和 $C_{59}N$，$C_{39}N$ 和 $C_{59}N$ 的尺寸在 0.7nm 左右。

众所周知，在电催化反应中溶剂环境至关重要。因此，使用 $DMol^3$ 模块中的 conductor-like screening model（COSMO）计算了水溶剂对 $C_{39}N$、C_{40} 和 $C_{59}N$ 的影响，计算结果列于表 6-2 中。负值代表该结构在水溶剂中比真空中更加稳定。显然，正如之前文献所证实的那样，水溶剂可以稳定吸附结构并且进一步影响它们的电势[34]。

▷ 表 6-2　ORR 中间产物的溶剂能　　　　　　　　　　　　　　　　　单位：eV

催化剂	*OOH	*O	*OH
C_{40}	-0.20	-0.08	-0.16
$C_{39}N$	-0.26	-0.25	-0.20
$C_{59}N$	-0.28	-0.32	-0.23

根据所得的计算结果，作了不同尺寸富勒烯上 *OH 的吸附能与 C—O 键键长的关系图。如图 6-3 所示。可以发现一种十分完美的关系：C—O 键键长越短，*OH 的吸附能越强。$C_{39}N$ 和 $C_{59}N$ 具有适宜的 *OH 吸附能，这就说明在这两种催化剂上 *OH 的还原十分容易。

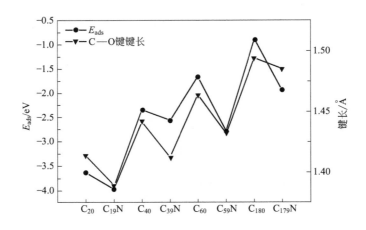

图 6-3 不同尺寸富勒烯上 *OH 吸附能与相应的 C—O 键键长的关系图

6.2.3 相对能量图

除了计算 ORR 物种的吸附能,分析 ORR 过程的相对能量图也是判定催化剂活性的一种有效方法[35]。此外,通过相对能量图,还可以确定整个反应的限速步(RDS),限速步是指能量下降梯度最小的基元反应。限速步的能量下降梯度越大,其反应活性越好。正如吸附能所预测的那样,除了 C_{20},所有 N 掺杂富勒烯结构的 ORR 活性均比未掺杂富勒烯的更高。因此,为了简便起见,仅在图 6-4 中绘制出 N 掺杂富勒烯的反应能量图。图中,三条线分别表示二电子反应机理($O_2 \rightarrow H_2O_2$),四电子反应机理(包括 H_2O_2 解离机理和 *OOH 解离机理)和 Pt(111) 上的 ORR 过程。

总的来说,二电子机理和四电子机理都可以发生在所研究的催化剂上,但是与后者相比,前者更不占优势。这一点在 $C_{19}N$ 上尤为显著。正如图 6-4(a) 所示,*OOH 到 *H_2O_2 的能量变化是上升的,并且其变化值为 +1.21eV,这是由 *OOH 过强的吸附能所造成的。然而,尽管 N 掺杂富勒烯更倾向于四电子机理,它们具体的反应过程却是不尽相同的。对于 $C_{19}N$ 来说,整个反应始于 O_2 的桥位吸附,经由 H_2OO^* 解离过程完成。它的 RDS 为 *OH 还原这一步,这一过程的能量变化为正,其值为 +1.05eV。至于 $C_{179}N$,由于它对 ORR 物种吸附能太弱,其能量曲线与 Pt(111) 的曲线相去甚远[具体曲线见图 6-4(d)]。这些结论再次证明了 $C_{19}N$ 和 $C_{179}N$ 并不是良好的 ORR 催化剂。

发生在 $C_{39}N$ 和 $C_{59}N$ 上的四电子机理是非常类似的,它们可以由两个不同的反应过程完成(一种是 H_2OO^* 解离过程;另一种是 *OOH 解离过程)。由于后者较前者而言,其能量下降梯度更大。所以,对于这两种富勒烯来说,*OOH 解离过程是更合理的。此外,与 $C_{19}N$ 和 $C_{179}N$ 相比,$C_{39}N$ 和 $C_{59}N$ 的能量曲线图更加接近 Pt(111) 的曲线,这也暗示着这两种催化剂具有更高的催化活性。如图 6-4(b) 和图 6-4(c) 所示，$C_{39}N$ 和 $C_{59}N$ 的限速步均为 *OH 还原这一步。由于 $C_{39}N$ 的限速步能量下降梯度（-0.36eV）比 $C_{59}N$ 的（-0.13eV）更大，预测 $C_{39}N$ 的催化活性更高。

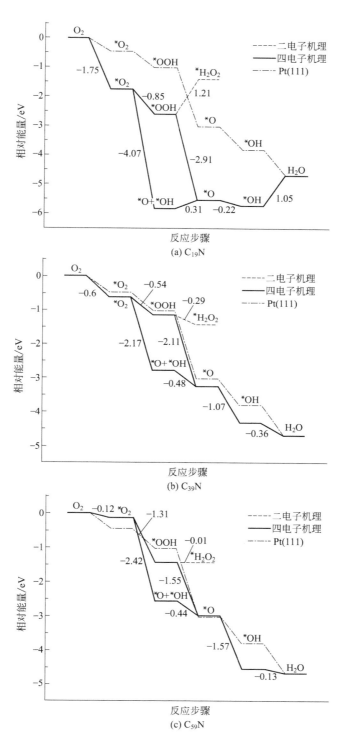

图 6-4

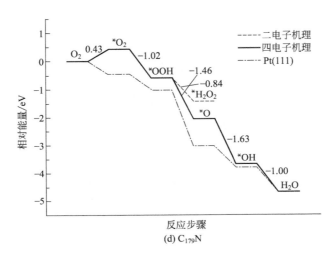

图 6-4 可能的 ORR 过程的相对能量图

6.3 内嵌金属富勒烯的催化机制

金属富勒烯无论在热力学上还是动力学上都十分稳定，这种性质可以减少碳的腐蚀，使其具有成为 ORR 催化剂的潜力。金属富勒烯分为内富勒烯、外富勒烯和异富勒烯。Gabriel 等[36] 利用密度泛函理论（DFT）研究了 C_{60} 分子中一个 C 原子被一个 Pt 原子取代的 $C_{59}Pt$ 上的 ORR 活性。他们发现一些 ORR 中间产物（例如 *OOH、*OH）在表面 Pt 原子上的吸附能很强，将毒化 Pt 这个催化位点。然而，对于内嵌金属富勒烯来说，其用作 ORR 催化剂具备以下优势：

① 金属受到富勒烯碳笼的保护，从而保持其固有的性质；

② ORR 中间产物是吸附到 C 笼上而不是直接吸附到 Fe 上，因此吸附能可以调节到适当的范围内；

③ 富勒烯 C 笼结构十分稳定。

在本节中，运用 DFT 计算模拟了内嵌金属富勒烯 $Fe_n@C_{60}$（$n=1\sim7$）的 ORR 机理，预测了这种材料的 ORR 催化活性。此外，还探索了它们对杂质气体（SO_2、H_2S、CO、NO、NH_3）的抗中毒能力。

6.3.1 $Fe_n@C_{60}$（$n=1\sim7$）的结构和电子性质

为了得到内嵌富勒烯 $Fe_n@C_{60}$（$n=1\sim7$）的初始结构，首先从之前大量 DFT 工作中找到 Fe_n 金属团簇的基态结构[37,38]，然后将其内嵌入 C_{60} 笼中。优化之后的结构如图 6-5 所示。在构型优化之后，$Fe_1@C_{60}$ 中单个的 Fe 原子移动到 C_{60} 笼中心位置，同时携带了 0.273 的正电荷，转移电子数与内嵌金属团簇个数的关系如图 6-6(a) 所示。显而易见的是，内嵌 Fe 金属与外部 C_{60} 笼之间存在电荷转移。从 $Fe_2@C_{60}\sim Fe_4@C_{60}$，随着 Fe 团簇尺寸的增大，Fe—Fe 键的平均键长由 2.373Å 增长到 2.443Å。由于 C_{60} 笼的尺寸几乎没有变化，增长的 Fe—Fe 键表示 Fe 团簇离 C_{60} 笼更近，这种情况可能增加内外之间的轨道杂化。这也就是与其他 Fe 内嵌富勒烯相比，$Fe_4@C_{60}$ 中 Fe_4 携带更多正电荷的原因。然而，随着 Fe 团簇尺寸的进一步增大（$Fe_5@C_{60}\sim Fe_7@C_{60}$），Fe—Fe 键平均键长下降到 2.370Å，这可能是由于 C_{60} 笼的内部空间限制了大量 Fe 原子的充分伸展。

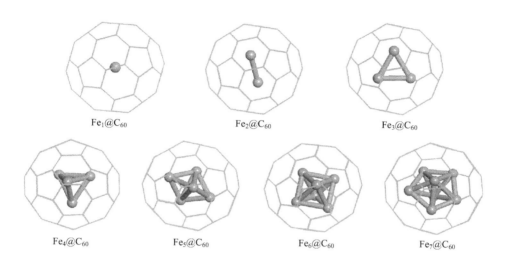

图 6-5 内嵌金属富勒烯 $Fe_n@C_{60}$ 的优化结构

进一步计算了内嵌富勒烯 $Fe_n@C_{60}$ 的形成能（E_f），其值可以由公式 $Fe_n + C_{60} \rightarrow Fe_n@C_{60}$ 获得。E_f 等于内嵌富勒烯的总能量减去 C_{60} 的能量与 Fe 团簇总能量之和。负的 E_f 值表示形成该结构是能量占优的，E_f 值越负，其结构越稳定。对于 $Fe_1@C_{60}$、$Fe_2@C_{60}$、$Fe_3@C_{60}$、$Fe_4@C_{60}$、$Fe_5@C_{60}$、$Fe_6@C_{60}$ 和 $Fe_7@C_{60}$ 来说，他们的 E_f 值分别为 $-1.14\mathrm{eV}$、$-0.47\mathrm{eV}$、$-0.27\mathrm{eV}$、$+1.09\mathrm{eV}$、$+3.50\mathrm{eV}$、$+5.02\mathrm{eV}$、$+10.47\mathrm{eV}$。显然，随着内嵌 Fe 数目的增加 $Fe_n@C_{60}$ 的形成能也跟着增大，证实了 Fe 越多内嵌 Fe 富勒烯热力学稳定性越低。

图 6-6(a) 计算了最高占据轨道（HOMO）和最低未占据轨道（LUMO）之间的能隙。图中，纯富勒烯的能隙为 1.66eV，这个值与之前理论计算结果（1.67eV）以及实验结果（1.65eV）十分接近[39]。在 Fe 团簇内嵌到 C_{60} 中之后，HOMO 的能量水平上升而 LUMO 下降。在 $n=1\sim 3$ 时，$Fe_n@C_{60}$ 的能隙逐渐下降。随着 n 的进一步增大（$n=3\sim 6$），能隙稳定在 0.2eV。当 $n=7$ 时，即 $Fe_7@C_{60}$，能隙达到最小值 0.1eV。众所周知，相对较小的能隙代表了低的动力稳定性和高的化学反应性[40]，同时这个值也应当在适当的范围之内。换言之，过高

和过低的能隙值对催化反应都是不利的。从这个角度来说，与富勒烯 C_{60} 相比，上述内嵌金属富勒烯更有可能成为有效的氧还原催化剂。

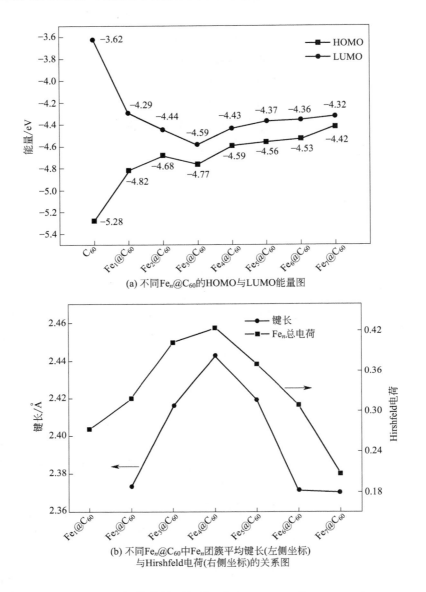

图 6-6　Hirshfeld 电荷的关系图和不同 $Fe_n@C_{60}$ 的 HOMO 与 LUMO 能量图与不同 $Fe_n@C_{60}$ 中 Fe_n 团簇平均键长

6.3.2　通过吸附性能预测活性

一般而言，在酸性介质中，四电子机理可以由公式 $O_2 + 4H^+ + 4e^- \longrightarrow 2H_2O$ 表示，其中间产物有 *OOH、*O 和 *OH，同时这三者的吸附性能是决定催化活性的重要因素[17]。这三种 ORR 中间产物在 $Fe_n@C_{60}$ 和 C_{60} 上的吸附能（E_{ads}）列于

图 6-7 中。图中,关于 Pt(111) 的相关数据引自最近发表的文章[28],且该文献的计算水平与本节完全相同。这些中间产物的吸附构型已经经过了完全优化,为了简洁,仅在书后彩图 29 中展示出 $Fe_3@C_{60}$ 的相关结构。从图 6-7 可以看出,纯富勒烯对中间产物的吸附能很弱,再次说明了其化学反应性较差。然而,对于 $Fe_n@C_{60}$ 来说,随着内嵌 Fe 团簇的尺寸增大,其对 ORR 中间产物的吸附能变得更强。虽然这些被吸附物种并不直接与 Fe 接触,然而毫无疑问,含氧物种吸附能的增强证明了 $Fe_n@C_{60}$ 催化剂 ORR 催化活性的增加。正如图 6-6(b) 所表示的,内嵌的 Fe 团簇与外部 C 笼存在直接作用,对 C 笼的性质产生了明显的影响(如使得表面吸附物种产生活化或者失活现象)。由此可知,铁团簇的内嵌提高了 C_{60} 的化学反应性。前面计算所得的能隙(内嵌富勒烯能隙比富勒烯能隙更小)也证明了这一观点。因此,应当促使电荷从碳原子转移到含氧中间物种上,这将有利于共价键的形成。

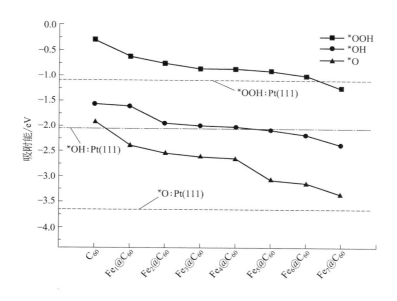

图 6-7 不同 $Fe_n@C_{60}$ 上 *OOH、*O、*OH 吸附能

对于吸附到 $Fe_n@C_{60}$ 的 *OOH 来说,当 $n=2\sim6$,其 E_{ads} 值与 Pt(111) 上的值极其相近。当 $n=7$ 时,该值增强到 $-1.26eV$,这一数值比 Pt(111) 上的数值强了 $0.16eV$。对于 *OH 中间产物来说,当 $n=2\sim5$ 时,吸附能值与 Pt(111) 的最接近。尽管内嵌富勒烯 *O 的吸附强度都弱于 Pt(111) 的值,但由于 Pt(111) 与 *O 的吸附过强[41],对 *O 来说,略弱的吸附强度才是最适宜的吸附能。一般来说,Pt 与 3d 过渡金属所得到的合金可以弱化 O—金属键进而提高 ORR 活性。因此,根据计算结果,在 $Fe_n@C_{60}$ 中,能够决定催化活性的主要中间产物为 *OOH 和 *OH。拥有略强的 *OOH 和略弱的 *OH 吸附能的 $Fe_n@C_{60}$ 将具有更高的 ORR 活性,因为略强的 *OOH 和略弱的 *OH 吸附能意味着 $O_2 \rightarrow$ *OOH 和 *OH $\rightarrow H_2O$ 的过电

势较低。

根据前面的分析，可以初步预测 $Fe_n@C_{60}$（$n=2\sim5$）具有良好的 ORR 催化活性。对于 $Fe_1@C_{60}$ 和 $Fe_2@C_{60}$ 来说，由于 *OOH 的吸附太弱，O_2 氢化反应严重限制了该催化剂的 ORR 催化活性。而对于 $Fe_6@C_{60}$ 和 $Fe_7@C_{60}$ 来说，其催化活性又受到了 *OH 还原反应的严重限制。为了验证这一观点并且进行进一步的定量分析，计算了每一 ORR 基元反应的可逆电势，其计算结果列于表 6-3 中。值得注意的是，计算可逆电势时并没有考虑 O_2 和 H_2O 的吸附能。对此，Chai[42] 作出了如下解释：在酸性介质中，吸附的氧气经过电子和质子的转移，会迅速转化为 *OOH。由于碳基催化剂通常是疏水的，忽略水的吸附能也是合理的（对于所有研究的 $Fe_n@C_{60}$，其 H_2O 的吸附能大约只有 0.1eV）。起始电压和限速步（RDS）均由可逆电势最小的基元步所决定。

表 6-3 C_{60} 与 $Fe_n@C_{60}$（$n=1\sim7$）的标准可逆电势以及 ORR 可逆电势　　　　单位：V

结构	步骤 1($U^o=-0.125V$)	步骤 2($U^o=0.21V$)	步骤 3($U^o=2.12V$)	步骤 4($U^o=2.72V$)
C_{60}	0.18	1.82	1.78	1.15
$Fe_1@C_{60}$	0.50	1.99	1.33	1.11
$Fe_2@C_{60}$	0.64	2.00	1.64	0.65
$Fe_3@C_{60}$	0.74	1.97	1.49	0.73
$Fe_4@C_{60}$	0.75	1.96	1.53	0.69
$Fe_5@C_{60}$	0.79	2.38	1.12	0.64
$Fe_6@C_{60}$	0.88	2.36	1.15	0.54
$Fe_7@C_{60}$	1.14	2.32	1.14	0.33

显而易见，对于 C_{60} 和 $n=1$、2 的 $Fe_n@C_{60}$ 来说，RDS 是第一个电子转移的基元步，同时起始电压受到 OOH 吸附的限制。而当 $n=3\sim7$ 时，RDS 就变成了最后一步，起始电压受到了 OH 吸附的限制。在所有研究的内嵌铁金属富勒烯中，$Fe_3@C_{60}$ 具有最大的起始电压（0.73V），这也意味着它具有最好的 ORR 催化活性。同时，这一数值与 Pt(111) 上的数值十分接近（0.79V）[43]，而在碳基催化材料 ORR 催化活性火山图上的最大起始电压也仅有 0.8V[42]。此外，$Fe_3@C_{60}$ 还具有负的形成能，因此其稳定性也是十分优良的。$Fe_2@C_{60}$、$Fe_4@C_{60}$、$Fe_5@C_{60}$ 的起始电压分别是 0.64V、0.69V、0.64V。可以看出，与其他类型催化剂如金属—N_x/C[44-47]、金属氧化物[48] 相比，内嵌金属富勒烯是具有竞争力的。一些实验结果表明，与 $Fe_n@C_{60}$ 具有相似结构的催化剂也拥有优异的 ORR 催化活性[49,50]。因此，这些实验结论间接表明，预测 $Fe_n@C_{60}$ 具有良好的 ORR 催化活性是合情合理的。与此同时，随着内嵌 Fe 团簇的尺寸逐渐增大，$Fe_n@C_{60}$ 的 ORR 活性也逐渐降低，其起始电压在 $Fe_7@C_{60}$ 达到最低（0.33V）。

基于 Sabatier 原则，理想的催化剂与 ORR 中间产物的结合既不能太强也不能太弱。与大多数 ORR 催化剂相似，OH 和 O 的吸附能可以用来评价 $Fe_n@C_{60}$ 的 ORR 催化活性。以 OH 吸附能为横坐标，以最大的起始电压为纵坐标，作出火山图并绘制于图 6-8 中。这一火山图可以被划分为三个区域。在区域Ⅰ中，$Fe_6@C_{60}$ 和 $Fe_7@C_{60}$ 对于 OH 的吸附能太强，因此，OH 的脱附将变得十分困难。相反，在区域Ⅲ，ORR 中间产物的吸附能十分微弱，即使在室温下也可以轻易地从 C_{60} 和 $Fe_1@C_{60}$ 表面脱附。在区域Ⅱ，因为 OH 中间产物的吸附能达到适宜状态，$Fe_n@C_{60}$（$n=2\sim5$）具有很高的起始电压。

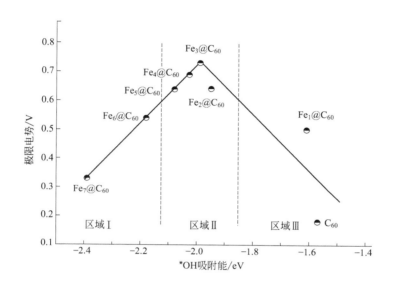

图 6-8　ORR 极限电势与 *OH 吸附能的关系图

6.3.3　抗中毒能力

空气中混合着大量杂质气体，这些杂质气体可以作为氧化剂直接进入阴极并对阴极催化剂产生负面影响。所以除了具有良好的 ORR 催化活性之外，好的阴极催化剂还应该具有优异的抗中毒能力。例如，Pt 是目前市场上最佳的 ORR 催化剂，然而少量的一氧化碳就可以使 Pt 中毒。其他种类的杂质气体如二氧化硫和氮化合物也可以通过减少活性位点和改变 ORR 机制来降低催化剂催化活性[51-53]。为了考察 $Fe_n@C_{60}$ 的抗中毒能力，进一步探索了一些杂质气体在这些催化剂上的吸附情况。如硫化物（SO_2、H_2S）、碳化物（CO）以及氮化物（NO、NH_3），所有的结果均记录于图 6-9 中。

总体来说，这些杂质气体在 $Fe_n@C_{60}$ 上的吸附能的变化趋势大致相同。当 $n=1\sim5$ 时，它们的吸附能值基本在 $-0.1\sim-0.2eV$ 之间，这也说明了该吸附为物理性吸附，极易脱附。而随着铁原子数目的增多，吸附能不断增强，气体吸附也呈现出化学吸附类型，在 $n=7$ 时达到最强（-0.6eV）。即使如此，这些杂质分子与

$Fe_n@C_{60}$ 的距离仍然很远（大于3.5Å），说明二者之间的相互作用十分微弱。这些结果表明，对于所研究的 $Fe_n@C_{60}$，在 ORR 过程中，其活性位点很难被这些杂质气体所占据，这种情况在 $n=1\sim5$ 时尤为显著。笔者进一步与 Pt(111) 的数据进行了对比。之前的研究表明在 Pt(111) 上，NH_3[54]、H_2S[55]、SO_2[56]、NO[57] 和 CO[58] 的吸附能分别为 -1.23eV、-0.91eV、-1.07eV、-2.00eV、-1.92eV。显然，$Fe_n@C_{60}$ 表面与杂质气体的相互作用十分微弱，也表明了 $Fe_n@C_{60}$ 对硫化物（SO_2、H_2S）、碳化物（CO）和氮化物（NO、NH_3）具有良好的抗中毒能力。

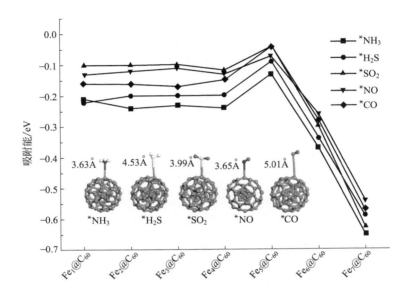

图 6-9　NH_3、H_2S、SO_2、NO、CO 在 $Fe_n@C_{60}$ 的吸附能

6.4　富勒烯表面掺杂金属的催化机制

富勒烯的诞生拓宽了人们对纳米碳材料的认识。在富勒烯的研究热潮下，涌现了大量针对富勒烯类材料的研究探索，并将此类材料广泛应用，例如：生物传感器[59]、太阳能电池[60]、燃料电池[18]等。2010年，金属富勒烯 $C_{59}Pt$ 的 ORR 催化活性已经得到了系统的研究，结果表明某些中间产物将毒化活性位点，阻碍整个反应过程的进行[36]。同时，Pt 掺杂之后，Pt 邻近的区域向外凸出。另有研究表明 $C_{59}M$ 没有 C_{60} 稳定[61]。而金属掺杂富勒烯 $C_{58}M$ 是由一个金属原子替换两个相邻 C 原子所得到的。Hayashi[62] 指出与 C_{60} 相比，$C_{58}Pt$ 具有更稳定的结构。同时，该研究结果也表明金属原子的引入减小了 C_{60} 的能隙、降低了电离势。这也说明 $C_{58}Pt$ 具有更活跃的化学性质。本节运用计算机模拟研究了 $C_{58}M$ 和 C_{60} 的结构与性

质，对比分析了掺杂前后的变化，并进一步研究了 $C_{58}M$（M＝Mn、Ni、Co、Fe、Cu）的 ORR 催化活性。

6.4.1 结构与稳定性

为了得到所需要的结构，选取 $C_{60}(I_h)$ 构型作为模型。随后，用一个金属原子替换两个相邻的 C 原子构成 $C_{58}M$。得到的 $C_{58}M$ 有两种异构体，因为两个相邻的 C 可以选取两个六元环的公共边，也可以选取五元环与六元环的公共边。前者称为 [6∶6] 取代，后者称为 [5∶6] 取代。它们的掺杂示意如图 6-10 所示。

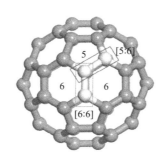

图 6-10 不同掺杂方式的示意

对于有效的 ORR 催化剂而言，稳定的结构是不可或缺的。为了找到最稳定的构型，以 [5∶6] 构型为基准，通过比较两种异构体的能量之差讨论了它们的相对稳定性。其定义为：$\Delta E = E_{[6∶6]} - E_{[5∶6]}$，式中 $E_{[6∶6]}$、$E_{[5∶6]}$ 分别代表 [6∶6] 构型和 [5∶6] 构型 $C_{58}M$ 的能量。负值代表前者结构比后者结构更加稳定。计算结果表明所有的差值均为负值，这就说明 $C_{58}M$ [6∶6] 是更稳定的，这一结论与他人的研究完全一致[63]。因此，在后面的计算中，只选取最稳定的结构（$C_{58}M$ [6∶6]）作为研究对象。同时，为了简便，在本节的后面 $C_{58}M$ 仅指 $C_{58}M$ [6∶6]。

6.4.2 吸附强度比较

分析 ORR 中间产物与催化剂的结合能有助于理解整个 ORR 过程的发生。因此，首先探索了 ORR 中间产物的吸附情况。在此节中，吸附强度可以通过结合能来评估。其定义如下：

$$\Delta E_{*OOH} = E_{*OOH} - E_{*} - (2E_{H_2O} - 3/2E_{H_2}) \tag{6-1}$$

$$\Delta E_{*O} = E_{*O} - E_{*} - (E_{H_2O} - E_{H_2}) \tag{6-2}$$

$$\Delta E_{*OH} = E_{*OH} - E_{*} - (E_{H_2O} - 1/2E_{H_2}) \tag{6-3}$$

式中　E_{*OOH}——吸附有 OOH 的催化剂总能量；

E_{*O}——吸附有 O 的催化剂总能量；

E_{*OH}——吸附有 OH 的催化剂总能量；

E_{*}——单独的催化剂的能量；

E_{H_2O}——水的能量；

E_{H_2}——气态氢气的能量。

结合能越正代表相互作用越微弱。计算的结果列于表 6-4 中，对应的 $C_{58}Co$ 的吸附构型如书后彩图 30 所示。在彩图 30 中，*代表吸附位点。此外，表 6-4 中 Pt(111) 的数据源于之前的研究（其计算参数与本章完全一致）[28]。

表 6-4 各催化剂上不同 ORR 中间产物的结合能　　　　　　　　　　单位：eV

催化剂	*OOH	*O	*OH
$C_{58}Mn$	2.93	0.42	0.20
$C_{58}Fe$	3.23	0.73	0.39
$C_{58}Co$	3.37	1.57	0.35
$C_{58}Ni$	4.20	2.84	1.29
$C_{58}Cu$	4.57	4.38	2.51
Pt(111)	3.66	1.65	0.88

对于 *OOH 来说，其在所有催化剂上的吸附结构均为 end-on 结构。同时，第一个 H^+ 的引入拉伸了 O—O 键长，有助于后续过程的发生。有研究表明，Pt(111) 对 *OOH 的吸附强度略微偏弱，因此，有效的催化剂应具有比 Pt(111) 稍强的 *OOH 吸附强度。显而易见，$C_{58}Mn$、$C_{58}Fe$、$C_{58}Co$ 的 ΔE_{*OOH} 值比 Pt(111) 更小，也就说明它们对 *OOH 的吸附作用强于 Pt(111) 对 *OOH 的吸附作用。这对于后续 ORR 反应的发生是有利的。然而，$C_{58}Ni$（4.20eV）、$C_{58}Cu$（4.57eV）相应的值比 Pt(111) 的值更大。就 *O 而言，$C_{58}Co$ 的 ΔE_{*O} 值与 Pt(111) 的值最接近。然而，$C_{58}Ni$ 和 $C_{58}Cu$ 的 ΔE_{*O} 值远远大于 Pt(111) 上的值。其中，$C_{58}Cu$ 的值最大，说明 *O 与 $C_{58}Cu$ 的相互作用力十分微弱，容易脱附。对于 *OH 来说，所有催化剂的 ΔE_{*OH} 值似乎都不合适。吸附能的判定并不对所有催化剂都适用，为了更精确地探索 ORR 活性，在后面部分计算了每一基元步的自由能变化。

6.4.3 吉布斯自由能

众所周知，吉布斯自由能是评判 ORR 催化活性最有效的方式。近期，Zhang 等[64] 报道称每一基元步的吉布斯自由能可由以下公式得出：

$$\Delta G_1 = \Delta G_{*OOH} - 4.92 \tag{6-4}$$

$$\Delta G_2 = \Delta G_{*O} - \Delta G_{*OOH} \tag{6-5}$$

$$\Delta G_3 = \Delta G_{*OH} - \Delta G_{*O} \tag{6-6}$$

$$\Delta G_4 = -\Delta G_{*OH} \tag{6-7}$$

式中 ΔG_1——第一步基元反应的吉布斯自由能变化值；

ΔG_2——第二步基元反应的吉布斯自由能变化值；

ΔG_3——第三步基元反应的吉布斯自由能变化值；

ΔG_4——第四步基元反应的吉布斯自由能变化值；

ΔG_{*OOH}——OOH 的吸附自由能；

ΔG_{*OH}——OH 的吸附自由能；

ΔG_{*O}——O 的吸附自由能。

吸附自由能则被定义为：

$$\Delta G_{ads} = \Delta E + \Delta ZPE - T\Delta S \tag{6-8}$$

式中 ΔG_{ads}——吸附自由能；

ΔE——结合能；

ΔZPE——零点能的变化值；

T——温度；

ΔS——熵变。

此外，Zhang 等[64] 还总结了大量的他人的研究结果，证明了不同催化剂上吸附 ORR 中间产物的 ZPE 和 S 值是相近的。因此，结合前面分析可以得出以下式子：$\Delta G_{*OOH} = \Delta E_{*OOH} + 0.40$、$\Delta G_{*O} = \Delta E_{*O} + 0.05$、$\Delta G_{*OH} = \Delta E_{*OH} + 0.35$[65]。综合以上所述，可以计算出每一基元步的自由能变化值。根据五种催化剂 ORR 过程中每一步的自由能值绘制出了它们的自由能曲线图（如图 6-11 所示）。应当注意，此图中第一步基态能量是 $C_{58}M$ 吸附 O_2 的能量。在后面的反应步中，基态则是前一步反应产物能量与 $H^+ + e^-$ 能量的总和。

整个 ORR 的第一步为 O_2 的氢化反应，在除 $C_{58}Cu$ 以外的所有催化剂中，此步均为下降趋势，即放热过程。$C_{58}Cu$ 的第一步曲线略微上升，其 ΔG_1 值为 0.05eV，表示在 $C_{58}Cu$ 上 O_2 的氢化反应难以发生。第一步结束之后，*OOH 被第二个 H^+ 还原生成游离态的 H_2O 和一个吸附态的 O 原子。对所有催化剂来说，这一步均为放热。$C_{58}Mn$、$C_{58}Fe$、$C_{58}Co$、$C_{58}Ni$、$C_{58}Cu$ 的 ΔG_2 值分别为 $-2.86eV$、$-2.85eV$、$-2.15eV$、$-1.71eV$、$-0.54eV$。在第三步中，随着第三个氢的引入，*O 被进一步还原为 *OH。对于 $C_{58}Mn$ 来说，这一步反应为吸热过程，说明它的发生十分困难。最后，*OH 在最后一个 H 的作用下还原生成水并从催化剂表面脱附。整个 ORR 过程如下所示：$O_2 \rightarrow *OOH \rightarrow *O + H_2O \rightarrow *OH + H_2O \rightarrow 2H_2O$。

如图 6-11 所示，整个 ORR 反应在 $C_{58}Fe$、$C_{58}Co$ 和 $C_{58}Ni$ 上每一步均为放热反应。而 $C_{58}Mn$ 和 $C_{58}Cu$ 的四步基元反应中有吸热过程存在，这就说明 $C_{58}Mn$ 和 $C_{58}Cu$ 的 ORR 活性并不好。此外，还可以通过自由能曲线图来判定 RDS，其为自由能下降梯度最小的那一步。

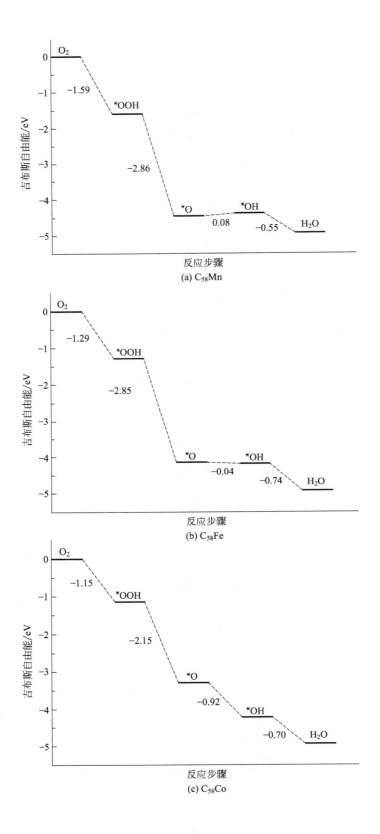

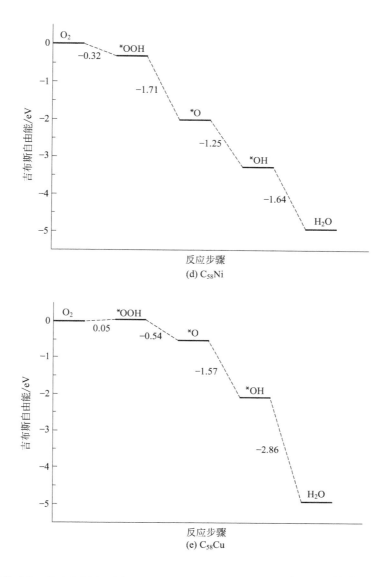

图 6-11 $C_{58}M$（M= Mn、Ni、Co、Fe、Cu）上 ORR 的自由能图

对于 $C_{58}Mn$ 和 $C_{58}Fe$ 而言，它们的限速步为 $^*O \rightarrow {}^*OH$ 过程，其对应的 ΔG_3 值分别为 0.08eV、-0.04eV，这或许是因为 $^*O$ 的结合能过强，导致 O 原子的还原难以进行。$C_{58}Co$ 的限速步则为最后一步，该步自由能变化值为 -0.70eV，如此高的值证明 $C_{58}Co$ 具有很高的 ORR 催化活性。对于 $C_{58}Ni$ 和 $C_{58}Cu$ 来说，第一步是限速步，且对应的自由能下降梯度很小。$C_{58}Cu$ 第一步的 ΔG 值甚至为正（0.05eV），也就是说，$C_{58}Cu$ 上 $O_2 \rightarrow {}^*OOH$ 过程的发生十分困难。总而言之，所有催化剂限速步的 ΔG 值表明 $C_{58}Co$ 具有最佳的 ORR 活性。同时，$C_{58}Mn$、$C_{58}Cu$ 由于其限速步的 ΔG 值为正，其催化性能最差。

6.4.4 线性关系与过电势

以 ΔG_{*OOH}、ΔG_{*O} 为纵坐标，ΔG_{*OH} 为横坐标进行了线性拟合（如图 6-12 所示）。可以看出，ΔG_{*OOH} 满足公式 $\Delta G_{*OOH}=0.68\Delta G_{*OH}+3.18$；而 ΔG_{*O} 满足公式 $\Delta G_{*O}=1.63\Delta G_{*OH}-0.07$。这就说明 ΔG_{*OOH}、ΔG_{*O} 与 ΔG_{*OH} 之间存在线性关系。因此，ΔG_{*OH} 可以被用来判断不同催化剂的催化性能。

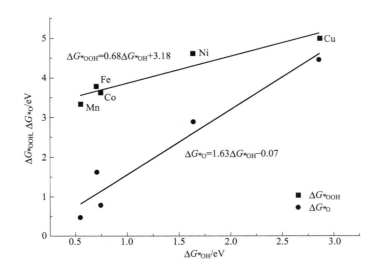

图 6-12 不同催化剂 ΔG_{*OH} 与 ΔG_{*OOH}、ΔG_{*O} 的线性关系图

ORR 过程的过电势（η^{ORR}）也可以被视为一个评价 ORR 活性的指标。η^{ORR} 被定义为：$\eta^{ORR}=\Delta G_{min}/e+1.23$，其中，$\Delta G_{min}$ 是指四步基元反应中自由能下降最小的数值（即限速步的自由能变化值）。根据计算的结果可以知道 $C_{58}Co$ 具有最小的过电势（0.53V），这也再次证实了 $C_{58}Co$ 确实是所有金属掺杂富勒烯中催化活性最高的。

6.5 硼氮纳米笼与硅碳纳米笼

单层六方氮化硼（h-BN）[66] 和层状 SiC 薄片[67] 被认为对 ORR 具有电催化活性。并且 Zhang 等[68] 研究了曲率效应对 SiC 纳米管和纳米片上的 O_2 吸附和解离的影响。他们的 DFT 结果表明，O_2 的吸附和解离对 SiC 纳米材料的表面曲率非常敏感。由于 BN 和 SiC 纳米结构具有高的化学反应性，因此猜想 BN 和 SiC 纳米笼是否可以用作 ORR 的无金属催化剂的潜在候选物。原则上，由于曲率效应，与相应的纳米片和纳米管相比较,纳米笼将表现出不同的 ORR 催化活性和机理。

因此,本节分别对 BN 和 SiC 纳米笼形结构进行了研究。首先,选择 $B_{12}N_{12}$ 和 $B_{60}N_{60}$ 纳米笼来研究它们的 ORR 机理,比较具有不同尺寸的 BN 纳米笼的催化活性。然后,使用 Co 或 Ni 掺杂 SiC 纳米笼,研究掺杂作用对 SiC 纳米笼活性的影响。

6.5.1 硼氮纳米笼的催化机制

$B_{12}N_{12}$ 和 $B_{60}N_{60}$ 纳米笼的优化几何结构如图 6-13 所示。在图 6-13 中,浅色球代表硼原子,深色球代表氮原子。可以清楚地看到,每个笼子都由许多六元环和四元环构成。$B_{12}N_{12}$ 由 8 个六元环和 6 个四元环组成,而 $B_{60}N_{60}$ 由 20 个六元环和 30 个四元环组成。四元环在纳米笼表面上融合两个不同的六元环[69]。对于 $B_{12}N_{12}$,ORR 中间体有以下四种可能的表面吸附位点:硼的顶位(T_B)、氮的顶位(T_N)、两个六元环之间的桥位(B_1)以及六元环和四元环之间的桥位(B_2)。从图 6-13 中可以很清楚地看到 $B_{60}N_{60}$ 上的五个吸附位点。

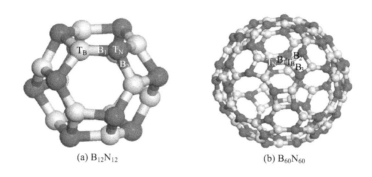

(a) $B_{12}N_{12}$　　　　(b) $B_{60}N_{60}$

图 6-13　$B_{12}N_{12}$ 和 $B_{60}N_{60}$ 纳米笼的优化几何结构

文中考虑了 $B_{12}N_{12}$ 上 O_2 和 ORR 中间体的所有可能的吸附位点,吸附能的结果(E_{ads})列于表 6-5 中。T_B 位点上的 O_2 吸附能仅为 $-0.042eV$,类似于 h-BN/Au(111) 表面上的吸附能[70],表明其弱的物理吸附性质。T_N 位点 O_2 的正的吸附能意味着它不能成为 ORR 的活性位点。实际上,根据计算,所有氧还原中间体都不能稳定地吸附在 T_N 位点上。令人惊讶的是,在 B_1 位点上 O_2 的吸附在能量上也是不利的,这与大多数其他 ORR 催化剂的情况不同,例如 Pt[71] 或 FeN_4 内嵌的石墨烯[72],其上 O_2 的桥接(或侧基)吸附比相应的顶部吸附更稳定。原因是 O_2 倾向于吸附在带正电荷的位点上,而带负电荷的 C 原子阻止其吸附。然而,在 B_2 位点,O_2 的吸附在能量上是有利的,E_{ads} 为 $-0.69eV$,这是典型的化学吸附过程。实际上,在这个阶段,O—O 键在很大程度上被拉伸到 $1.725Å$,如书后彩图 31 所示,并且被激活到足以解离。因此,在 B_2 位点上,整个 ORR 过程将经历 O_2

解离途径，其是四电子 ORR 机制的通道之一。

▫ 表 6-5 ORR 中间体在 $B_{12}N_{12}$ 上的计算吸附能　　　　　　　　　　　　单位：eV

结构	T_B	T_N	B_1	B_2	Pt(111)	
O_2	−0.042	+0.71	+0.61	−0.69	−0.48[73]	−0.49[74]
*OOH	−1.04	—	—	—	−1.03[74]	−1.06[73]
*O	−2.17	—	−3.47	−4.04	−3.68[73]	−3.88[75]
*OH	−2.29	—	—	—	−2.06[74]	−2.26[73]
H_2O	−0.51	—	—	−0.07	−0.22[73]	−0.60[74]

*OOH 物种只能稳定地吸附在 T_B 位点上，E_{ads} 为 −1.04eV。将 $B_{12}N_{12}$ 催化剂和 Pt(111) 表面的 E_{ads} 进行比较。有趣的是，该值非常接近于吸附在 Pt(111) 表面上的 *OOH 的理论值 −1.03eV 或 −1.06eV[73,74]。原子 O 可以吸附在除 T_N 点以外的所有其他位置，B_2 位点具有最强的 E_{ads} 为 −4.04eV。该值也接近 Pt(111) 表面上的原子 O 的 E_{ads}，其计算值为 −3.68eV 或 −3.88eV[74,75]，并且在实验上确定为 −3.68eV[76]。彩图 31 表明 *OH 物种只能吸附在 T_B 位点上，计算出的 E_{ads} 为 −2.29eV。该值再次非常接近于 Pt(111) 表面上已测得的 −2.06eV 或 −2.26eV[73,74]。T_B 位点上的 H_2O 的 E_{ads} 为 −0.51eV，但是在 B_2 位点上，它与表面的相互作用非常弱。先前对 Pt(111) 表面上的 H_2O 吸附的 DFT 计算得到了 −0.22eV 或 −0.60eV[73,74] 的吸附能。上述结果清楚地表明，所有氧还原中间体的 E_{ads} 都接近已知的 Pt(111) 催化剂吸附能。因此，可以认为 $B_{12}N_{12}$ 纳米笼是 ORR 的有效催化剂，且具有与 Pt 类似的催化性质。

势能面图也是评估电催化剂的 ORR 活性的有效方法。图 6-14 显示了整个过程中每个可能的 ORR 步骤的详细相对能量变化。路径 I（实线）主要发生在 T_B 位点上，并且由 O_2 分子的端基式吸附开始。在第一次 H^+ 和 e^-（可被视为 H）转移后，形成 *OOH 物种并吸附在 T_B 位点，能量变化（ΔE）为 −0.92eV。由于随机性，第二个 H 可以被放置在吸附的 *OOH 物质与 B 原子结合的 O 原子上，或者放置在一个 H 原子所在的另一个 O 原子上。因此，涉及两个相互竞争的反应路径，产生不同的产物：路径 I-1 生成吸附在 T_B 位置的 H_2OO（双氧水）和路径 I-2 生成吸附在 B_1 位置的 O 原子和吸附在 T_B 位置的 H_2O 分子，如图 6-14 所示。O—O 键在这两个路径中都会被破坏，这表明在 $B_{12}N_{12}$ 纳米层上遵循四电子 ORR 机制。这两条路径中第二个 H 转移过程的计算 ΔE 分别为 −0.86eV 和 −2.44eV。因此，路径 I-2 能量上更为有利，如图 6-14 所示。随后，在第三个 H 的帮助下，路径 I-2 中的 O 原子被还原为吸附的 *OH，并且这个过程在相对能量图中下降了 −0.65eV。最后，在第四个 H 的帮助下，吸附的 *OH 物种进一步减少，形成另一个 H_2O 分子。最后一步的相对能量也是下降的，相应的 ΔE 为 −0.63eV。

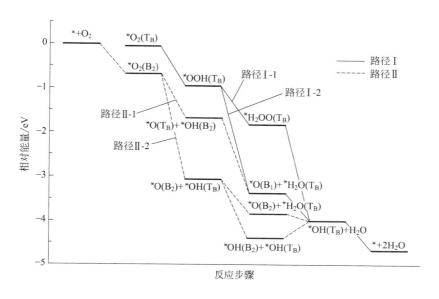

图 6-14 $B_{12}N_{12}$ 上所有可能的 ORR 路径的相对能量图

路径Ⅱ（虚线）是由氧气的桥位吸附引起的。第一次 H 转移后，与路径Ⅰ中 *OOH 可以稳定地吸附在催化剂表面不同，由于 O_2 在初始吸附后被直接解离，因此 *OOH 不在路径Ⅱ中形成。路径Ⅱ依然有两种相互竞争的反应途径：路径Ⅱ-1 产生吸附在 T_B 位点的 O 原子和吸附在 B_2 位点的 *OH 物种，路径Ⅱ-2 产生吸附在 B_2 位点的 O 原子和吸附在 T_B 位点的 *OH 物种。路径Ⅱ-1 中的所有还原步骤在相对能量图上都是下降的，这表明它更为有利。

比较图 6-14 中所述的反应途径，可以清楚地看到，路径Ⅰ是通过 H_2OO 解离途径完成的，其中 O—O 键在第二个 H 转移后完全分裂，而路径Ⅱ是通过 O_2 解离途径完成的，其中化学吸附的 O_2 分子立即经历 O—O 键断裂反应，形成两个分离的 O 原子。由于第二路径的能量下降幅度大于第一路径的能量下降幅度，预计整个 ORR 将通过以下过程完成：$O_2 \rightarrow {}^*O_2(B_2) \rightarrow {}^*O(T_B)+{}^*OH(B_2) \rightarrow {}^*O(B_1)+{}^*H_2OI(T_B) \rightarrow {}^*OH(T_B)+H_2O \rightarrow 2H_2O$。在上述过程的每一步反应中，能量变得更负，意味着系统进入一个更稳定的状态。因此，四电子反应可以自发地发生在 $B_{12}N_{12}$ 纳米笼上。更重要的是，对于上述任一途径，$B_{12}N_{12}$ 可提供双催化位点（T_B 和 B_1/B_2），尤其是在书后彩图 31 和图 6-14 所示的第二和第三个氢转移步骤中，以加速 ORR 过程。因此，B 和 N 原子之间的协同催化效应是显著的，和某些贵金属催化剂一致[76,77]。

值得注意的是，如果图 6-14 中的相对能量变化根据先前的理论转换成自由能变化，那么可以得到 $B_{12}N_{12}$ 上的起始电位，它可以定义为自由能变化中所有 ORR 步骤都刚好处于下降状态的最高电位。路径Ⅰ-2 和路径Ⅱ-1 的每个电子转移步骤的计算自由能变化如表 6-6 所列。这两条路径的预测起始电位分别为 0.81V 和

0.93V。这些结果不仅证实了路径Ⅱ比路径Ⅰ更具能量优势,而且证明了$B_{12}N_{12}$纳米颗粒确实具有与Pt相当的活性,并且比Co/Ni负载的BN片更具活性[78]。

▫ 表6-6 计算的 $B_{12}N_{12}$ 上每个电子转移步骤的吉布斯自由能 　　　　单位:eV

路径	ΔG_1	ΔG_2	ΔG_3	ΔG_4
路径Ⅰ-2	-0.81	-1.99	-1.19	-0.93
路径Ⅱ-1	-1.51	-1.29	-1.19	-0.93

表6-7列出了$B_{60}N_{60}$上所有ORR物质的计算吸附能。可以清楚地看到,O_2只能较弱地吸附在T_B位置,E_{ads}为-0.037eV。因此,$B_{60}N_{60}$上的ORR过程可能只经历一个还原机制,其中O—O键只有在第二个H转移步骤之后才会断裂。然而,由于*OOH物种可以通过三种不同的构型(如书后彩图32所示,它们的E_{ads}基本相同)吸附在T_B位置上,随后的H转移可能经历几个竞争路径,在相对能量图中可以清楚观察到(图6-15)。

▫ 表6-7 $B_{60}N_{60}$ 上 ORR 中间体的计算吸附能　　　　单位:eV

结构	T_B	T_N	B_1	B_2	B_3
O_2	-0.037	+0.71	+1.21	+0.41	+0.42
*OOH	-0.44	+0.24	—	—	—
*O	—	—	-2.47	-3.96	-3.13
*OH	-1.67	—	—	—	—
H_2O	-0.14	—	—	—	—

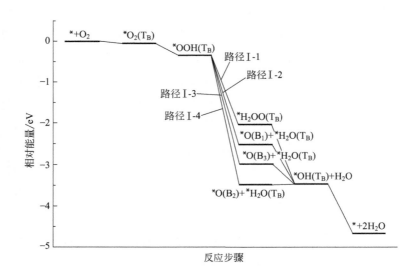

图6-15 $B_{60}N_{60}$ 上所有可能的 ORR 路径的相对能量图

比较了不同纳米尺寸的 $B_{12}N_{12}$ 和 $B_{60}N_{60}$ 的催化活性，可以看出，$B_{60}N_{60}$ 上 ORR 物种的 E_{ads} 均弱于 $B_{12}N_{12}$ 和 Pt(111) 表面上的 E_{ads}，说明其催化活性相对较低，这也可以通过分析图 6-15 所示的相对能量变化来印证。$B_{60}N_{60}$ 催化的 $^*O_2 \rightarrow {}^*OOH$ 的能量降低值为 $-0.30\,eV$，这是由于 $^*OOH$ 物质的吸附较弱。因此，第一个 H 转移步骤可被视为限速步骤，降低了初始的还原速率。然而，$B_{60}N_{60}$ 上的 $^*OH$ 种类的 E_{ads} 比 $B_{12}N_{12}$ 和 Pt(111) 表面的 E_{ads} 弱得多，$B_{60}N_{60}$ 的催化稳定性可能比后两种要好得多，因为在 ORR 过程中 $^*OH$ 物种是使表面中毒的物质。

6.5.2 硅碳纳米笼的催化机制

原始 $Si_{60}C_{60}$ 的优化几何结构如图 6-16(a) 所示，每个笼子都有许多六元环和四元环，就像氮化硼纳米笼一样[35]。在 Co/Ni 掺杂的纳米笼的结构中，$Si_{60}C_{60}$ 中的一个 Si 原子被相应的掺杂原子取代，分别形成 $Co_1Si_{59}C_{60}$ 和 $Ni_1Si_{59}C_{60}$。对于上述三种催化剂，研究了 ORR 物质的三个表面吸附位点，即硅的顶位（或掺杂金属原子顶位）（$T_{Si}/T_{Co}/T_{Ni}$），碳的顶位（T_C）和六元环与四元环之间的桥位（B）。为了准确地比较这些 SiC 纳米笼与 Pt 的催化性能，使用 35 个原子形成的三层 Pt 簇（Pt_{35}）来模拟 Pt(111) 表面[17,74]，如图 6-16(b) 所示。结果表明，Pt_{35} 簇上的 ORR 物种的吸附能与周期性 Pt(111) 表面获得的吸附能非常接近[73]，表明 Pt_{35} 簇适合于对 Pt(111) 表面的 ORR 过程进行模拟。然后在相同的计算水平上计算了在纳米 SiC 和 Pt(111) 上的 ORR 物种的吸附能。

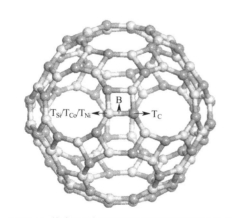
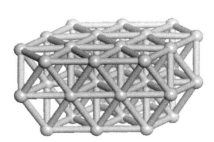

(a) $Si_{60}C_{60}$ 的优化几何结构以及ORR物种的吸附位点 (b) 用于模拟Pt(111)表面的Pt_{35}簇

图 6-16 $Si_{60}C_{60}$ 的优化几何结构以及 ORR 物种的吸附位点和用于模拟 Pt(111) 表面的 Pt_{35} 簇

对于 ORR 电催化剂而言，通常认为 O_2 分子和 ORR 中间体的吸附是影响催化活性的关键因素，可以通过吸附能的大小来评估。例如，Lee 等已经证实，原子 O 吸附能的单一参数能够有效地指导开发非 Pt 的 ORR 催化剂，因为非 Pt 催化剂具有与 Pt 相似的 E_{ads}，就会具有更高的活性[31]。Lyalin 等[66] 也认为具有类似的 ORR 中间体 E_{ads} 的催化剂将具有与 Pt 相当的催化性能。所有 ORR 物种的计算 E_{ads} 和相应的吸附构型分别列于表 6-8 和图 6-17 中。可以清楚地看出，所有 ORR 物质均可稳定吸附在 T_{Si} 位点，而 T_C 只能吸附 *OH 基团。此外，分子 O_2 和原子 O 也可以吸附在桥位上。总体而言，与 Pt(111) 相比，原始的 $Si_{60}C_{60}$ 纳米笼上 ORR 物质具有过强的吸附能，特别是对于 *OH 基团的吸附。这将导致相应的反应步骤 *OH 还原为 H_2O 不易发生。

表 6-8　在原始 $Si_{60}C_{60}$ 纳米笼上计算 O_2 和 ORR 中间体的吸附能　　　　　　单位：eV

催化剂	活性位点	O_2	*OOH	*O	*OH	H_2O
$Si_{60}C_{60}$	T_{Si}	−0.42	−2.19	−3.99	−3.74	−0.48
	T_C	—	—	—	−1.03	—
	B	−1.01	—	−4.41	—	—
Pt(111)		−0.45	−1.10	−3.66	−2.04	−0.27

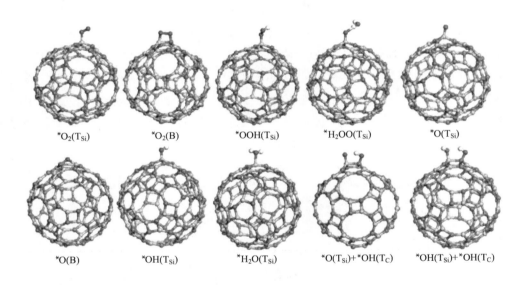

*$O_2(T_{Si})$　　*$O_2(B)$　　*$OOH(T_{Si})$　　*$H_2OO(T_{Si})$　　*$O(T_{Si})$

*$O(B)$　　*$OH(T_{Si})$　　*$H_2O(T_{Si})$　　*$O(T_{Si})$+*$OH(T_C)$　　*$OH(T_{Si})$+*$OH(T_C)$

图 6-17　在 $Si_{60}C_{60}$ 上 ORR 物质的最稳定吸附构型

原始 $Si_{60}C_{60}$ 上整个 ORR 过程的相对能量变化图，如图 6-18 所示。由于 OH 基团的强吸附，最后的还原步骤出现能量的上升，这表明为了完成 *OH 还原，需要外部供应额外的能量。因此，ORR 物种的吸附能和整个 ORR 过程的相对能量图都表明原始 $Si_{60}C_{60}$ 具有相对低的 ORR 活性，因为它容易被 *OH 基团毒化。

为了改善原始 $Si_{60}C_{60}$ 纳米笼的低活性，将两种过渡金属元素 Ni 和 Co 分别掺杂到其结构中以探索相应的 ORR 性能的增强的原因。先前的研究已经预测，由于其高的形成能量，原始的 $Si_{60}C_{60}$ 是热力学稳定的[69]。然而，电化学 ORR 是一个

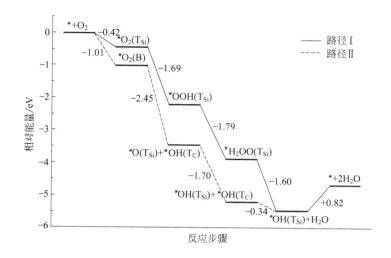

图 6-18 原始 $Si_{60}C_{60}$ 上所有可能的 ORR 途径的相对能量图

复杂的过程，催化剂在实际反应条件下的稳定性受许多因素的影响[17]。为了进一步研究掺杂的 $Co_1Si_{59}C_{60}$ 和 $Ni_1Si_{59}C_{60}$ 纳米笼的稳定性，进行了第一性原理分子动力学计算。书后彩图 33 显示了 $Ni_1Si_{59}C_{60}$ 纳米笼在不同温度下的最终结构。在 1000fs(1ps) 的温度下，在 300K、500K、800K 和 1000K，Ni、Si 和 C 的温度下原子几乎处于同一位置，只有非常轻微的扭曲。这些结果表明掺杂的 SiC 纳米笼的结构是高度稳定的，并且可以在 ORR 过程中起作用。

表 6-9 列出了 $Co_1Si_{59}C_{60}$ 和 $Ni_1Si_{59}C_{60}$ 纳米笼中所有 ORR 物种的 E_{ads}。总的来说，Co/Ni 掺杂可以大大降低 ORR 中间体的 E_{ads}。例如，Ni 掺杂大大降低了 *OOH 基团的 E_{ads}，从 $-2.19eV$ 到 $-1.44eV$。而 *OH 物质的 E_{ads} 的变化更有趣，从表 6-8 和表 6-9 可以看出，在原始的 $Si_{60}C_{60}$ 纳米笼中，T_{Si} 位点 *OH 的吸附强度过大，而 T_C 位点的吸附又太弱。在 $Co_1Si_{59}C_{60}$ 和 $Ni_1Si_{59}C_{60}$ 纳米笼的情况下，一方面，在掺杂的金属位点上可以找到 *OH 合适的 E_{ads}；另一方面，T_C 位点也可以稳定地吸附 *OH。因此，掺杂金属及其相邻的 C 原子都可以在还原步骤中起作用，并且所得的双催化活性位点可以进一步加速 ORR 过程。

表 6-9 $Co_1Si_{59}C_{60}$ 和 $Ni_1Si_{59}C_{60}$ 纳米笼上的 ORR 物种的吸附能 单位：eV

结构	活性位点	O_2	*OOH	*O	*OH	H_2O
$Co_1Si_{59}C_{60}$	T_{Co}	−0.66	−1.72	−3.94	−2.89	−0.42
	T_C	—	—	—	−2.51	−0.21
	B	−1.04	—	−4.46	—	—
$Ni_1Si_{59}C_{60}$	T_{Ni}	−0.31	−1.44	−3.05	−2.63	−0.58
	T_C	—	—	—	−2.50	−0.39
	B	−0.75	—	−4.82	—	—

$Co_1Si_{59}C_{60}$ 和 $Ni_1Si_{59}C_{60}$ 纳米笼的所有 ORR 途径的相对能量图如图 6-19 所示，它给出了四电子 ORR 机制的整个过程。总的来说，$Co_1Si_{59}C_{60}$ 和 $Ni_1Si_{59}C_{60}$ 纳米笼上的 ORR 途径非常相似。它们都可以通过两个主要的反应途径催化 ORR：路径 I 由掺杂金属位点顶部的 O_2 的末端吸附引发，并且将通过 H_2OO（双氧水）解离途径完成，其中第二次 H 转移后，O—O 键完全断裂；路径 II 由 O_2 分子的桥位吸附引发，并且将通过 *OOH 解离途径完成，其中 O—O 键在第一次 H 转移后直接断裂。由于 *OH 的吸附强度减弱，所有的反应能量变化都在图中出现下坡，表明 ORR 的自发进行的性质。对于这两个掺杂的纳米笼，路径 II 的能量减少比路径 I 的能量更负，这意味着前者在能量上更有利。

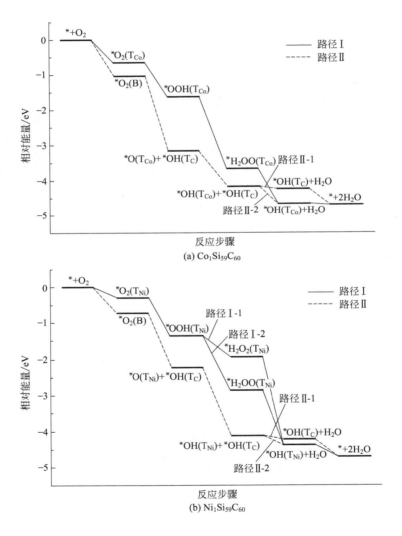

图 6-19 $Co_1Si_{59}C_{60}$ 和 $Ni_1Si_{59}C_{60}$ 纳米笼上所有可能的 ORR 路径的相对能量图

比较这两种掺杂纳米笼的催化活性，可以看出，$Ni_1Si_{59}C_{60}$ 上几乎所有 ORR

物种的 E_{ads} 都比 $Co_1Si_{59}C_{60}$ 上相应的那些弱，并且更接近于在 Pt(111) 表面上的数据，这表明其具有相对高的催化活性。通过分析图 6-19 中所示的相对能量图也可以得出这样的结论。对于两种催化剂，在所有可能的反应途径中，路径Ⅱ-2 在能量上更有利。在 $Co_1Si_{59}C_{60}$ 上的路径Ⅱ-2 中的限速步骤可以被认为是最后的 H 转移，其中降低的能量仅为 $-0.04eV$，而 $Ni_1Si_{59}C_{60}$ 上的限速步骤是第三次 H 转移，具有 $-0.28eV$ 的较大能量的降低。因此，在 $Ni_1Si_{59}C_{60}$ 上比在 $Co_1Si_{59}C_{60}$ 催化剂上更容易催化 ORR[45]。然而，H_2O_2 中间体也可以在 $Ni_1Si_{59}C_{60}$ 上的 ORR 过程中形成，这与 $Co_1Si_{59}C_{60}$ 纳米笼的情况不同。这表明 $Ni_1Si_{59}C_{60}$ 上的衔接路径Ⅰ-1 不是直接四电子还原机制，而可能是连续的 $2\times 2e^-$ 过程。然而，由于路径Ⅰ-1 是 $Ni_1Si_{59}C_{60}$ 中所有可能途径中能量最不利的，因此其可能产生的 H_2O_2 不会影响 ORR 的催化活性。

6.6 小结

本章采用密度泛函理论方法，对改性富勒烯进行氧还原活性探究。首先是 N 掺杂不同尺寸的富勒烯，结果表明，最小的（C_{20} 和 $C_{19}N$）和最大的（C_{180} 和 $C_{179}N$）富勒烯结构并不是有效的催化剂。N 掺杂的 C_{40} 和 C_{60}（即 $C_{39}N$ 和 $C_{59}N$）被预测具有较好的 ORR 催化活性。其中，$C_{39}N$ 的 ORR 催化活性最佳。此外，$C_{39}N$ 上的 ORR 过程为 *OOH 解离过程：$O_2 \rightarrow {}^*O_2 \rightarrow {}^*O+{}^*OH \rightarrow {}^*O+H_2O \rightarrow {}^*OH+H_2O \rightarrow 2H_2O$。随后，探究了 Fe_n 内嵌金属富勒烯的催化机制，结果表明，Fe 团簇的内嵌有效地减小了它的能隙值，大大提高了其 ORR 催化活性。在所有的 $Fe_n@C_{60}$（$n=1\sim 7$）催化剂中，$Fe_3@C_{60}$ 具有最好的 ORR 催化活性，其起始电压为 0.73V。最后研究的是金属表面掺杂富勒烯的催化机制，结果表明 $C_{58}Co$ 是最佳 ORR 催化剂，其限速步骤的自由能变化为 $-0.70V$。此外，本章还探究了其他笼形材料如硼氮纳米笼和硅碳纳米笼的氧还原活性。计算结果表明，对于 BN 纳米笼而言，不仅可以改善氧还原中间体的吸附，而且可以利用 B、N 双催化位点来加速 ORR 过程；对于硅碳纳米笼而言，原始 $Si_{60}C_{60}$ 纳米笼具有相对低的 ORR 活性，但通过 Co 或 Ni 掺杂可以实现显著的活性增强。

参考文献

[1] H. W. Kroto, J. R. Heath, S. C. O'Brien, et al. C_{60}: Buckminsterfullerene. Nature, 1985, 318: 162-163.

[2] H. W. Kroto. The stability of the fullerenes C_n, with $n=24$, 28, 32, 36, 50, 60 and 70. Nature, 1987, 329: 529-531.

[3] T. Li, H. C. Dorn. Biomedical applications of metal-encapsulated fullerene nanoparticles. Small, 2017, 13: 1603152.

[4] T. He, G. Gao, L. Kou, et al. Endohedral metallofullerenes ($M@C_{60}$) as efficient catalysts for highly active hydrogen evolution reaction. Journal of Catalysis, 2017, 354: 231-235.

[5] S. A. Tawfik, X. Y. Cui, S. P. Ringer, et al. Endohedral metallofullerenes, $M@C_{60}$ (M=Ca, Na, Sr): Selective adsorption and sensing of open-shell NO_x gases. Physical Chemistry Chemical Physics, 2016, 18: 21315-21321.

[6] C. Ray, M. Pellarin, J. L. Lermé, et al. Synthesis and structure of silicon-doped heterofullerenes. Physical Review Letters, 1998, 80: 5365-5368.

[7] C. M. Tang, H. Y. Xia, K. M. Deng, et al. The evolution of the structure and electronic properties of the fullerene derivatives $C_{60}(CF_3)_n$ ($n=2$, 4, 6, 10): A density functional calculation. Acta Physica Sinica, 2009, 58: 2675-2679.

[8] R. M. Girón, J. Marco-Martínez, S. Bellani, et al. Synthesis of modified fullerenes for oxygen reduction reactions. Journal of Materials Chemistry A, 2016, 4: 14284-14290.

[9] L. Zhang, Z. Xia. Mechanisms of oxygen reduction reaction on nitrogen-doped graphene for fuel cells. Journal of Physical Chemistry C, 2011, 115: 11170-11176.

[10] Z. Luo, S. Lim, Z. Tian, et al. Pyridinic N doped graphene: Synthesis, electronic structure, and electrocatalytic property. Journal of Materials Chemistry, 2011, 21: 8038-8044.

[11] P. Zhang, F. Sun, Z. Xiang, et al. ZIF-derived in situ nitrogen-doped porous carbons as efficient metal-free electrocatalysts for oxygen reduction reaction. Energy & Environmental Science, 2014, 7: 442-450.

[12] H. J. Ren, C. X. Cui, X. J. Li, et al. A DFT study of the hydrogen storage potentials and properties of Na-and Li-doped fullerenes. International Journal of Hydrogen Energy, 2017, 42: 312-321.

[13] P. Sood, K. C. Kim, S. S. Jang. Electrochemical properties of boron-doped fullerene derivatives for lithium-ion battery applications. ChemPhysChem, 2018, 19: 753-758.

[14] S. Gao, X. Wei, H. Fan, et al. Nitrogen-doped carbon shell structure derived from natural leaves as a potential catalyst for oxygen reduction reaction. Nano Energy, 2015, 13: 518-526.

[15] Z. W. Liu, F. Peng, H. J. Wang, et al. Phosphorus-doped graphite layers with high electrocatalytic activity for the O_2 reduction in an alkaline medium. Angewandte Chemie International Edition, 2011, 50: 3257-3261.

[16] L. Zhang, J. Niu, M. Li, et al. Catalytic mechanisms of sulfur-doped graphene as efficient oxygen reduction reaction catalysts for fuel cells. Journal of Physical Chemistry C, 2014, 118: 3545-3553.

[17] X. Chen, S. Chen, J. Wang. Screening of catalytic oxygen reduction reaction activity of metal-doped graphene by density functional theory. Applied Surface Science, 2016, 379: 291-295.

[18] F. Gao, G. L. Zhao, S. Yang, et al. Nitrogen-doped fullerene as a potential catalyst for hydrogen fuel cells. Journal of the American Chemical Society, 2013, 135: 3315-3318.

[19] Y. Lin, D. Su. Fabrication of nitrogen-modified annealed nanodiamond with improved catalytic activity. ACS Nano, 2014, 8: 7823-7833.

[20] D. W. Wang, D. Su. Heterogeneous nanocarbon materials for oxygen reduction reaction. Energy & Environmental Science, 2014, 7: 576-591.

[21] U. N. Maiti, W. J. Lee, J. M. Lee, et al. 25th anniversary article: Chemically modified/doped carbon nanotubes & graphene for optimized nanostructures & nanodevices. Advanced Materials, 2014, 26: 40-67.

[22] J. M. Hawkins, A. Meyer, M. A. Solow. Osmylation of C_{70}: Reactivity versus local curvature of the fullerene spheroid. Journal of the American Chemical Society, 1993, 115: 7499-7500.

[23] D. S. Sabirov, R. G. Bulgakov. Reactivity of fullerenes family towards radicals in terms of local curvature. Computational and Theoretical Chemistry, 2011, 963: 185-190.

[24] K. Choho, W. Langenaeker, G. Van De Woude, et al. Reactivity of fullerenes. Quantum-chemical descriptors versus curvature. Journal of Molecular Structure: Theochem, 1995, 338: 293-301.

[25] Y. Wang, M. Jiao, W. Song, et al. Doped fullerene as a metal-free electrocatalyst for oxygen reduction reaction: A first-principles study. Carbon, 2017, 114: 393-401.

[26] K. J. J. Mayrhofer, B. B. Blizanac, M. Arenz, et al. The impact of geometric and surface electronic properties of Pt-catalysts on the particle size effect in electrocatalysis. Journal of Physical Chemistry B, 2005, 109: 14433-14440.

[27] 查林. 富勒烯C_{40}的理论研究. 重庆: 西南大学出版社, 2012.

[28] X. Chen, F. Sun, J. Chang. Cobalt or nickel doped SiC nanocages as efficient electrocatalyst for oxygen reduction reaction: A computational prediction. Journal of The Electrochemical Society, 2017, 164: F616-F619.

[29] X. Chen, R. Hu, F. Bai. DFT study of the oxygen reduction reaction activity on Fe—N_4-patched carbon nanotubes: The influence of the diameter and length. Materials, 2017, 10: 549.

[30] J. Zhang, Z. Wang, Z. Zhu. A density functional theory study on oxygen reduction reaction on nitrogen-doped graphene. Journal of Molecular Modeling, 2013, 19: 5515-5521.

[31] K. R. Lee, Y. Jung, S. I. Woo. Combinatorial screening of highly active Pd binary catalysts for electrochemical oxygen reduction. ACS Combinatorial Science, 2011, 14: 10-16.

[32] R. Chen, H. Li, D. Chu, et al. Unraveling oxygen reduction reaction mechanisms on carbon-supported Fe-phthalocyanine and Co-phthalocyanine catalysts in alkaline solutions.

Journal of Physical Chemistry C, 2009, 113: 20689-20697.

[33] P. Zhang, J. S. Lian, Q. Jiang. Potential dependent and structural selectivity of the oxygen reduction reaction on nitrogen-doped carbon nanotubes: A density functional theory study. Physical Chemistry Chemical Physics, 2012, 14: 11715-11723.

[34] S. H. Noh, C. Kwon, J. Hwang, et al. Self-assembled nitrogen-doped fullerenes and their catalysis for fuel cell and rechargeable metal-air battery applications. Nanoscale, 2017, 9: 7373-7379.

[35] X. Chen, J. Chang, H. Yan, et al. Boron nitride nanocages as high activity electrocatalysts for oxygen reduction reaction: Synergistic catalysis by dual active sites. Journal of Physical Chemistry C, 2016, 120: 28912-28916.

[36] M. A. Gabriel, L. Genovese, G. Krosnicki, et al. Metallofullerenes as fuel cell electrocatalysts: A theoretical investigation of adsorbates on C_{59}Pt. Physical Chemistry Chemical Physics, 2010, 12: 9406-9412.

[37] O. Diéguez, M. M. G. Alemany, C. Rey, et al. Density-functional calculations of the structures, binding energies, and magnetic moments of Fe clusters with 2 to 17 atoms. Physical Review B, 2001, 63: 205407.

[38] M. B. Javan, N. Tajabor. Structural, electronic and magnetic properties of $Fe_n@C_{60}$ and $Fe_n@C_{80}$ ($n=2\sim7$) endohedral metallofullerene nano-cages: First principles study. Journal of Magnetism and Magnetic Materials, 2012, 324: 52-59.

[39] R. E. Estrada-Salas, A. A. Valladares. DFT calculations of the structure and electronic properties of late 3d transition metal atoms endohedrally doping C_{60}. Journal of Molecular Structure: Theochem, 2008, 869: 1-5.

[40] K. H. Kim, Y. K. Han, J. Jung. Basis set effects on relative energies and HOMO-LUMO energy gaps of fullerene C_{36}. Theoretical Chemistry Accounts, 2005, 113: 233-237.

[41] V. Stamenkovic, B. S. Mun, K. J. J. Mayrhofer, et al. Changing the activity of electrocatalysts for oxygen reduction by tuning the surface electronic structure. Angewandte Chemie International Edition, 2006, 45: 2897-2901.

[42] G. L. Chai, Z. Hou, D. J. Shu, et al. Active sites and mechanisms for oxygen reduction reaction on nitrogen-doped carbon alloy catalysts: Stone-Wales defect and curvature effect. Journal of the American Chemical Society, 2014, 136: 13629-13640.

[43] V. Tripković, E. Skulason, S. Siahrostami, et al. The oxygen reduction reaction mechanism on Pt(111) from density functional theory calculations. Electrochimica Acta, 2010, 55: 7975-7981.

[44] S. Kattel, P. Atanassov, B. Kiefer. Catalytic activity of Co—N_x/C electrocatalysts for oxygen reduction reaction: A density functional theory study. Physical Chemistry Chemical Physics, 2013, 15: 148-153.

[45] S. Kattel, P. Atanassov, B. Kiefer. Density functional theory study of Ni-N_x/C electrocatalyst for oxygen reduction in alkaline and acidic media. Journal of Physical Chemistry C,

2012, 116: 17378-17383.

[46] E. M. Miner, T. Fukushima, D. Sheberla, et al. Electrochemical oxygen reduction catalysed by Ni$_3$(hexaiminotriphenylene)$_2$. Nature Communications, 2016, 7: 10942.

[47] F. Sun, X. Chen. Oxygen reduction reaction on Ni$_3$(HITP)$_2$: A catalytic site that leads to high activity. Electrochemistry Communications, 2017, 82: 89-92.

[48] H. Y. Su, Y. Gorlin, I. C. Man, et al. Identifying active surface phases for metal oxide electrocatalysts: A study of manganese oxide bi-functional catalysts for oxygen reduction and water oxidation catalysis. Physical Chemistry Chemical Physics, 2012, 14: 14010-14022.

[49] D. Deng, L. Yu, X. Chen, et al. Iron encapsulated within pod-like carbon nanotubes for oxygen reduction reaction. Angewandte Chemie International Edition, 2013, 52: 371-375.

[50] J. Mahmood, F. Li, C. Kim, et al. Fe@C$_2$N: A highly-efficient indirect-contact oxygen reduction catalyst. Nano Energy, 2018, 44: 304-310.

[51] J. Fu, M. Hou, C. Du, et al. Potential dependence of sulfur dioxide poisoning and oxidation at the cathode of proton exchange membrane fuel cells. Journal of Power Sources, 2009, 187: 32-38.

[52] Y. Nagahara, S. Sugawara, K. Shinohara. The impact of air contaminants on PEMFC performance and durability. Journal of Power Sources, 2008, 182: 422-428.

[53] Y. Garsany, O. A. Baturina, K. E. Swider-Lyons. Impact of sulfur dioxide on the oxygen reduction reaction at Pt/Vulcan carbon electrocatalysts. Journal of The Electrochemical Society, 2007, 154: B670-B675.

[54] D. R. Jennison, P. A. Schultz, M. P. Sears. Ab initio calculations of adsorbate hydrogen-bond strength: Ammonia on Pt(111). Surface Science, 1996, 368: 253-257.

[55] D. R. Alfonso. First-principles studies of H$_2$S adsorption and dissociation on metal surfaces. Surface Science, 2008, 602: 2758-2768.

[56] M. Happel, N. Luckas, F. Vines, et al. SO$_2$ adsorption on Pt(111) and oxygen precovered Pt(111): A combined infrared reflection absorption spectroscopy and density functional study. Journal of Physical Chemistry C, 2011, 115: 479-491.

[57] R. B. Getman, W. F. Schneider. DFT-based characterization of the multiple adsorption modes of nitrogen oxides on Pt(111). Journal of Physical Chemistry C, 2007, 111: 389-397.

[58] D. C. Ford, Y. Xu, M. Mavrikakis. Atomic and molecular adsorption on Pt(111). Surface Science, 2005, 587: 159-174.

[59] S. Afreen, K. Muthoosamy, S. Manickam, et al. Functionalized fullerene (C$_{60}$) as a potential nanomediator in the fabrication of highly sensitive biosensors. Biosensors and Bioelectronics, 2015, 63: 354-364.

[60] I. Etxebarria, J. Ajuria, R. Pacios. Polymer: Fullerene solar cells: Materials, processing issues, and cell layouts to reach power conversion efficiency over 10%, a review. Journal of

Photonics for Energy, 2015, 5: 057214.

[61] C. Ding, J. Yang, X. Cui, et al. Geometric and electronic structures of metal-substituted fullerenes $C_{59}M$ (M=Fe, Co, Ni, and Rh). Journal of Chemical Physics, 1999, 111: 8481-8485.

[62] A. Hayashi, Y. Xie, J. M. Poblet, et al. Mass spectrometric and computational studies of heterofullerenes ($[C_{58}Pt]^-$, $[C_{59}Pt]^+$) obtained by laser ablation of electrochemically deposited films. Journal of Physical Chemistry A, 2004, 108: 2192-2198.

[63] J. Du, X. Sun, J. Chen, et al. Understanding the stability, bonding nature and chemical reactivity of 3d-substituted heterofullerenes $C_{58}TM$ (TM=Sc-Zn) from DFT studies. RSC Advances, 2014, 4: 44786-44794.

[64] X. Zhang, Z. Yang, Z. Lu, et al. Bifunctional CoN_x embedded graphene electrocatalysts for OER and ORR: A theoretical evaluation. Carbon, 2018, 130: 112-119.

[65] F. Calle-Vallejo, J. I. Martinez, J. Rossmeisl. Density functional studies of functionalized graphitic materials with late transition metals for oxygen reduction reactions. Physical Chemistry Chemical Physics, 2011, 13: 15639-15643.

[66] A. Lyalin, A. Nakayama, K. Uosaki, et al. Theoretical predictions for hexagonal BN based nanomaterials as electrocatalysts for the oxygen reduction reaction. Physical Chemistry Chemical Physics, 2013, 15: 2809-2820.

[67] P. Zhang, B. B. Xiao, X. L. Hou, et al. Layered SiC sheets: A potential catalyst for oxygen reduction reaction. Scientific Reports, 2014, 4: 3821.

[68] P. Zhang, X. Hou, S. Li, et al. Curvature effect of O_2 adsorption and dissociation on SiC nanotubes and nanosheet. Chemical Physics Letters, 2015, 619: 92-96.

[69] M. B. Javan. Optical properties of SiC nanocages: Ab initio study. Applied Physics A, 2013, 113: 105-113.

[70] K. Uosaki, G. Elumalai, H. Noguchi, et al. Boron nitride nanosheet on gold as an electrocatalyst for oxygen reduction reaction: Theoretical suggestion and experimental proof. Journal of the American Chemical Society, 2014, 136: 6542-6545.

[71] Z. Duan, G. Wang. Comparison of reaction energetics for oxygen reduction reactions on Pt(100), Pt(111), Pt/Ni(100), and Pt/Ni(111) surfaces: A first-principles study. Journal of Physical Chemistry C, 2013, 117: 6284-6292.

[72] X. Chen, F. Li, N. Zhang, et al. Mechanism of oxygen reduction reaction catalyzed by Fe(Co)—N_x/C. Physical Chemistry Chemical Physics, 2013, 15: 19330-19336.

[73] Y. Sha, T. H. Yu, Y. Liu, et al. Theoretical study of solvent effects on the platinum-patalyzed oxygen reduction reaction. The Journal of Physical Chemistry Letters, 2010, 1: 856-861.

[74] T. Jacob, W. A. Goddard. Water formation on Pt and Pt-based alloys: A theoretical description of a catalytic reaction. ChemPhysChem, 2006, 7: 992-1005.

[75] D. H. Parker, M. E. Bartram, B. E. Koel. Study of high coverages of atomic oxygen on

the Pt(111) surface. Surface Science, 1989, 217: 489-510.

[76] H. L. Jiang, Q. Xu. Recent progress in synergistic catalysis over heterometallic. Journal of Materials Chemistry, 2011, 21: 13705-13725.

[77] N. Zhang, X. Chen, Y. Lu, et al. Nano-intermetallic $AuCu_3$ catalyst for oxygen reduction reaction: Performance and mechanism. Small, 2014, 10: 2662-2669.

[78] R. Koitz, J. K. Nørskov, F. Studt. A systematic study of metalSupported boron nitride materials for the oxygen reduction reaction. Physical Chemistry Chemical Physics, 2015, 17: 12722-12727.

第 7 章
金属有机骨架催化剂的结构与作用机制

7.1 概述

金属有机骨架（MOF）是 Yaghi 及其同事在 1995 年[1] 首次定义的一类多孔材料。该材料是由无机金属离子与有机配体组成的一种新型材料。其中金属离子作为不饱和的化学配位点，而有机配体作为框架结构的支柱，经化学键相连组成的多维网状骨架材料。尽管 MOF 的概念提出了近 25 年，但是直到近 10 年才有广泛的探索与应用。到目前为止，已经有超过了 20000 例拥有不同的组成、晶体结构以及形貌的 MOF 被相继报道。该材料的原材料简单易得，具有高孔隙率、高比表面积、形貌尺寸可调和结构丰富等优点使得其在气体储存与分离[2,3]、传感器[4,5]、催化[6,7]、药物运输[8-10] 等诸多领域得以应用。而其在电化学系统中的应用是近年来的一个新兴领域[11-13]。不过，MOF 在此领域也表现不俗。Mao 等[13] 于 2012 年首次证实了 MOF 作为氧还原反应（ORR）电催化剂的应用。他们合成的 Cu-MOF 材料对于四电子路径的 ORR 过程具有较高的电催化性能。随后，美国麻省理工 Mircea Dincă 课题组[14] 通过 2，3，6，7，10，11-六亚氨基三亚苯基苯（2，3，6，7，10，11-hexaaminotriphenylene，HITP）与 Ni^+ 在 NH_3 溶液中反应，制备一种具有导电性的新型 MOF 材料——$Ni_3(HITP)_2$。并于 2016 年发现[15]，该材料在 O_2 氛围下，具有高达 0.82 V 的起始电位（pH=13.0），该电位即便是与迄今为止所报道最好的非铂催化剂相比，也颇具有竞争力。

本章运用密度泛函理论（DFT）围绕新型 MOF 材料——$Ni_3(HITP)_2$ 的结构与性质、ORR 中间体的吸附、ORR 路径等考察其 ORR 机理以解释其活性的起源。随后分别替换 MOF 的金属中心和配体得到新材料，研究不同金属及配体对该类材料的影响，从而预测其作为 ORR 催化剂的可能性。

7.2 Ni$_3$(HITP)$_2$：一种新的催化位点导致的高氧还原活性

MOF 由于具有高比表面积，可调和的物理化学结构使得其成为氧还原催化剂潜在的选择[16-19]。近期，麻省理工学院的 Dincǎ 课题组在实验上合成的 Ni$_3$(HITP)$_2$ 材料[14]是一种具有导电性的二维层状材料，在室温下的导电率达到 40S/cm。由于绝大多数的 MOF 材料都是电的不良导体，因此，该镍基材料被预测具有相当好的电化学应用前景。

关于该材料的后续研究证实了其可以作为出色的 ORR 催化剂，它在实验上所得的起始电位为 0.82V，同时兼具良好的材料结构稳定性[15]。这样的结果着实难得，因为与 Pt 相比，具有 Ni—N$_4$ 局域结构的 Ni 基材料具有的 ORR 性能往往不高[20]。另外，该材料催化的 ORR 主要产物为 H$_2$O$_2$，也并不符合观测到的较高起始电位。因此，该材料具有优异 ORR 性能的原因值得挖掘与探索。本节将围绕该点，展开一系列系统的研究，力求揭示该材料高活性的原因。由于 Ni$_3$(HITP)$_2$ 的 ORR 催化剂机理未见相关文献的报道，因此本节将从理论计算的角度，运用 DFT 研究在该材料上的 ORR 电催化过程。

7.2.1　Ni$_3$(HITP)$_2$ 片层材料的结构与性质

Ni$_3$(HITP)$_2$ 具有一维圆柱形的孔道，其直径约为 2.178nm，如图 7-1 所示。Ni$_3$(HITP)$_2$ 的结构与常见的酞菁环十分相似，其配体 HITP（C$_{18}$H$_{12}$N$_6$）为该材

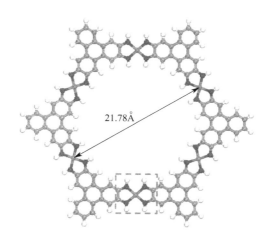

图 7-1　优化后的 Ni$_3$(HITP)$_2$ 单层片状结构

料提供了一个 Ni—N_4 的局域结构[21-25]。众所周知，掺杂石墨烯、酞菁大环化合物等也具有 Ni—N_4 局域结构，而该局域结构往往作为 ORR 的催化活性位点[26,27]。但是，与传统的 Ni—N_4 的局域构型不同的是，四个 N 原子周围分别有四个 H 原子与之相连接，得到了一个 Ni—N_4H_4 的结构（图 7-1 中虚线所示）。通过进一步的电荷分析发现，金属 Ni 原子携带正电荷为 0.208，N 原子带负电，而这四个 H 原子分别携带了约 0.157 的正电荷，如书后彩图 34 所示。根据 Zhang 等[28]研究报道，具有较高正电荷的原子易充当活性位点，且所带电荷数值越正，其越能够吸附氧分子（及含氧物种），即越可能成为催化活性中心。因此，即便在没有类似文献报道 H 原子作为氧还原催化活性中心的情况下，依然假设 H 原子可能作为理想的反应活性位点。

作为一种合格的氧还原催化剂，可靠的稳定性是其完成催化整个氧还原过程的必备条件。为此，我们进行了分子动力学模拟，如图 7-2 所示。结果表明，在不同的温度 300K、500K、800K 下，二维材料 $Ni_3(HITP)_2$ 的结构依然保持规整，并未出现明显结构的扭曲或者形变。此外，如表 7-1 所列，局域结构中 Ni—N 键的平均键长也几乎未发生改变。以上结果表明，$Ni_3(HITP)_2$ 具有优异的热稳定性能。此外，本节计算了 $Ni_3(HITP)_2$ 的差分电荷分布情况，如图 7-3 所示，深色区域代表电子的富集，而浅色区域代表失电子。差分电荷常用来评价稳定体系的电荷转移情况，在图中可以看出金属原子与配体（N 原子）轨道的显著重叠，表明它们之间存在强烈的相互作用，符合分子动力学模拟的结果。

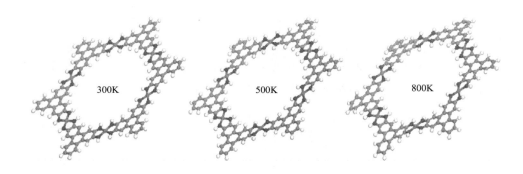

图 7-2 300K、500K、800K 温度下分子动力学模拟结果

▫ **表 7-1** 不同温度条件下 $Ni_3(HITP)_2$ 中 Ni—N 键的平均键长以及相对于初始 $Ni_3(HITP)_2$ 结构的 Ni—N 键键长变化率

温度/K	Ni—N 键平均键长/Å	键长变化率/%
300	1.879	0.11
500	1.883	0.40
800	1.903	1.40

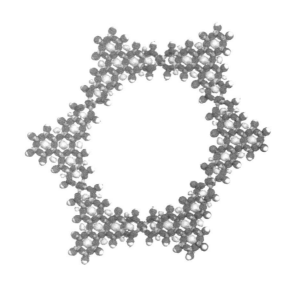

图 7-3 $Ni_3(HITP)_2$ 上的差分电荷图（等势值：$0.05e/Å^3$）

7.2.2 含氧物种在 $Ni_3(HITP)_2$ 的吸附

氧气分子的吸附是氧还原反应的初始步骤，其重要性不言而喻。一方面，笔者考虑了可能存在的吸附位点；另一方面，笔者考虑了在同一活性位点不同的吸附构型。结构优化之后，有三种典型的氧气的吸附情形被发现。

第一种类型是氧气分子以端基式（end-on）吸附在 Ni 原子的顶位，也就是 T_{Ni} 位。其吸附能数值为 $-0.14eV$，该数值表明吸附物与吸附质之间较弱的相对作用力。同时，对具有相似的 Ni—N 结构的催化剂而言，该数值也基本与先前文献报道的数值吻合[26,27]。

第二种类型则是 Ni 与 N 原子之间的桥位吸附（即 B_{Ni-N}），该位点的吸附强度依然较弱，为 $-0.18eV$。

第三种类型是较为罕见的 H—H 桥位（该 H 原子为直接与 N 原子相连接的原子），也就是 B_{H-H}，该位点的吸附能为 $-0.33eV$，几乎是另外两个位点吸附能强度的 2 倍。

在考虑氧气分子在该位点吸附的时候，尝试了多种初始构型，但是只要把氧气分子放置在靠近 B_{H-H} 附近，优化之后都获得了一致的结果，如图 7-4 所示。

如书后彩图 35(a) 所示，进一步的电荷分析证实了氧气分子与 B_{H-H} 位点 H 原子的电子云有较大面积的重叠，这表明氧气与 H 原子之间有较强的静电相互作用。以上分析结果一方面证实了带正电荷的 H 原子担当了活性位点；另一方面也表明较强的吸附作用有利于氧还原过程的顺利进行。

除了氧气分子的吸附以外，本节也研究了其他氧还原物种的吸附情况，如

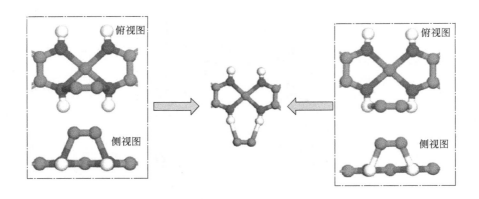

图 7-4 在 H—H 位置附近可能存在的 O_2 分子初始构型所得到相同的吸附结果

表 7-2 所列。在表 7-2 中，括号里的数值表示在溶剂效应的条件下从表中可以看出，一些含氧物种不能稳定的吸附在 B_{Ni-N} 上，这表明该位点不能完整地催化整个氧还原过程。相反，T_{Ni} 与 B_{H-H} 都能够吸附氧还原物种，表明二者确实具有催化氧还原过程的可行性。总体而言，吸附能在这两个位点相对比较接近，这表明它们对催化氧还原过程具有较强的竞争性，相关讨论将在后文进行。此外，溶剂效应对 B_{H-H} 位点上的 ORR 物质的吸附能的影响是通过 $DMol^3$ 模块中的真实溶剂似导体屏蔽模型模拟的。所得的结果揭示了水环境在一定程度上增强了含氧物种的吸附强度，从而对整个氧还原过程产生促进作用。

▫ **表 7-2　ORR 中间体在 $Ni_3(HITP)_2$ 的吸附能**　　　　　　　　　　　单位：eV

结构	T_{Ni}	B_{Ni-N}	B_{H-H}
O_2	−0.14	−0.18	−0.33(−0.45)
*OOH	−0.46	−0.23	−0.57(−0.85)
*O	−1.53	—	−1.31(−1.62)
H_2O_2	−0.13	−0.19	−0.31(−0.54)
*OH	−1.44	—	−1.46(−1.77)
H_2O	−0.08	—	−0.34(−0.51)

7.2.3　ORR 机理及活性位点分析

众所周知，在氧还原过程中，存在四电子与二电子还原路径，前者的还原产物为水而后者还原得到过氧化氢。对于 $Ni_3(HITP)_2$ 而言，考虑了上述两种情况。如书后彩图 35(b) 所示，对于 T_{Ni} 位点，计算了在氧还原过程中最稳定的氧还原物种吸附构型与基元反应步骤的相对能量变化（ΔE）过程。在第一步反应中，孤立的 O_2 分子捕捉到一个 H^+ 与电子形成了 *OOH，该步的 ΔE 是 −0.38eV，相较于 T_{Ni} 位点其他的还原反应步，该步的能量变化梯度是最小的。因此，笔者认为该反应步为速率限定步。根据 Pt(111) 上[20,29] 最小能量变化步（−0.77eV），可以得出该位点的催化能力不具有竞争力。对形成 *OOH，在第二个 H^+ 的转移后，可能会与未加氢的氧原子作用形成 H_2O_2，也可能会与已经加氢的 O 原子作用形成 *O+H_2O，通过计算 ΔE 的值发现，生成 H_2O_2 与 *O+H_2O 的 ΔE 分别是 −1.22eV 与 −0.52eV。鉴于前者的能量变化值更负，可得出结论：二电子机理在该活性位点的氧还原过程更占优势。尽管四电子过程在该活性位点不占优势，但是在 *O 还原为水的过程中，所有的基元反应步骤也都能自发进行。这一结论符合实验观测值：即在实验条件下，催化氧还原反应所获得的主要产物为 H_2O_2，且其选择性较高（88%）[15,25]。

对于 B_{H-H} 位点，其氧还原过程与 T_{Ni} 相似，同样混合有二电子与四电子过程，如书后彩图 35(b) 所示。但是，该位点的限速步（O_2→*OOH）相较于 T_{Ni} 位点更容易进行，其 ΔE 的值为 −0.52eV。从热力学的观点来看，ORR 的性能是由速率限定步所决定的。因此，速率决定步的能量变化越大，其催化性能越优异。同理，在 *OOH 继续还原的下一步生成 H_2O_2 与 *O+H_2O 的 ΔE 的值分别为 −0.79eV 与 −0.18eV，前者的还原过程能量变化更大，因此本节认为，在该位点依然主要是进行二电子还原过程。为了进一步证实 B_{H-H} 位点的两个 H 原子担当催化活性中心的角色，在图 7-5 绘制了 ORR 过程中 Ni—N 局域结构的电荷变化情况。从图中可以明显看出，Ni 与 N 原子在整个氧还原过程中的电荷基本没发生变化，也就是说没有为 ORR 过程提供电子，而 H 原子上的电荷波动明显，表明主要是 H 原子为 ORR 过程提供电子。因此，B_{H-H} 位点被证明是在催化氧还原过程中起到最重要作用的反应活性位点。

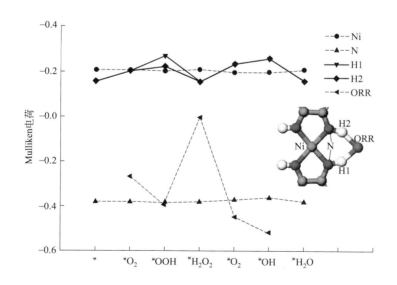

图 7-5　氧还原过程中 B_{H-H} 位点及附近原子的 Mulliken 电荷变化情况

对于 B_{Ni-N} 位点上进行氧还原反应，仅发现了二电子路径的发生。生成 *OOH 以及得到游离态的 H_2O_2，其相应的 ΔE 值分别是 $-0.15eV$ 与 $-1.16eV$。尽管我们考虑了还原过程中所有中间产物的吸附情况，也得到了部分产物（*O 与 *OH）能在该位点发生稳定吸附，但是完整四电子过程的产物未能发现，也就是说没有得到完整的四电子过程。

虽然以传统的观点来看，M—N 部位确实是作为氧还原反应常见的催化活性位点出现，但是基于以上分析，对 $Ni_3(HITP)_2$ 材料来说，B_{H-H} 位点无疑在催化 ORR 过程中扮演了主要活性中心的角色。因此，以上工作不仅佐证了实验所得到的结论，也揭示了 $Ni_3(HITP)_2$ 具有高活性的原因。B_{H-H} 位点的发现不仅是个有趣的工作，也为未来氧还原催化剂的设计提供了新的思路与指导。

同时，对这种 M—N-H/C 材料而言，如果把 $Ni_3(HITP)_2$ 材料中的 Ni 替换为其他的过渡金属，得到的新材料可能依然会具有同样出色的催化性能。因此，根据以往的经验与相关文献的报道[27]，可以预测：当 M=Co 或者 Fe 时，获得的新材料可能依然具有值得期待的氧还原性能。

7.3 $X_3(HITP)_2$ 的结构与催化机制

尽管已经知道了 $Ni_3(HITP)_2$ 催化剂在实验上表现出较高 ORR 活性的原因，H 原子为整个 ORR 过程提供了电子，B_{H-H} 位点作为活性中心主要通过二电子路径生成 H_2O_2。但我们依然很好奇，能否通过合理地改性或者修饰催化剂，使其在保持优异的 ORR 性能的同时，能够获得期许的 ORR 理想产物：水。因为，四电子 ORR 过程生成水才是高效催化剂的还原途径。把 Ni 原子替换为其他的过渡金属原子是一种可行的方法[30]，同时，也有文献报道 MOF 材料成功替换金属中心的例子[31]。基于上述分析，本章选择 Cr、Mn、Fe、Co、Rh、Os、Ir 七种金属进行替换，得到 $X_3(HITP)_2$ 新材料，其中 X 代表七种过渡金属原子。本节将围绕 $X_3(HITP)_2$ 材料，讨论该材料对 ORR 中间体的吸附、基元反应步骤中的能量变化，以及该材料的相对稳定性与抗中毒能力等，从而预测其作为 ORR 催化剂的可能性。

7.3.1 催化活性位点的选择及含氧物种的吸附

基于之前文献 [14] 的报道，在本节中，选择氢封的 $X_5N_{20}C_{60}H_{48}$ 模型以代表研究的催化剂，如图 7-6 所示。在这种 MOF 材料中，金属与配体杂化使得催化活性位点的辨别极为困难。因此，考虑了如下三个可能存在的活性位点。

其一，在上节中发现 $Ni_3(HITP)_2$ 催化剂中起关键性作用的 H—H 桥位（即 B_{H-H}）。

其二，根据 Miner 等报道了 $Ni_3(HITP)_2$ 材料的 β 碳位点在催化 O_2 分子还原过程中起到了重要作用，也考虑了 β 碳位点（即：β-C）作为含氧物种的结合点[15]。

其三，鉴于在传统的 M—N/C 催化剂[32,33] 中金属中心扮演了催化 ORR 过程的重要角色，$X_5N_{20}C_{60}H_{48}$ 的金属中心位点（即：T_X）也不可忽视，依然作为可能的活性位点。

所有的含氧物种在这三种活性位点的初始吸附构型与吸附方式都被考察过，但遗憾的是根据计算结果，对所研究的 $X_3(HITP)_2$，发现所有的含氧物种都不能吸附在 β 碳位点，这个不寻常的活性位点可能仅仅在 $Ni_3(HITP)_2$ 催化剂中起到催化作用。与 β 碳位点的吸附情形不同，T_X 与 B_{H-H} 位点上得到了含氧物种的稳定吸附构型。对于大多数的含氧物种而言，它们几乎都以相同的吸附构型吸附在相同的活性位点［唯一的例外是 H_2O 分子在 $Rh_3(HITP)_2$ 催化剂上的吸附，如书后彩图 36(a) 中黑色虚线框所示］。因此，为了简洁，本节仅仅给出了含氧物种在 $Rh_3(HITP)_2$ 催化剂上的吸附情形如书后彩图 36 所示。

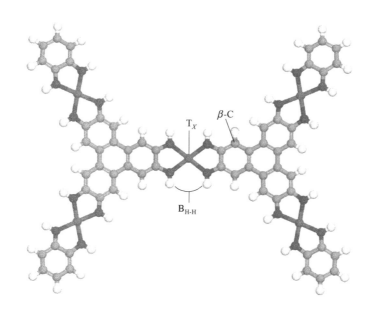

图 7-6　优化后的氢封片段 $X_5N_{20}C_{60}H_{48}$ 以及三个可能存在的活性位点

含氧物种最稳定的吸附构型对应的吸附能值列于表 7-3 中。可以清晰地看到，在 T_X 上 O_2 的吸附强度遵循如下规律：$Ir_3(HITP)_2 < Rh_3(HITP)_2 < Co_3(HITP)_2 < Fe_3(HITP)_2 < Os_3(HITP)_2 < Cr_3(HITP)_2 < Mn_3(HITP)_2$。另外，$O_2$ 在以上催化剂的吸附强度皆强于其在 $Ni_3(HITP)_2$（吸附能值为 $-0.14eV$）上的吸附。因为

$Ni_3(HITP)_2$ 对含氧物种的吸附偏弱，这可能意味着 $X_3(HITP)_2$ 对含氧物种的吸附更有效，从而更高效地催化整个 ORR 反应。至于对其他的含氧物种如 *OOH、*O、*OH、H_2O 等，O_2 在 T_X 上的吸附强度越强，其他含氧物种的吸附强度也就越强。值得注意的是，不同于 $Ni_3(HITP)_2$，没有发现 $X_3(HITP)_2$ 催化剂金属中心对 H_2O_2 的稳定吸附。我们所得到含氧物种在不同的 MOF 材料金属中心吸附强度顺序符合之前文献的报道。例如，Zhang 等[34] 报道了含氧物种在 M—S/C 活性位点的吸附强度具有如下规律：Ir—S/C＜Rh—S/C≈Co—S/C＜Fe—S/C＜Os—S/C。Wang 等[35] 发现了含氧物种在 M—N/C 位点上的吸附强度遵从 Co—N/C＜Fe—N/C＜Mn—N/C 的规律。

表 7-3　含氧物种在 $X_3(HITP)_2$ 上的吸附能　　　　　　　　　　　　　　　　　　　单位：eV

结构	O_2		*OOH		H_2O_2	*O	*OH	H_2O
$X_3(HITP)_2$	T_X	B_{H-H}	T_X	B_{H-H}	B_{H-H}	T_X	T_X	T_X
Cr	−0.94	−0.26	−1.99	−0.60	−0.27	−5.13	−3.00	−0.09
Mn	−1.63	−0.24	−2.13	−0.51	−0.26	−5.23	−3.45	−0.23
Fe	−0.64	−0.27	−1.51	−0.58	−0.34	−3.66	−2.70	−0.16
Co	−0.41	−0.30	−1.20	−0.64	−0.31	−2.58	−2.30	−0.09
Rh	−0.34	−0.36	−1.18	−0.69	−0.30	−2.56	−2.01	−0.32
Os	−0.90	−0.28	−1.74	−0.52	−0.32	−4.35	−2.80	−0.03
Ir	−0.27	−0.23	−1.13	−0.55	−0.28	−2.55	−2.00	−0.01

对所有的 $X_3(HITP)_2$ 而言，B_{H-H} 桥位对于 O_2 分子的吸附作用较弱，并且弱于 T_X 位点。其吸附能值介于物理吸附与化学吸附之间，这与 $Ni_3(HITP)_2$ 上的吸附情形相当。而相较于 T_X，中间体 OOH 在 B_{H-H} 上的吸附较弱，这就解释了为什么在该活性位点获得的终产物是 H_2O_2 而不是理想的 H_2O[36]。从表 7-3 中可以看到，相较于 B_{H-H}，金属中心对含氧物种具有更稳定吸附结构，这是由于在活性位点与吸附的含氧物种之间有强烈的静电相互作用。本节以 $Rh_3(HITP)_2$ 的情形为例，在书后彩图 37 中给出相应的 Mulliken 电荷分布情况，可以看到，当 O_2 吸附在 T_{Rh} 时，吸附态 O_2 带有更多负电荷（−0.393）；而当 O_2 吸附在 B_{H-H} 时，它的电荷数仅为 −0.335。同时，在吸附 O_2 后，金属中心 Rh 带有正电荷 1.222，而 B_{H-H} 携带的正电荷数依然小于金属中心。这些结果有力地揭示了相较于其他的活性位点，O_2 分子与 T_{Rh} 的静电相互作用强度是最强的，这也解释了 O_2 分子与 T_{Rh} 位点之间的强烈吸附作用。而对于 *OOH 在 T_{Rh} 以及 B_{H-H} 上的吸附情形也是遵循此规律。总而言之，从吸附能的角度来看，T_X 比 B_{H-H} 更能催化一个完整的氧还原过程。

7.3.2 氧还原路径

众所周知，ORR 过程可能通过四电子或者二电子路径发生，或者是两种路径同时发生[37]。为此，对 $X_3(HITP)_2$ 催化剂而言，考虑了上述的三种情形。根据表 7-3 中的 O_2 分子吸附数据，所有的催化剂都能够吸附 O_2 分子。氧还原的第一步是吸附态 O_2 分子的质子化过程，从而生成 *OOH 中间体吸附在活性位点（*O_2+H^++e^-⟶*OOH）。生成的 OOH 中间体进一步发生加氢反应，而该步形成的产物取决于不同的活性位点。在 T_X 上，*OOH 的加氢反应生成一个 *O 以及一个游离态的 H_2O 分子（离开催化剂表面）（*OOH+H^++e^-⟶*O+H_2O）。而在 B_{H-H} 上则发生另外一个反应（*OOH+H^++e^-⟶*H_2O_2）导致 H_2O_2 生成。上述结果证实了金属中心位点能够催化四电子 ORR 路径，而在 B_{H-H} 上只能经历二电子还原路径。在 T_X 上的后续的氢化反应中，吸附态的原子 O 最终被还原成为 H_2O（*O+H^++e^-⟶*OH，*OH+H^++e^-⟶H_2O）。最后，生成的水分子离开活性位点，随后进入下一轮的循环。

图 7-7 给出了所有的催化剂上 ORR 过程基元反应步的 ΔE。图中的相对能量变化曲线有助于清楚理解 ORR 机理，同时，根据文献 [20，38，39，40-43] 的报道，ΔE 可以作为评价不同催化剂催化活性的标准。因此对 ΔE 值进行比较分析。以 $Rh_3(HITP)_2$ [如图 7-7(e) 所示] 作为例子来讨论详细的 ORR 过程。在金属中心 Rh 上，四步 ORR 基元反应的 ΔE 值分别为 $-1.14eV$、$-0.86eV$、$-1.85eV$ 和 $-0.83eV$。可以发现，第三步反应即 *OH 的形成是能量占优即最容易发生的。反应的最后一步，即生成第二个 H_2O 分子的时候，释放的能量最少，即该步为速率控制步。

Pt(111) 与 $Ni_3(HITP)_2$ 在催化 ORR 过程中，限速步的 ΔE 值分别为 $-0.77eV$[20] 与 $-0.52eV$，根据限速步能量的变化值（$\Delta E=-0.83eV$）可认为 $Rh_3(HITP)_2$ 是性能十分优异的催化剂。另外，在其余的 $X_3(HITP)_2$ 催化剂上，它们的 ORR 过程也是被同一步骤所限制（*OH→H_2O）。当 X=Ir、Co、Fe、Os、Cr、Mn 时，其对应的 ΔE 值分别为 $-0.84eV$、$-0.67eV$、$-0.26eV$、$-0.10eV$、$+0.03eV$、$+0.52eV$。同时，它们的 ORR 活性强弱也具有该顺序。因此，以上结果表明 $Ir_3(HITP)_2$ 和 $Rh_3(HITP)_2$ 是出色的 ORR 催化剂。此外，$Co_3(HITP)_2$ 催化剂也依然具有与一些掺杂碳材料[20,41] 相当的催化性能。

众所周知，在燃料电池中，为了获得更大的电流密度，ORR 过程应该以期许的四电子过程进行。然而在 B_{H-H} 上，发现只生成稳定产物 H_2O_2。这表明在该位点发生的 ORR 过程是以完整的二电子机理进行的。从图 7-7 可以看出，在所有催化剂的 B_{H-H} 位点，第一步加氢反应的 ΔE 值在 $-0.43\sim-0.62eV$ 范围内变动，该数值范围与 $Ni_3(HITP)_2$ 催化剂上 B_{H-H} 位点形成 *OOH 的 ΔE 值十分接近。在第二步氢化反应即 *OOH 还原为 H_2O_2 过程，其相对能量变化比 *OOH 的形成更占优，也依然符合在 $Ni_3(HITP)_2$ 催化剂上的情形。

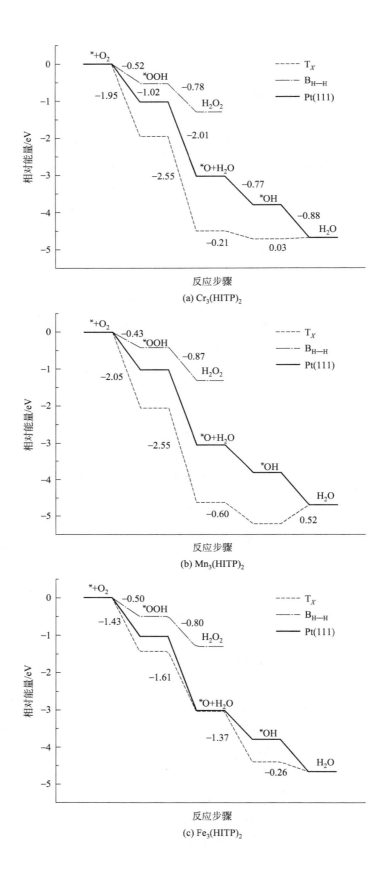

(a) $Cr_3(HITP)_2$

(b) $Mn_3(HITP)_2$

(c) $Fe_3(HITP)_2$

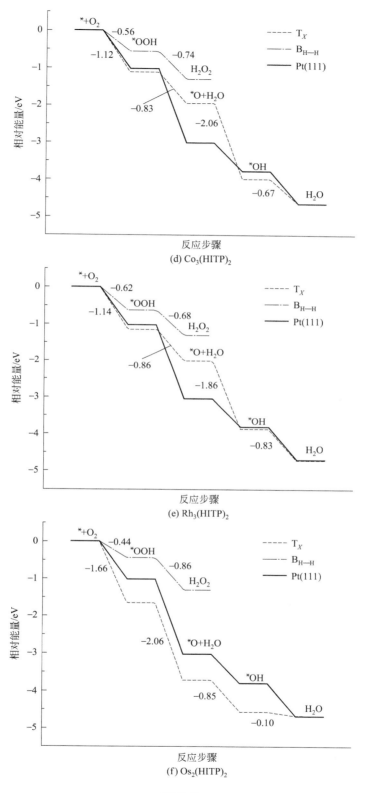

图 7-7

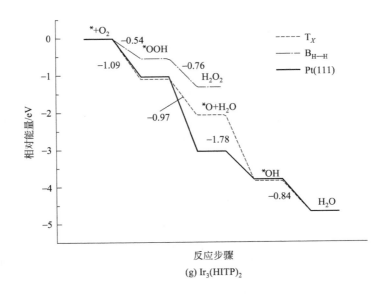

图 7-7　$X_3(HITP)_2$ 催化剂在 ORR 过程中的相对能量变化

结果表明 $Ir_3(HITP)_2$ 与 $Rh_3(HITP)_2$ 在所有的催化剂中具有更好的催化性能，在本章中探讨的一系列催化剂中具有更好的催化性能，计算了两者在 ORR 过程中基元反应步的吉布斯自由能变[44]。根据限速步 ΔG 的值可以得出 $Ir_3(HITP)_2$ 与 $Rh_3(HITP)_2$ 的起始电位分别是 0.92V 和 0.86V。该值远高于许多文献报道的非贵金属催化剂[45,46]起始电位的值，这也表明 $Ir_3(HITP)_2$ 与 $Rh_3(HITP)_2$ 都是十分优异的 ORR 催化剂。

7.3.3　含氧物种的吸附能线性关系与活性限速步

从图 7-8 可以看出，对七种催化剂而言，其含氧物种（O_2、*OOH、*O）的 E_{ads} 值、限速步 ΔE 值与对应的 OH 的 E_{ads} 值呈线性关系。其中，$E_{ads}(O_2)$、$E_{ads}(*OOH)$、$E_{ads}(*O)$ 三者与对应的 $E_{ads}(*OH)$ 呈正相关，限速步 ΔE 值与对应的 $E_{ads}(*OH)$ 呈负相关。因此，*OH 的 E_{ads} 值可作为 $X_3(HITP)_2$ 催化剂对氧还原物种吸附强度的评价指标，也可作为 $X_3(HITP)_2$ 催化活性的评价标准。无论是 *OH 还是其他含氧物种的 E_{ads} 值，都应该适中，以便 ORR 过程的顺利进行[47,48]。尽管对所有的催化剂而言，*OH 在 $Ir_3(HITP)_2$ 与 $Rh_3(HITP)_2$ 的吸附强度是最弱的，但是却与在 Pt(111) 的 E_{ads} 值 −2.04eV 最接近[20]。

另外，从分子轨道重叠的角度来说，书后彩图 38 展示了一个吸附质（含氧物种）与吸附剂（催化剂）的局域结构电子云的显著重叠情况，这也表明两者间的强烈相互静电作用使得 $Ir_3(HITP)_2$ 与 $Rh_3(HITP)_2$ 能够胜任催化 ORR 过程的重任。而对于其他的 $X_3(HITP)_2$ 催化剂来说，OH 在上面的吸附过强，导致了其下一步的还原步骤难以进行，这也解释了这些催化剂呈现出较低催化性能的原因。

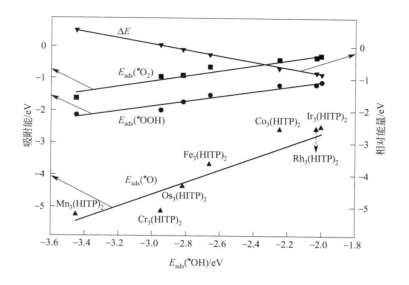

图 7-8 在 T_X 上，含氧物种（O_2、*OOH、*O）的 E_{ads} 值、
限速步 ΔE 值与对应的 OH 的 E_{ads} 值的线性关系

7.3.4 相对稳定性与抗中毒能力

在 ORR 过程中催化剂所要面临的一个挑战是稳定性的问题，在 $X_3(HITP)_2$ 这类材料中，$Ni_3(HITP)_2$ 和 $Cu_3(HITP)_2$ 已经被成功地合成出来并应用于相关的电化学领域[14,15]。因此，应用类似的方法合成 $X_3(HITP)_2$ 应该是可行的。有文献[49]报道，可以通过相对稳定性的概念来判断一种材料的稳定性，即计算材料形成的能量差（即 E_X）。本节使用该方法，以具有良好稳定性的 $Ni_3(HITP)_2$ 作为参照基准，评判 $X_3(HITP)_2$ 的相对稳定性。

定义 $E_X = E[Ni_3(HITP)_2] + E(X) - E[X_3(HITP)_2] - E(Ni)$

其中，$E[Ni_3(HITP)_2]$、$E(X)$、$E[X_3(HITP)_2]$、$E(Ni)$ 分别代表 $Ni_3(HITP)_2$ 片段的能量、孤立的 X 金属原子的能量、$X_3(HITP)_2$ 片段的能量以及单独的 Ni 原子的能量。

计算得到的 E_X 值越负，则代表被 X 原子所替换后所得到的 $X_3(HITP)_2$ 结构在热力学稳定性上更占优势，即更稳定。从图 7-9 可以看出，$Ir_3(HITP)_2$ 与 $Rh_3(HITP)_2$ 在所有的催化剂中，具有最高的相对稳定性，甚至高于 $Ni_3(HITP)_2$ 的稳定性。对 $Co_3(HITP)_2$ 来说，虽然其具有一定的 ORR 活性，但是其 E_X 值为正，这预示着它并不具有较高的稳定性。此外，$Ir_3(HITP)_2$ 与 $Rh_3(HITP)_2$ 的差分电荷图（见图 7-10）能够相对直观地反映出金属原子与配体上的 N 原子的成键特征，根据上节所述，金属原子 Ir 与 Rh 与配体轨道重叠显著，体现了较好的稳定性，与相对稳定性的结果保持一致。

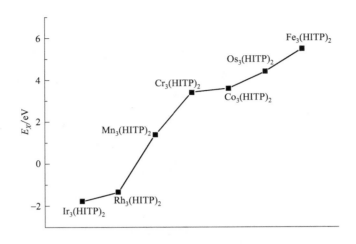

图 7-9　$X_3(HITP)_2$ 催化剂的 E_X 值

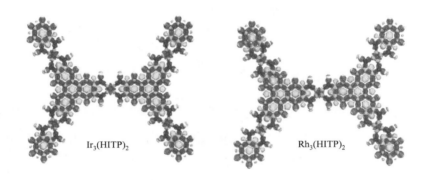

图 7-10　$Ir_3(HITP)_2$ 与 $Rh_3(HITP)_2$ 的差分电荷图（等势值：$0.05e/Å^3$）

通常情况下，Pt 基催化剂对空气中的痕量杂质气体如 CO、NO、SO_2 等十分敏感，这些杂质气体往往会毒害催化剂活性中心，从而影响燃料电池的性能。因此，有害气体的影响不可忽视。另外，在直接甲醇燃料电池中，燃料分子如果穿过膜到达阴极，吸附在催化剂上也会降低催化剂的性能。基于以上两点，考虑了三种气体分子（CO、NO、SO_2）与 CH_3OH 分子在 $Ir_3(HITP)_2$ 和 $Rh_3(HITP)_2$ 上的吸附，相关的吸附能计算方式与氧还原中间体吸附能计算一致，所得到的结果如表 7-4 所列。尽管这些杂质气体分子在两个催化剂表面的吸附能数值与 ORR 中间体的吸附情形接近，但是，杂质气体在 $Ir_3(HITP)_2$ 和 $Rh_3(HITP)_2$ 上的吸附强度远小于 Pt(111)[50-52]。这表明与 Pt(111) 相比，杂质气体与催化位点相互作用力较弱，不易造成催化剂中毒。同样，到达阴极的 CH_3OH 也很难会占据活性位点，因为 $Ir_3(HITP)_2$ 和 $Rh_3(HITP)_2$ 对 CH_3OH 分子的吸附强度小于 Pt(111) 面

（-0.33eV）[53]。

表 7-4 杂质气体以及甲醇分子在 $Ir_3(HITP)_2$ 和 $Rh_3(HITP)_2$ 上的 E_{ads} 值　　　单位：eV

结构	CO	NO	SO_2	CH_3OH
$Ir_3(HITP)_2$	-0.67	-1.06	-0.45	-0.16
$Rh_3(HITP)_2$	-0.62	-1.03	-0.33	-0.09
Pt(111)	-1.92	-1.85	-1.07	-0.33

7.4　不同配体对 MOF 材料氧还原催化性能的影响

上一节已经讨论了 $X_3(HITP)_2$ 材料的氧还原行为，不同于 $Ni_3(HITP)_2$，$X_3(HITP)_2$ 的催化活性位点变为金属中心，而 ORR 主产物已不再是 H_2O_2。筛选出性能最好的催化剂 $Ir_3(HITP)_2$ 与 $Rh_3(HITP)_2$，它们表现出了较高的起始电位、良好的稳定性，同时还具有出色的抗中毒能力。因此，过渡金属替换 $Ni_3(HITP)_2$ 催化剂金属中心是一种可行且有效的修饰改性方式。同时，笔者及团队进一步研究了配体替换之后所得到的新材料是否依然具有良好的 ORR 催化性能。通过文献的调研，发现了如图 7-11 所示的 MOF 结构，与 $Ni_3(HITP)_2$ 结构高度相似[23]。

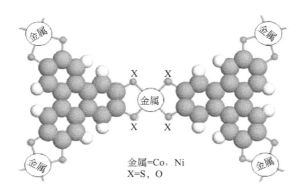

图 7-11　Co-THT、Ni-THT、Co-CAT 以及 Ni-CAT 的化学结构示意

Clough 等[54] 使用 Co^{2+} 的盐溶液与配体 THT（triphenylene-2，3，6，7，10，11-hexathiolate）通过液-液界面反应，制备了多层状钴基 MOF 材料 Co-THT（M=Co；X=S）。Co-THT 材料的催化剂负载量较高，在高酸度溶液下的稳定性良好。实验证明，该材料可作为高效析氢反应的阴极材料。Dong 等[55] 通过构建有序超薄分子膜（Langmuir-Blodgettmethod）合成了单层的 Ni-THT（M=Ni；

$X=S$),该镍基材料也表现出了出色的电催化析氢性能,其塔菲尔斜率为 80.5mV/decade,过电势为 333mV。Co-THT 与 Ni-THT 具有半导体的性质,可以被用于电催化相关的领域,但是它们的 ORR 催化性能还有待进一步的探索与证实。

Hmadeh 等[56] 合成了高度共轭的二维多孔材料 Co-CAT($M=Co$;$X=O$)和 Ni-CAT($M=Ni$;$X=O$)。后续的实验证明 Co-CAT 与 Ni-CAT 材料可以作为 ORR 催化剂[57]。迄今为止,并没有从理论角度阐释 Co-CAT 与 Ni-CAT 材料 ORR 催化机理的报道。基于以上分析,本节将研究上述提及的四种催化剂,讨论不同配体 S 与 O 对材料 ORR 催化性能产生的影响。Co-THT、Ni-THT、Co-CAT 与 Ni-CAT 可作为 $Ni_3(HITP)_2$ 的类似物,对它们的 ORR 行为探究将有助于分析该类材料作为潜在 ORR 催化剂的可能性。

7.4.1 材料模型构建与性质

根据前一节对 $X_3(HITP)_2$ 材料建模的工作,本节依然选择氢封的结构($M_5X_{20}C_{60}H_{48}$)来代表所讨论的四种催化剂。首先,为了考察材料的稳定性,我们对 $M_5X_{20}C_{60}H_{48}$ 材料进行分子动力学的模拟,其计算的条件为 300K、500K、800K 三个温度。所有的原子特别是金属原子与 O 原子或者 S 原子依然处在原来的平面位置,其片段的规整性良好,几乎没有结构形变。而之前的文献报道,大多数 MOF 材料只能在 700K 以下的温度保持结构不形变[58-59],这也证明 $M_5X_{20}C_{60}H_{48}$ 材料确实具有良好的稳定性,与实验上所得到的稳定性较好的结论相一致。如书后彩图 39 所示,为了简便仅给出了四个结构在 800K 时分子动力学模拟的最终结构。

本书引入了电离势 IP(ionization potential)与带隙 E_{gap} 来评估材料的电荷流动能力或者说导电性能[60-62]。IP 的定义为电中性的原子电离一个电子,变成一价的阳离子所需要的能量,其中,IP_v 表示垂直电离电势、IP_a 表示绝热电离电势,而 E_{gap} 则是指导带的最低点和价带的最高点的能量之差,定义如下:

$$IP_v = E_{M+//M} - E_M \tag{7-1}$$

$$IP_a = E_{M+} - E_M \tag{7-2}$$

$$E_{gap} = E_{LUMO} - E_{HOMO} \tag{7-3}$$

式中 $E_{M+//M}$——某电中性化合物在结构优化之后,所带一个正电荷的时候具有的能量;

E_{M+}——某正一价化合物在结构优化以后具有的能量;

E_M——某一电中性化合物在结构优化之后的能量。

IP 值越小则表明材料越容易失去电子,而带隙越小则电导率越高有利于电子的流动。

进一步研究了四个材料的 IP 与 E_{gap},这两个值常用以评估电荷在催化剂上的流动能力[63-66]。因此，通过计算二者的值，研究了四种催化剂的氧化性，结果列于表 7-5 中。在表 7-5 中，IP_a 表示绝热电势，IP_v 表示垂直电势（下标 a 和 v 分别表示绝热和垂直）。

▫ 表 7-5 四种材料的 IP、E_{gap}

参数	Co-THT	Ni-THT	Co-CAT	Ni-CAT
IP_v	5.30	5.89	5.78	5.92
IP_a	5.26	5.85	5.73	5.82
E_{gap}	0.03	0.33	0.16	0.29

由表可知，相比于两个 Ni 基材料，两个 Co 基材料具有更小的能隙，这表明 Co 基材料更有利于电子的流动，这也符合 Co-THT 具有半导体性质的结论[24]。相应地，Co-CAT 与 Co-THT 具有较低的 IP 值也表明 Co 基材料具有较好的化学活性。根据之前文献的报道，一个较小的 IP 值往往意味着更高的 ORR 活性[64]。因此，Co-CAT 与 Co-THT 被视为具有催化 ORR 能力的催化剂。从配体的角度而言，当中心金属一定时，CAT 配体能够使得材料具有一个更高的 IP 与 E_{gap} 值，如表 7-5 所列。同时，尽管材料的催化性能不一定会严格地遵守 IP 值或者是 E_{gap} 值的变化规律，但是在评价或者是设计催化剂的时候依然可以参考其结果。

7.4.2 配体效应

电催化剂在催化一个完整的 ORR 过程中，应当在活性位点有效地吸附含氧物种。众所周知，含氧物种的吸附强度一般来说取决于不同的吸附位点，因此在所研究的四个材料当中，可能存在的吸附位点都被考虑在内，例如包括 T_M（金属原子的顶位），T_O（O 原子的顶位）以及 T_S（S 原子的顶位）。含氧物种在这些位点的吸附能列于表 7-6 中，相应的吸附构型也列于书后彩图 40 中。

▫ 表 7-6 含氧物种在 Co-THT、Ni-THT、Co-CAT 以及 Ni-CAT 上的吸附能　单位：eV

结构		Co-THT	Ni-THT	Co-CAT	Ni-CAT
O_2	T_M	−0.62	−0.08	−0.33	−0.06
	$T_{S/O}$	−0.06	−0.09	−0.05	−0.05
*OOH	T_M	−1.32	−0.29	−1.05	−0.41
	$T_{S/O}$	−0.63	−0.44	−0.42	−0.38
H_2O_2	T_M	−0.70	−0.13	−0.29	−0.20
	$T_{S/O}$	−0.28	−0.21	—	—
*O	T_M	−3.33	−1.82	−2.71	−1.95
	$T_{S/O}$	−4.05	−3.39	−0.61	−0.31

续表

结构		Co-THT	Ni-THT	Co-CAT	Ni-CAT
*OH	T_M	−2.32	−1.08	−2.02	−1.21
	$T_{S/O}$	−2.18	−1.65	−0.24	−0.17
H_2O	T_M	−0.68	−0.19	−0.28	−0.15
	$T_{S/O}$	−0.67	−0.22	−0.17	−0.11

如表 7-6 所列，所有的 O_2、*OOH、*O、*OH 以及 H_2O_2 能够在 T_M 与 $T_{S/O}$ 位点产生吸附作用，而大部分含氧物种更倾向于吸附在 T_M 位点。也就是说，T_M 位点具有对含氧物种更强的吸附强度，这一结果符合之前文献的报道[34]，即具有 $M-N_4$ 局域结构的催化剂，含氧物种更倾向于吸附在金属中心。然而，对于 Ni-THT 与 Co-THT 而言，尽管 S 原子部位带负电荷，部分含氧中间体（如 *O 与 *OH）依然能够吸附在 T_S 位点。这一结果也与之前文献报道的结论相吻合，即具有 MS_4C_4（M=Ni、Pt、Pd）局域结构的电催化剂，其 S 原子比金属中心更容易对含氧物种产生吸附作用[34]。从表 7-6 中可以得出 T_M 位点对含氧物种的吸附强度（近似）有如下顺序：Co-THT＞Co-CAT＞Ni-THT＞Ni-CAT。

在上一节的研究中我们发现，$Co_3(HITP)_2$ 催化剂对 *OH 的吸附过强（相应的 E_{ads} 值为 −2.30eV，在金属中心位点），导致了 *OH 还原过程难以实现，这就限制了 $Co_3(HITP)_2$ 的催化活性。而对于 Co-THT 催化剂而言，其 *OH 的吸附能与之相当（E_{ads} 值为 −2.32eV），这或许意味着 OH 的还原也不易实现，从而不利于整个 ORR 过程。此外，对于 *OH 在 T_S 位点的吸附与 T_{Co} 位点相比似乎比较适中，其吸附能数值为 −2.18eV，这一适中的吸附强度可能有利于整个还原过程。然而，在 T_S 位点，原子 O 的吸附能为 −4.05eV，该数值比 T_{Co} 位点强 0.72eV。这一结果与之前文献报道的结论相符合，即在 CoC_4S_4 催化剂上，S 原子位点更有利于中间体 *O 的吸附。与其他常见的镍基催化剂或者是 Pt(111) 面[20,67,68] 相比，Ni-THT 催化剂位点与含氧物种的相互作用总体较弱，可能导致含氧物种不能充分的活化，不利于完整 ORR 过程的发生。

从表 7-6 中可以看出，对 M-CAT 而言，T_O 位点对含氧物种的吸附作用弱于 M-THT 上 T_S 位点对含氧物种的吸附。例如，Co-CAT 与 Ni-CAT 对原子 O 的吸附能分别为 −0.61eV、−0.31eV，这表明了含氧物种过弱的吸附作用十分不利于 ORR 过程的进行。因此，在后续的 ORR 路径分析中，将不再阐述 T_O 位点上发生的还原过程。基于之前的文献报道[28]，带有较多负电荷的位点不利于含氧物种的吸附。因此，我们认为，与 T_S 位点相比，T_O 位点过弱的吸附作用是由于 CAT 配体上 O 原子携带了过多的负电荷（如图 7-12 所示）或者是 O 原子本身的电负性高于 S 原子（S 为 1.84，O 为 3.44）。

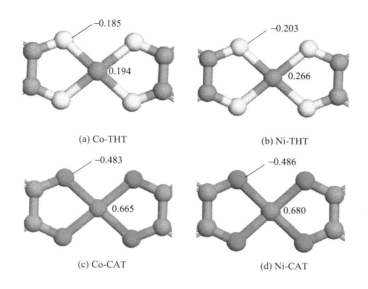

图 7-12 Mulliken 电荷在 Co-THT、Ni-THT、Co-CAT 以及 Ni-CAT 上的分布

Co-CAT 对含氧物种的吸附作用弱于 Co-THT，也表明不同的配体在一定的程度上影响金属中心对含氧物种的吸附，从而导致不同的 ORR 性能。而含氧物种在 Co-CAT 上的吸附强度大致上接近上一节中 $Co_3(HITP)_2$ 催化剂对含氧物种的吸附强度，这可能也表明了 Co-CAT 具有较高的 ORR 催化性能。而对 Ni-CAT，其对含氧物种的吸附强度弱于 Co-CAT，不利于 ORR 过程的发生，这表明配体相同时不同的金属中心对含氧物种的吸附作用影响较大。尽管 Ni-CAT 与 Ni-THT 具有不同的配体，但二者对含氧物种的吸附强度相近，这表明对 Ni 金属中心而言，不同的配体对其吸附含氧物种的影响有限。

O_2 分子、*OOH、*O、*OH 以及 H_2O_2 能够在 Co-THT 的 T_{Co} 位点稳定吸附，而部分含氧物种（如 *O 与 *OH）也能够吸附在 S 原子位点。通常而言，氧气的吸附是整个 ORR 过程的起点，其倾向于吸附在带正电荷较高的位点。然而，对于 Ni-THT 而言，尽管 S 原子部位的电负性较高（电负性较高意味着电子的富集产生负电荷），这些含氧中间体（*O 与 *OH）依然吸附在 S 原子位点上。这一结果也与之前文献报道的结论相吻合，即具有 Ni—S_4 局域结构的电催化剂，其 S 原子比金属中心更容易对含氧物种产生吸附作用[34]。而对于 Co-THT 催化剂，大部分含氧物种倾向于在金属中心 Co 而不是在其他位点的吸附，这一结果符合 $X_3(HITP)_2$ 催化剂上的情形。其他含氧物种如 *O，则更倾向于吸附在 S 原子位点，与 Ni-THT 相似。在上一节的研究中发现，$Co_3(HITP)_2$ 催化剂对 *OH 的吸附过强（相应的 E_{ads} 值为 −2.30eV），导致了 *OH 还原过程难以实现，这就限制了 $Co_3(HITP)_2$ 的催化活性。对 Co-THT 而言，其对 *OOH 与 *O 的吸附作用比

$Co_3(HITP)_2$ 更强，而 *OH 的吸附能与之相当（E_{ads} 值为 $-2.32eV$），这或许意味着 *OH 的还原相对容易。与其他常见的镍基催化剂或者是 Pt(111) 面[20,67,68]相比，Ni-THT 催化剂位点与含氧物种的相互作用总体较弱，可能导致含氧物种不能充分活化，不利于完整的 ORR 过程。对 M-CAT 而言，金属中心对含氧物种存在吸附作用，但遗憾的是在配体上的 S 或者是 O 以及桥位都不能作为吸附位点。书后彩图 40 给出了含氧物种在 Co-CAT 与 Ni-CAT 上最低能量的吸附构型。对 Co-CAT 来说，含氧物种吸附在 T_{Co} 位点，且它们吸附能的数值十分接近上一节中的 $Co_3(HITP)_2$，这表明 Co-CAT 与 $Co_3(HITP)_2$ 的催化性能可能很接近。同时，Co-CAT 对含氧物种的吸附弱于 Co-THT，也表明不同的配体在一定程度上影响金属中心对含氧物种的吸附，可能导致不同的 ORR 性能。而对 Ni-CAT，其对含氧物种的吸附强度弱于 Co-CAT，表明配体相同时不同的金属中心对含氧物种的吸附作用影响较大。尽管 Ni-CAT 与 Ni-THT 具有不同的配体，但二者对含氧物种的吸附强度相近，这表明对 Ni 金属中心而言，不同的配体对其吸附含氧物种的影响有限。

7.4.3 不同活性位点的相对能量变化

O_2 分子的吸附是 ORR 过程的第一步，此后 O_2 经历一系列的加氢反应，要么生成水分子，要么生成 H_2O_2。基于前两节的工作，本节依然选用基元反应步骤的相对能量变化 ΔE 来描述整个 ORR 过程。

对 Co-THT 来说，在 T_{Co} 与 T_S 位点都能够自发的催化二电子过程（$O_2 \rightarrow H_2O_2$）与四电子过程（$O_2 \rightarrow H_2O$），如图 7-13(a) 所示。根据 *OOH $\rightarrow$ *O+H_2O 与 *OOH $\rightarrow$ *H_2O_2 这两步的能量变化，可以得出，不管是对于 T_{Co} 还是 T_S 位点，四电子还原路径都比二电子还原路径能量占优。此外，限速步的 ΔE 也用来评价催化剂的催化性能。可以看出，在 T_{Co} 位点，限速步是 *OH 的还原（*OH $\rightarrow H_2O$），其相应的反应能变为 $-0.48eV$；而在 T_S 位点，限速步则为 O_2 的质子化过程（$O_2 \rightarrow$ *OOH），相应的反应能变为 $-0.55eV$。这两个数值比上一节中 $X_3(HITP)_2$（X=Fe、Os、Cr、Mn）催化剂限速步的值都要更负，这也表明了这两个位点都能够有效的催化 ORR 过程。

如图 7-13(b) 所示，对于 Ni-THT 催化剂，发生二电子与四电子过程的情形与 Co-THT 相类似，不同之处在于在不同位点的限速步骤都是同一步，即 $O_2 \rightarrow$ *OOH，相应的 ΔE 值分别为 $-0.36eV$（在 T_{Ni} 位点）和 $-0.21eV$（T_S 位点）。显然，这些值没有比 Co-THT 上相应的值更负，这也说明了 Ni-THT 具有比 Co-THT 更差的 ORR 性能。这一结果大体上符合相关文献[34]的报道，即具有 M—S_4 局域结构的电催化剂，其 ORR 活性顺序为 $Co_4C_4S_4 > Ni_4C_4S_4$。

对 M-CAT 催化剂，根据之前对吸附情形的分析，仅仅讨论其在 T_M 中心上进行的 ORR 过程。如图 7-13(c) 所示，对 Co-CAT 而言，在 *OOH 生成以后，下一步的 ORR 过程能够产生 H_2O_2（相应的 ΔE 值为 -0.37eV）。但是，*OOH 还原为 *O+H_2O 似乎更容易进行，其相应的 ΔE 值为 -1.11eV。而在 T_{Co} 位点，这个四电子过程的限速步为 *OH 的还原，其相应的 ΔE 值为 -0.86eV。该值与 Co-THT 上的值（-0.55eV）相比更负，更有利于 ORR 过程的进行，也就是说，配体变换以后改变了一类材料的 ORR 性质。同时，Co-CAT 上限速步的 ΔE 值与 Pt(111)[20] 或者是上一节的 $Ir_3(HITP)_2$ 催化剂相比较也都具有较强的竞争力。ORR 发生在 Ni-CAT 的情形与上述的三者不同，如图 7-13(d) 所示，其二电子还原过程更占优势。*OOH→*H_2O_2（-1.01eV）过程的发生相较于 *OOH→*O+H_2O

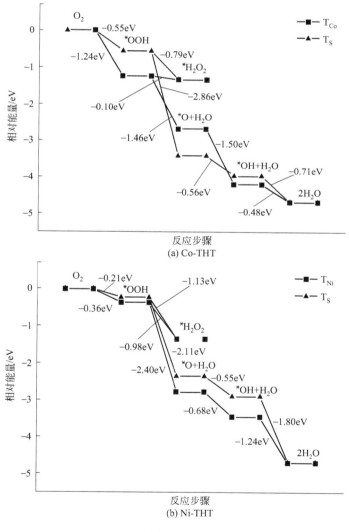

图 7-13

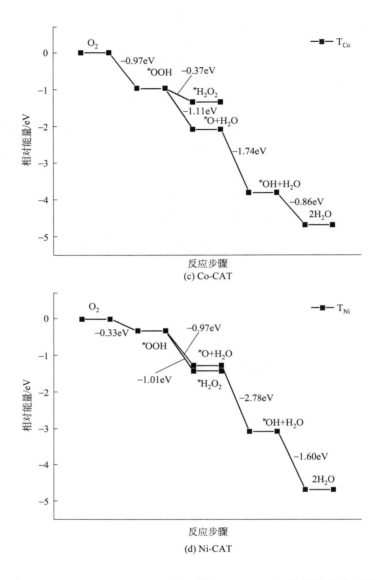

图 7-13 ORR 在 Co-THT、Ni-THT、Co-CAT 以及 Ni-CAT 四种催化剂上的相对能量变化图

(-0.97eV) 更占优。总体而言,基于上述对四个催化剂的分析,可以得出 ORR 性能的顺序如下:Co-CAT>Co-THT>Ni-THT>Ni-CAT,其中,Co-CAT 具有最优的 ORR 活性,是潜在的 ORR 催化剂。

7.5 小结

本章利用密度泛函理论对近年合成的 MOF 材料 $Ni_3(HITP)_2$ 进行 ORR 机理的研究。结果表明,除了传统的 Ni—N 催化部位以外,直接与 N 相连接的 H 原子也是ORR的活性位点，并且该位点的催化性能高于Ni—N部位。Mulliken电荷分析表明H原子为整个ORR过程提供了电子，也就是说B_{H-H}部位的发现解释了$Ni_3(HITP)_2$高活性的起源。同时，最有利的ORR路径是二电子还原路径，从而揭示该材料在实验上表现出高活性行为原因，以及对其主产物为H_2O_2做出了合理解释。其次，基于$Ni_3(HITP)_2$出色的ORR性能，探究了其类似物$X_3(HITP)_2$（$X=Cr、Mn、Fe、Co、Rh、Os、Ir$）的催化性能，结果表明：与$Ni_3(HITP)_2$催化剂不同，其B_{H-H}与β-C位点不是主导ORR过程的主要催化位点，主要产物不是H_2O_2。对催化剂$X_3(HITP)_2$而言，含氧物种更倾向于吸附在中心金属上，这与传统的金属掺杂非金属催化剂类似。同时，产生H_2O的四电子ORR过程得以实现。预测的催化剂ORR性能有如下降序，$Ir_3(HITP)_2$、$Rh_3(HITP)_2$、$Co_3(HITP)_2$、$Fe_3(HITP)_2$、$Os_3(HITP)_2$、$Cr_3(HITP)_2$、$Mn_3(HITP)_2$。这其中，$Ir_3(HITP)_2$与$Rh_3(HITP)_2$被认为是最好的催化剂，其起始电位分别是0.92V、0.86V。此外，还证实了*OH的E_{ads}可以作为$X_3(HITP)_2$催化剂的活性评价指标。$Ir_3(HITP)_2$与$Rh_3(HITP)_2$展示出了对CO、NO、SO_2等分子出色的抗中毒能力。最后，通过改变$Ni_3(HITP)_2$材料的有机配体，得到新的类似物Co-THT、Ni-THT、Co-CAT以及Ni-CAT，并且考虑了四个催化剂上可能存在的吸附位点，即金属位点（T_M），S与O原子的顶位（$T_{S/O}$）。含氧物种在T_M位点的吸附强度有（近似地）如下顺序：Co-THT > Co-CAT > Ni-THT > Ni-CAT。也就是说，Co-THT与Co-CAT材料对含氧物种的吸附强度较大，这也符合四个材料电离势与能隙值的规律。对Co-THT与Ni-THT而言，T_{Co}与T_S位点都能够自发地催化二电子与四电子ORR过程，同时，四电子ORR过程能量更占优。而对于Co-CAT与Ni-CAT而言，仅有T_M位点能够有效地催化完整的ORR过程。在所研究的四个催化剂中，Co-CAT具有最好的催化性能，其限速步能量变化值为$-0.86eV$，即使与Pt(111)或者$Ir_3(HITP)_2$、$Rh_3(HITP)_2$相比较，也十分具有竞争力。

参考文献

[1] M. Yaghi, H. Li. Hydrothermal synthesis of a metal-organic framework containing large rectangular channels. Journal of the American Chemical Society, 1995, 117: 10401-10402.

[2] J. Sculley, D. Yuan, H. C. Zhou. The current status of hydrogen storage in metal-organic framework-supdated. Energy & Environmental Science, 2011, 4: 2721-2735.

[3] J. R. Li, R. J. Kuppler, H. C. Zhou. Selective gas adsorption and separation in metal-organic frameworks. Chemical Society Reviews, 2009, 38: 1477-1504.

[4] M. Meilikhov, S. Furukawa, K. Hirai, et al. Binary janus porous coordination polymer coatings for sensor devices with tunable analyte affinity. Angewandte Chemie International Edition, 2013, 52: 341-345.

[5] H. Li, X. Feng, Y. Guo, et al. A malonitrile-functionalized metal-organic framework

for hydrogen sulfide detection and selective amino acid molecular recognition. Scientific Reports, 2014, 4: 4366.

[6] L. Ma, C. Abney, W. Lin. Enantioselective catalysis with homochiral metal-organic frameworks. Chemical Society Reviews, 2009, 38: 1248-1256.

[7] M. H. Alkordi, Y. Liu, R. W. Larsen, et al. Zeolite-like metal-organic frameworks as platforms for applications: On metalloporphyrin-based catalysts. Journal of the American Chemical Society, 2008, 130: 12639-12641.

[8] P. Horcajada, T. Chalati, C. Serre, et al. Porous metal-organic-framework nanoscale carriers as a potential platform for drug delivery and imaging. Nature Materials, 2010, 9: 172-178.

[9] T. Kundu, S. Mitra, P. Patra, et al. Mechanical downsizing of a gadolinium(Ⅲ)-based metal-organic framework for anticancer drug delivery. Chemistry-A European Journal, 2014, 20: 10514-10518.

[10] Y. Han, P. Qi, S. Li, et al. A novel anode material derived from organic-coated ZIF-8 nanocomposites with high performance in lithium ion batteries. Chemical Communications, 2014, 50: 8057-8060.

[11] Y. Cui, B. Li, H. He, et al. Metal-organic frameworks as platforms for functional materials. Accounts of Chemical Research, 2016, 49: 483-493.

[12] F. S. Ke, Y. S. Wu, H. Deng. Metal-organic frameworks for lithium ion batteries and supercapacitors. Journal of Solid State Chemistry, 2015, 223: 109-121.

[13] J. Mao, L. Yang, P. Yu, et al. Electrocatalytic four-electron reduction of oxygen with Copper(Ⅱ)-based metal-organic frameworks. Electrochemistry Communications, 2012, 19: 29-31.

[14] D. Sheberla, L. Sun, M. A. Blood-Forsythe, et al. High electrical conductivity in Ni_3(2, 3, 6, 7, 10, 11-hexaiminotriphenylene)$_2$, a semiconducting metal-organic graphene analogue. Journal of the American Chemical Society, 2014, 136: 8859-8862.

[15] E. M. Miner, T. Fukushima, D. Sheberla, et al. Electrochemical oxygen reduction catalysed by Ni_3(hexaiminotriphenylene)$_2$. Nature Communications, 2016, 7: 10942.

[16] S. L. James. Metal-organic frameworks. Chemical Society Reviews, 2003, 32: 276-288.

[17] X. Wang, J. Zhou, H. Fu, et al. MOF derived catalysts for electrochemical oxygen reduction. Journal of Materials Chemistry A, 2014, 2: 14064-14070.

[18] K. S. Park, Z. Ni, A. P. Côté, et al. Exceptional chemical and thermal stability of zeolitic imidazolate frameworks. Proceedings of the National Academy of Sciences, 2006, 103: 10186-10191.

[19] J. S. Li, S. L. Li, Y. J. Tang, et al. Heteroatoms ternary-doped porous carbons derived from MOFs as metal-free electrocatalysts for oxygen reduction reaction. Scientific Reports, 2014, 4: 5130.

[20] X. Chen, S. Chen, J. Wang. Screening of catalytic oxygen reduction reaction activity of metaldoped graphene by density functional theory. Applied Surface Science, 2016, 379:

291-295.

[21] M. E. Foster, K. Sohlberg, C. D. Spataru, et al. Proposed modification of the graphene analogue $Ni_3(HITP)_2$ to yield a semiconducting material. Journal of Physical Chemistry C, 2016, 120: 15001-15008.

[22] B. Zhao, J. Zhang, W. Feng, et al. Quantum spin Hall and Z_2 metallic states in an organic material. Physical Review B, 2014, 90: 201403.

[23] H. Maeda, R. Sakamoto, H. Nishihara. Coordination programming of two-dimensional metal complex frameworks. Langmuir, 2016, 32: 2527-2538.

[24] M. D. Allendorf. Oxygen reduction reaction: A framework for success. Nature Energy, 2016, 1: 16058.

[25] H. Tang, H. Yin, J. Wang, et al. Molecular architecture of cobalt porphyrin multilayers on reduced graphene oxide sheets for high performance oxygen reduction reaction. Angewandte Chemie International Edition, 2013, 52: 5585-5589.

[26] S. Kattel, P. Atanassov, B. Kiefer. Density functional theory study of $Ni-N_x/C$ electrocatalyst for oxygen reduction in alkaline and acidic media. Journal of Physical Chemistry C, 2012, 116: 17378-17383.

[27] B. Modak, K. Srinivasu, S. K. Ghosh. Exploring metal decorated porphyrin-like porous fullerene as catalyst for oxygen reduction reaction: A DFT study. International Journal of Hydrogen Energy, 2017, 42: 2278-2287.

[28] L. Zhang, Z. Xia. Mechanisms of oxygen reduction reaction on nitrogen-doped graphene for fuel cells. Journal of Physical Chemistry C, 2011, 115: 11170-11176.

[29] X. Chen, F. Sun, J. Chang. Cobalt or nickel doped SiC nanocages as efficient electrocatalyst for oxygen reduction reaction: A computational prediction. Journal of The Electrochemical Society, 2017, 164: F616-F619.

[30] J. Zhang, M. B. Vukmirovic, Y. Xu, et al. Controlling the catalytic activity of platinummonolayer electrocatalysts for oxygen reduction with different substrates. Angewandte Chemie International Edition, 2005, 44: 2132-2135.

[31] S. Bhattacharjee, J. S. Choi, S. T. Yang, et al. Solvothermal synthesis of Fe-MOF-74 and its catalytic properties in phenol hydroxylation. Journal of Nanoscience and Nanotechnology, 2010, 10: 135-141.

[32] X. Chen, L. Yu, S. Wang, et al. Highly active and stable single iron site confined in graphene nanosheets for oxygen reduction reaction. Nano Energy, 2017, 32: 353-358.

[33] W. J. Jiang, L. Gu, L. Li, et al. Understanding the high activity of Fe—N/C electrocatalysts in oxygen reduction: Fe/Fe_3C nanoparticles boost the activity of Fe—N_x. Journal of the American Chemical Society, 2016, 138: 3570-3578.

[34] P. Zhang, X. Hou, L. Liu, et al. Two-dimensional π-conjugated metal bis(dithiolene) complex nanosheets as selective catalysts for oxygen reduction reaction. Journal of Physical Chemistry C, 2015, 119: 28028-28037.

[35] N. Wang, L. Feng, Y. Shang, et al. Two-dimensional iron-tetracyanoquinodimethane

(Fe-TCNQ) monolayer: An efficient electrocatalyst for the oxygen reduction reaction. RSC Advances, 2016, 6: 72952-72958.

[36] F. Li, H. Shu, C. Hu, et al. Atomic mechanism of electrocatalytically active Co-N complexes in graphene basal plane for oxygen reduction reaction. ACS Applied Materials & Interfaces, 2015, 7: 27405-27413.

[37] K. Shimizu, L. Sepunaru, R. G. Compton. Innovative catalyst design for the oxygen reduction reaction for fuel cells. Chemical Science, 2016, 7: 3364-3369.

[38] X. Chen, R. Hu, F. Bai. DFT study of the oxygen reduction reaction activity on Fe-N_4-patched carbon nanotubes: The influence of the diameter and length, Materials, 2017, 10: 549-558.

[39] X. Chen, J. Chang, H. Yan, et al. Boron nitride nanocages as high activity electrocatalysts for oxygen reduction reaction: Synergistic catalysis by dual active sites. Journal of Physical Chemistry C, 2016, 120: 28912-28916.

[40] H. C. Ham, D. Manogaran, K. H. Lee, et al. Communication: Enhanced oxygen reduction reaction and its underlying mechanism in Pd-Ir-Co trimetallic alloys. Journal of Chemical Physics, 2013, 139: 201104.

[41] X. Chen, J. Chang, Q. Ke. Probing the activity of pure and N-doped fullerenes towards oxygen reduction reaction by density functional theory. Carbon, 2018, 126: 53-57.

[42] X. Chen, T. Chen. DFT prediction of the catalytic oxygen reduction activity and poisoning-tolerance ability on a class of Fe/S/C catalysts. Journal of The Electrochemical Society, 2018, 165: F334-F337.

[43] F. Sun, X. Chen. Oxygen reduction reaction on $Ni_3(HITP)_2$: A catalytic site that leads to high activity. Electrochemistry Communications, 2017, 82: 89-92.

[44] J. K. Nørskov, J. Rossmeisl, A. Logadottir, et al. Origin of the overpotential for oxygen reduction at a fuel-cell cathode. Journal of Physical Chemistry B, 2004, 108: 17886-17892.

[45] M. Lefèvre, E. Proietti, F. Jaouen, et al. Iron-based catalysts with improved oxygen reduction activity in polymer electrolyte fuel cells. Science, 2009, 324: 71-74.

[46] H. T. Chung, D. A. Cullen, D. Higgins, et al. Direct atomic-level insight into the active sites of a high-performance PGM-free ORR catalyst. Science, 2017, 357: 479-484.

[47] Q. T. Trinh, J. Yang, J. Y. Lee, et al. Computational and experimental study of the volcano behavior of the oxygen reduction activity of PdM@PdPt/C (M = Pt, Ni, Co, Fe, and Cr) core-shell electrocatalysts. Journal of Catalysis, 2012, 291: 26-35.

[48] X. Chen. Graphyne nanotubes as electrocatalysts for oxygen reduction reaction: the effect of doping elements on the catalytic mechanisms. Physical Chemistry Chemical Physics, 2015, 17: 29340-29343.

[49] L. Dong, Y. Kim, D. Er, et al. Two-dimensional π-conjugated covalent-organic frame-

works as quantum anomalous Hall topological insulators. Physical Review Letters, 2016, 116: 096601.

[50] F. Jing, M. Hou, W. Shi, et al. The effect of ambient contamination on PEMFC performance. Journal of Power Sources, 2007, 166: 172-176.

[51] D. C. Ford, Y. Xu, M. Mavrikakis. Atomic and molecular adsorption on Pt(111). Surface Science, 2005, 587: 159-174.

[52] R. B. Getman, W. F. Schneider. DFT-based characterization of the multiple adsorption modes of nitrogen oxides on Pt(111). Journal of Physical Chemistry C, 2007, 111: 389-397.

[53] S. Kandoi, J. Greeley, M. A. Sanchez-Castillo, et al. Prediction of experimental methanol decomposition rates on platinum from first principles. Topics in Catalysis, 2006, 37: 17-28.

[54] A. J. Clough, J. W. Yoo, M. H. Mecklenburg, et al. Two-dimensional metal-organic surfaces for efficient hydrogen evolution from water. Journal of the American Chemical Society, 2014, 137: 118-121.

[55] R. Dong, M. Pfeffermann, H. Liang, et al. Large-area, free-standing, two-dimensional supramolecular polymer single-layer sheets for highly efficient electrocatalytic hydrogen evolution. Angewandte Chemie International Edition, 2015, 54: 12058-12063.

[56] M. Hmadeh, Z. Lu, Z. Liu, et al. New porous crystals of extended metal-catecholates. Chemistry of Materials, 2012, 24: 3511-3513.

[57] X. H. Liu, W. L. Hu, W. J. Jiang, et al. Well-defined metal-O_6 in metal-catecholates as a novel active site for oxygen electroreduction. ACS Applied Materials & Interfaces, 2017, 9: 28473-28477.

[58] J. J. Adjizian, P. Briddon, B. Humbert, et al. Dirac Cones in two-dimensional conjugated polymer networks. Nature Communications, 2014, 5: 5842.

[59] S. Chen, J. Dai, X. C. Zeng. Metal-organic Kagome lattices M_3(2,3,6,7,10,11-hexaiminotriphenylene)$_2$ (M = Ni and Cu): From semiconducting to metallic by metal substitution. Physical Chemistry Chemical Physics, 2015, 17: 5954-5958.

[60] L. L. Shi, Y. Liao, G. C. Yang, et al. Effect of π-conjugated length of bridging ligand on the optoelectronic properties of platinum(Ⅱ) dimers. Inorganic Chemistry, 2008, 47: 2347-2355.

[61] X. N. Li, Z. J. Wu, Z. Si, et al. Injection, transport, absorption and phosphorescence properties of a series of blue-emitting Ir(Ⅲ) emitters in OLEDs: A DFT and time-dependent DFT study. Inorganic Chemistry, 2009, 48: 7740-7749.

[62] Y. Liu, X. Sun, G. Gahungu, et al. DFT/TDDFT investigation on the electronic structures and photophysical properties of phosphorescent Ir(Ⅲ) complexes with conjugated/non-conjugated carbene ligands. Journal of Materials Chemistry C, 2013, 1: 3700-3709.

[63] J. Vazquez-Arenas, A. Galano, D. U. Lee, et al. Theoretical and experimental stud-

ies of highly active graphene nanosheets to determine catalytic nitrogen sites responsible for the oxygen reduction reaction in alkaline media. Journal of Materials Chemistry A, 2016, 4: 976-990.

[64] C. G. Zhan, J. A. Nichols, D. A. Dixon. Ionization potential, electron affinity, electronegativity, hardness, and electron excitation energy: Molecular properties from density functional theory orbital energies. Journal of Physical Chemistry A, 2003, 107: 4184-4195.

[65] P. K. Nayak, N. Periasamy. Calculation of electron affinity, ionization potential, transport gap, optical band gap and exciton binding energy of organic solids using 'solvation' model and DFT. Organic Electronics, 2009, 10: 1396-1400.

[66] J. P. Perdew, R. G. Parr, M. Levy, et al. Density-functional theory for fractional particle number: Derivative discontinuities of the energy. Physical Review Letters, 1982, 49: 1691-1694.

[67] Y. Sha, T. H. Yu, Y. Liu, et al. Theoretical study of solvent effects on the platinum-catalyzed oxygen reduction reaction. Journal of Physical Chemistry Letters, 2010, 1: 856-861.

[68] L. Ou, S. Chen. Comparative study of oxygen reduction reaction mechanisms on the Pd(111) and Pt(111) surfaces in acid medium by DFT. Journal of Physical Chemistry C, 2013, 117: 1342-1349.

第8章 氮化碳的结构与作用机制

8.1 概述

Pt/C是最传统的催化剂，但由于成本过高而应用受到限制。其他类型的催化剂大多是对环境不友好的金属化合物和合金金属[1-3]。目前的研究主要集中在富勒烯[4]、非金属元素掺杂石墨烯[5]、有机化合物[6]等非金属材料上。石墨相氮化碳（g-C_3N_4）具有独特的电子结构和优异的化学稳定性，被广泛地应用于光催化、有机反应催化等领域。此外，g-C_3N_4是一种具有二维平面共轭结构的非金属材料，使得其有利于表面电子的运动[7-13]。因此，g-C_3N_4也可用于催化氧还原反应（ORR），并且一些研究已经报道了该材料的ORR活性[14]。以往的研究表明，ORR主要发生在g-C_3N_4的导带（CB）上[15]。然而，g-C_3N_4较小的比表面积，导致其性能不佳[16]。此外g-C_3N_4具有的层状堆积的体结构[17]，也导致其层间电导率不够理想[18]。为了提高电导率和改善能带结构，一种常用且易于控制的方法是元素掺杂。基于此，本章将讨论金属元素和非金属元素改性掺杂g-C_3N_4材料的氧还原活性。

8.2 非金属原子掺杂g-C_3N_4的ORR活性

非金属元素掺杂是改变氧化还原电位、吸光度和光致变色的有效方法[19-27]。在之前的研究中心，ⅥA族元素（O、S和Se）通常用于掺杂g-C_3N_4。Li等[28,29]报道，氧掺杂g-C_3N_4可以抑制电子-空穴对的复合，提高光的吸收。Lee等[30]认为S/Se/石墨烯共掺杂g-C_3N_4可以延长电荷载体的寿命，改善g-C_3N_4的能带结构。

因此，可以认为使用ⅥA族元素（O、S和Se）掺杂可以改变CB的结构，从而提高g-C_3N_4的ORR性能。基于此种推测，He等[31]利用CASTEP对O、S和Se元素掺杂的g-C_3N_4进行了ORR活性的研究。

8.2.1 催化活性位点的选择及氧气的吸附

为了使计算结果更加客观和具有说服力，He等[31]计算了多种掺杂位置。在g-C_3N_4晶格中考虑7个非等价原子位置，包括2个C位置，4个N位置和一个间隙位置[32]。掺杂原子可以作为新元素直接加入也可以代替C原子或N原子。为了确定最合适的位置，He等[31]根据7种不同的掺杂方式计算了其缺陷形成能（图8-1）。缺陷形成能计算式(8-1)和式(8-2)如下，其中式(8-1)用于取代掺杂，式(8-2)用于间隙掺杂：

$$E_d = E_{t(substitution)} - E_{f(g-C_3N_4)} - \mu_a + \mu_b \tag{8-1}$$

$$E_d = E_{t(interstice)} - E_{f(g-C_3N_4)} - \mu_a \tag{8-2}$$

式中　$E_{t(substitution)}$和$E_{t(interstice)}$——g-C_3N_4掺杂后的能量；

$E_{f(g-C_3N_4)}$——纯g-C_3N_4的能量；

μ_a和μ_b——杂质原子和取代原子的原子势[33]。

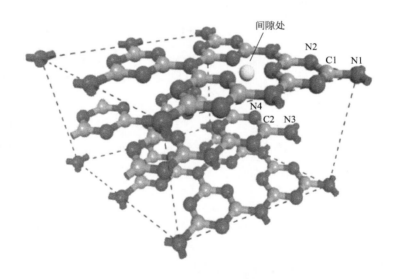

图8-1　g-C_3N_4上的七个掺杂位置

ⅥA族元素（O、S和Se）掺杂g-C_3N_4的缺陷形成能列于表8-1中。已有研究表明，缺陷形成能越小，杂质原子越容易进入晶格[34,35]。当杂质原子（O、S和Se）在N2位置取代N原子时，缺陷形成能最小。

表 8-1　O、S、Se 在不同位置掺杂 g-C_3N_4 的缺陷形成能（E_d）

位置	E_d/eV		
	O/g-C_3N_4	S/g-C_3N_4	Se/g-C_3N_4
N1	4.09	5.98	7.57
N2	2.62	4.28	5.50
N3	4.38	6.74	7.50
N4	2.67	4.41	5.65
C1	4.99	6.53	7.32
C2	5.18	6.57	7.37
间隙处	6.74	8.29	13.35

影响 ORR 的两个主要因素：一是催化剂对氧气的吸附能力；二是催化剂还原氧气的能力。通过对 O_2 吸附能的计算，可研究这些模型对 O_2 的吸附能力。首先，He 等[31] 考虑了 O_2 分子吸附在纯 g-C_3N_4 和掺杂的 g-C_3N_4 模型上的可能的吸附位置，如书后彩图 41 所示[36]，1 为 C 原子、2 为 N 原子、3 为掺杂原子、4 为 C—N 键、5 为 C—掺杂原子键、6 为三均三嗪。

采用式(8-3) 计算各模型的吸附能：

$$E_{ads} = E_{complex} - E_{t(substitution)} - E_{(target)} \tag{8-3}$$

各个模型的吸附能列于表 8-2 中。吸附能越负，吸附物质在催化剂表面的稳定性越好。由表 8-2 可知，不同元素掺杂时，氧分子最稳定的吸附位置是不同的。纯 g-C_3N_4 和 O/g-C_3N_4 最稳定的吸附位置为位置 6。S/g-C_3N_4 和 Se/g-C_3N_4 最稳定的吸附位置分别为位置 3 和位置 4。按 O_2 吸附能力的降序为：S/g-C_3N_4、Se/g-C_3N_4、g-C_3N_4、O/g-C_3N_4。

表 8-2　氧气的吸附能

位置	E_{ads}/eV			
	g-C_3N_4	O/g-C_3N_4	S/g-C_3N_4	Se/g-C_3N_4
1	−1.37	1.40	−1.97	−1.73
2	−0.99	1.46	−1.77	−1.65
3	−0.98	1.62	−2.37	−1.74
4	−1.21	1.41	−2.16	−2.03
5	−1.16	1.67	−1.94	−1.49
6	−1.42	−1.32	−1.70	−1.48

此外，He 等[31] 使用了电解质溶液 KOH，所以对 OH^- 吸附能也进行了计算

(吸附位置为 O_2 最稳定的吸附位)。OH^- 吸附能计算结果如表 8-3 所列。与表 8-2 相比，$O/g-C_3N_4$ 对 OH^- 吸附能弱于对 O_2 吸附能。O_2 吸附和 OH^- 吸附之间存在着竞争关系。OH^- 吸附能力越强，O_2 吸附能力则越弱。即 O 掺杂增强了 $g-C_3N_4$ 对 O_2 的吸附能力，而 S 或 Se 掺杂则减弱了对 O_2 的吸附强度。

表 8-3 各个模型吸附 OH^- 的吸附能（N2 掺杂位）

模型	$g-C_3N_4$	$O/g-C_3N_4$	$S/g-C_3N_4$	$Se/g-C_3N_4$
E_{ads}/eV	-2.15	-0.08	-4.95	-4.21

8.2.2 能带结构和偏态密度分析

随后，He 等[31] 通过计算掺杂 $g-C_3N_4$ 的能带结构和偏态密度（PDOS），分析了掺杂 $g-C_3N_4$ 的电子性质。纯 $g-C_3N_4$ 的能带结构和 PDOS 如图 8-2 所示。纯 $g-C_3N_4$ 带隙为 1.178eV，PDOS 结果表明 CB 主要由 C_{2p} 和 N_{2p} 杂化轨道组成，价带（VB）主要由 N_{2p} 组成。

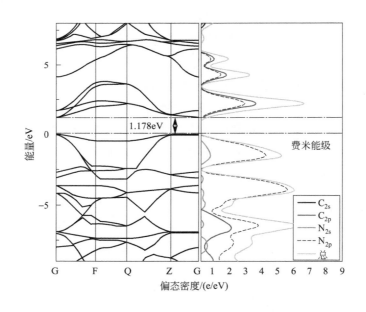

图 8-2 纯 $g-C_3N_4$ 的能带结构和 PDOS

图 8-3 是纯 $g-C_3N_4$ 在氧气吸附前后的 C_{2p}、C_{2s}、N_{2p} 和 N_{2s} 的 PDOS。在图 8-3 中，He 等[31] 比较了氧吸附前后的 PDOS，发现 $g-C_3N_4$ 的 CB 的能量减弱，因此，可以推断 ORR 实际上发生在 $g-C_3N_4$ 的 CB 上。

随后，计算纯 $g-C_3N_4$ 与元素（O、S 和 Se）掺杂 $g-C_3N_4$ 的 PDOS，如图 8-4 所示。发现掺杂 $g-C_3N_4$ 的费米能级从 VB 升高到 CB 并且带隙减小。与纯 $g-C_3N_4$

相比，发现掺杂体系中 VB 和 CB 的峰趋于连续。这是由于带隙之间存在掺杂元素的能级，使得电子易于转移。晶体对称性的降低使得元素掺杂后电子的非局域效应更加明显[37]。

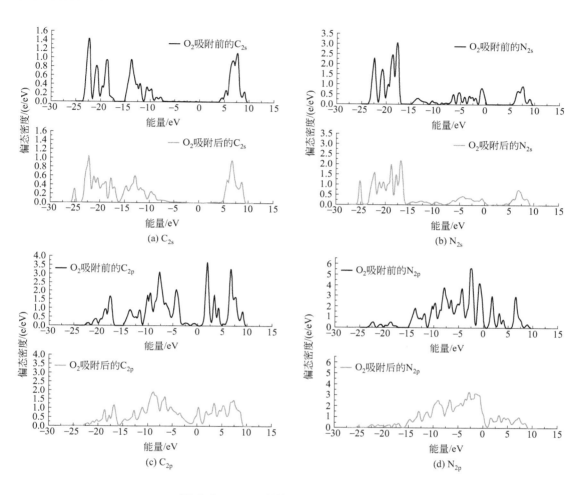

图 8-3 O_2 吸附前后 g-C_3N_4 的 PDOS

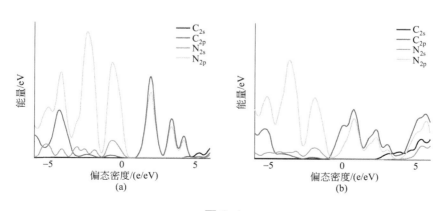

图 8-4

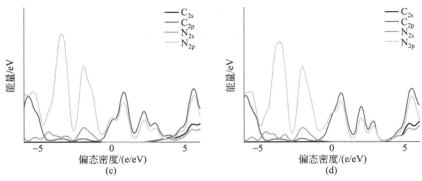

图 8-4 纯 g-C_3N_4 与元素（O、S 和 Se）掺杂 g-C_3N_4 的 PDOS

功函数用于反映模型的电子传输性能。据此，He 等[31] 计算了纯 g-C_3N_4 和元素（O、S 和 Se）掺杂的 g-C_3N_4 的功函数，如图 8-5 所示。在引入 O、S 或 Se 原子后，g-C_3N_4 的功函数减少。随着掺杂元素的原子序数和金属性增加，更多的电子从杂质原子转移到 g-C_3N_4，并且电导率将增强[38]。简而言之，元素掺杂后对 g-C_3N_4 影响在于可以提高主要发生在 g-C_3N_4 的 CB 上的 ORR 性能。

综上，He 等[31] 详细计算了整个系统的缺陷形成能，O_2 吸附能力和电子特性。得出如下结论：a. 最合适的掺杂位置是 N2；b. O 掺杂增强了 g-C_3N_4 的 O_2 吸附能力，但 S 掺杂或 Se 掺杂减弱了 O_2 吸附的能力；c. 元素掺杂可以提高费米能级，提高 g-C_3N_4 的电导率，可以改善主要发生在 g-C_3N_4 的 CB 上的 ORR 活性。

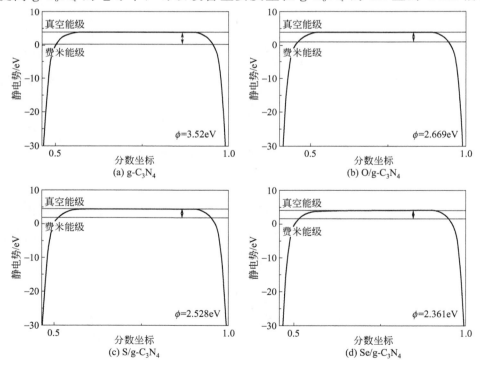

图 8-5 纯 g-C_3N_4 和元素（O、S 和 Se）掺杂的 g-C_3N_4 的功函数

8.3 过渡金属原子掺杂 g-C$_3$N$_4$ 的催化机制

之前的研究已经证明,通过掺杂的方式可以增强 g-C$_3$N$_4$ 的催化活性。例如,Pei 等[39] 已经证明了 S 掺杂可以提高 g-C$_3$N$_4$ 的 ORR 活性,并且揭示了掺杂元素可以在 g-C$_3$N$_4$ 基序内产生不同的自旋密度和电荷,从而影响了 ORR 中间体的吸附能,甚至是材料的催化活性。He 等[31] 也证明了 O 掺杂可以增强 g-C$_3$N$_4$ 的 ORR 性能。此外,g-C$_3$N$_4$ 的催化活性不仅可以通过非金属元素的掺杂得到改善,还可以通过金属元素的掺杂得到改善[40-42]。本节通过计算结合能研究了 3d、4d 和 5d 过渡金属掺杂 g-C$_3$N$_4$(M-C$_3$N$_4$;M = Mn、Fe、Co、Ni、Cu、Rh、Pd、Ag、Pt、Au)的稳定性;随后,通过分析 ORR 中间体的吸附能及相对能量变化,详细地研究了 M-C$_3$N$_4$ 的催化活性。

8.3.1 结构与稳定性

g-C$_3$N$_4$ 的结构由 27 个氮原子,18 个碳原子和 9 个氢原子组成。其中,氢原子用于饱和外围氮原子,终止 g-C$_3$N$_4$ 结构的周期性且避免边界效应的影响。已经证明,空腔内的位置在能量上是有利的[15,35,36],所以本节仅考虑了金属原子掺杂在空腔内的情况。M-C$_3$N$_4$ 的俯视图和侧视图分别示于书后彩图 42(a) 和 42(b) 中,可以看出金属原子从 g-C$_3$N$_4$ 片层中略微向外凸出。

为了评价 M-C$_3$N$_4$ 的稳定性,本节计算了过渡金属原子嵌入 g-C$_3$N$_4$ 中的结合能,其定义如下[43]:

$$E = E_{\text{M-C}_3\text{N}_4} - E_{\text{M}} - E_{\text{g-C}_3\text{N}_4} \tag{8-4}$$

式中 $E_{\text{M-C}_3\text{N}_4}$——M-C$_3N_4$ 的总能量;

E_{M}——过渡金属原子的总能量;

$E_{\text{g-C}_3\text{N}_4}$——纯 g-C$_3N_4$ 的总能量。

结合能的数值为负意味着 M-C$_3$N$_4$ 是稳定的,并且结合能的数值越负,结构越稳定。如图 8-6 所示,所有的结合能都为负值,这表明所有的 M-C$_3$N$_4$ 的结构是稳定的。整体而言,大多数 M-C$_3$N$_4$ 的稳定性是随着过渡金属原子的原子序数的增加而降低的。在所有 M-C$_3$N$_4$ 中,Mn-C$_3$N$_4$、Fe-C$_3$N$_4$、Co-C$_3$N$_4$、Ni-C$_3$N$_4$ 和 Rh-C$_3$N$_4$ 这 5 种催化剂结合能值更负,所以其结构比其他催化剂更稳定。

8.3.2 氧还原中间产物的吸附

吸附是催化剂发生反应的重要条件,因此首先对关键 ORR 物种(*OOH、*O、

*OH)的 E_{ads} 进行了计算。对于每种 ORR 物质，均考虑了在催化剂表面的多种不同的吸附构型，并从中选择最稳定的优化结构来计算吸附能。

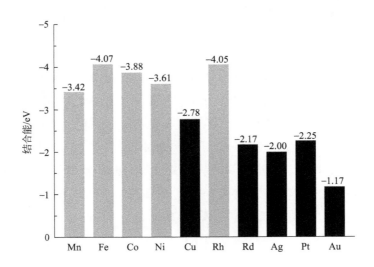

图 8-6 不同过渡金属原子掺杂 g-C_3N_4 的结合能

如图 8-7 所示，E_{ads}(*O)、E_{ads}(*OOH) 与 E_{ads}(*OH) 之间均存在良好的线性关系。这一结果再次验证了之前的研究结论：对 *OH 具有较强吸附作用的材料被认为对 *O 和 *OOH 同样拥有较强的吸附作用[44]。由于 Pt(111) 对 *O 和 *OH 的吸附能偏强，所以认为它并不是最理想的 ORR 催化剂。一般而言，*O 和 *OH 中间体在最理想的催化剂上的吸附能要比在 Pt(111) 上的吸附能略弱一点。图 8-7 中 P1

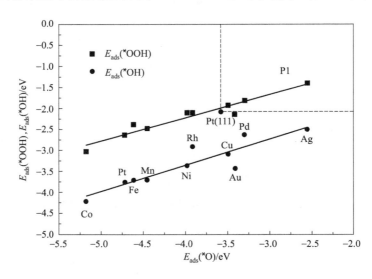

图 8-7 各种 M-C_3N_4 催化剂上的 E_{ads}(*OH)、E_{ads}(*OOH) 和 E_{ads}(*O)

即催化剂对 $^*O$ 和 $^*OH$ 的吸附能力略弱于 Pt(111) 的区域。换而言之，在图 8-7 中最理想的催化剂的圆点应位于 P1 区域且邻近 Pt(111)。可以清楚地看到，$^*O$ 在 Cu-C_3N_4、Pd-C_3N_4、Ag-C_3N_4 和 Au-C_3N_4 上的吸附能比在 Pt(111)（-3.66eV）上的弱。但 $^*OH$ 在所有 M-C_3N_4 上的吸附能均比 Pt(111)（-2.04eV）上的强[45,46]。没有一种催化剂的圆点位于 P1 区域，这表明所有 M-C_3N_4 催化剂的催化活性都不如 Pt(111)。已有研究证明，催化位点的主要毒性物质之一为 OH 基团，催化剂与 OH 的强吸附作用会造成其催化性能的降低[47-49]。相较于其他 M-C_3N_4 而言，OH 与 Ag-C_3N_4 和 Pd-C_3N_4 这两种催化剂之间的吸附作用较弱，并且其圆点的位置邻近 P1 区域。因此，可以推测在所有的 M-C_3N_4 催化剂中，Ag-C_3N_4 和 Pd-C_3N_4 可能具有相对较高的 ORR 催化活性。

8.3.3 氧还原路径及相对能量变化

众所周知，对于 ORR 过程而言存在着两种机理，即四电子机理和二电子机理[50]。这两种机理的差别在于反应最终是否生成水[51]。与二电子机理相比，四电子机理能够充分利用氧气，在 ORR 过程中产生更高的输出电压。所以，最受期待的反应机理是高效的四电子机理。计算结果表明，H_2O_2 作为二电子机理的产物，不仅不能稳定地吸附在 M-C_3N_4 上，还会自发地分解为两个吸附态的 OH 基团。这说明了二电子机理不能在 M-C_3N_4 上发生，并且在 M-C_3N_4 上可能会发生两种四电子路径。通过相对能量图可以有效地确定催化剂的 ORR 机理，评估其 ORR 活性，在此使用相对能量图对 M-C_3N_4 的不同反应路径进行详细研究，如图 8-8 所示。其中路径 1 为：$O_2 \rightarrow$ $^*OOH \rightarrow$ $^*O + H_2O \rightarrow$ $^*OH + H_2O \rightarrow 2H_2O$；路径 2 为：$O_2 \rightarrow$ $^*OOH \rightarrow$ $^*OH + ^*OH \rightarrow$ $^*OH + H_2O \rightarrow 2H_2O$。从图中可以明显地看到所有的 M-$C_3N_4$ 的路径 2 的位置低于路径 1，即对 M-C_3N_4 催化剂而言，$^*OOH$ 加氢生成 2 个吸附态的 OH 比生成一个吸附态的 O 和 H_2O 在能量上更有利，这证明在 M-C_3N_4 上，路径 2 是能量最有利的路径。此外，对于 Ag-C_3N_4 和 Pd-C_3N_4 而言，相对能量图呈现一直下坡的趋势，其中最后一步的相对能量变化明显小于其他步骤，则最后一步为整个反应的限速步骤（RDS）。除了 Ag-C_3N_4 和 Pd-C_3N_4 两种催化剂，其余所有催化剂的相对能量图的最后一步均呈现上升的趋势（其中，在 Rh-C_3N_4 上，最后一步的能量变化为 0eV；在 Pt-C_3N_4 上，最后两步均上升），这表明了该步骤为吸热过程，反应不能自发地进行。进一步说明了除了 Ag-C_3N_4 和 Pd-C_3N_4 之外，其他催化剂都没有催化活性。

为了更直观地评估 M-C_3N_4 催化剂的 ORR 活性，将 ORR 限速步骤的相对能量变化单独列于图 8-9 中，其中图形向上的催化剂的限速步骤相对能量变化为正，意味着在这些催化剂上 ORR 不能自发地进行。而 Ag-C_3N_4 和 Pd-C_3N_4 的图形向下，且在 Ag-C_3N_4 上限速步骤的相对能量变化的数值为 0.42eV 比在 Pd-C_3N_4 上的 0.29eV 大，这证明 Ag-C_3N_4 的 ORR 催化活性优于 Pd-C_3N_4。之前的研究表明，ORR 在 Pt(111)

上的限速步骤为第三步且限速步骤的相对能量变化的数值为 0.77eV[45,46]，明显大于 $Ag-C_3N_4$ 和 $Pd-C_3N_4$，这说明 $Ag-C_3N_4$ 和 $Pd-C_3N_4$ 这两种催化剂的催化活性不如 Pt(111)，但仍具有一定的催化能力。此外，以较好的催化剂 $Ag-C_3N_4$ 为例，ORR 物种在其表面上的吸附构型如书后彩图 43 所示。O_2 以 end-on 构型吸附在 $Ag-C_3N_4$ 上并且被活化，导致了 O—O 的键长从 1.26Å 拉伸到 1.31Å。满足了 ORR 的首要条件之后，随后 ORR 将会通过能量最有利的路径在 $Ag-C_3N_4$ 上发生。

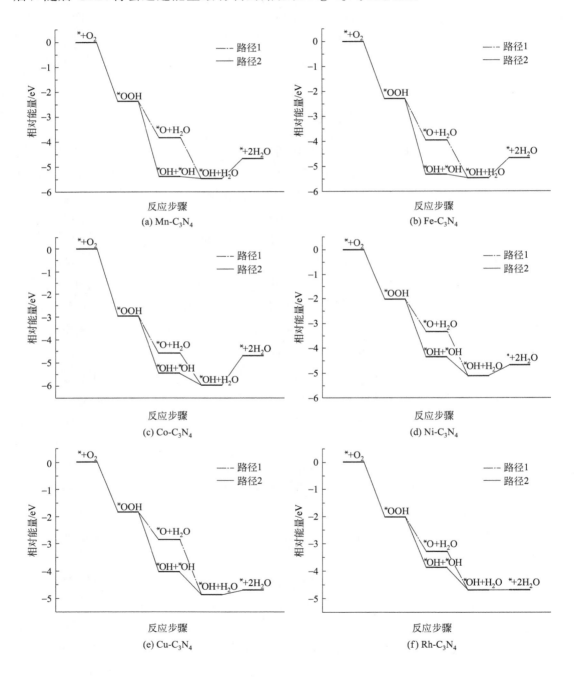

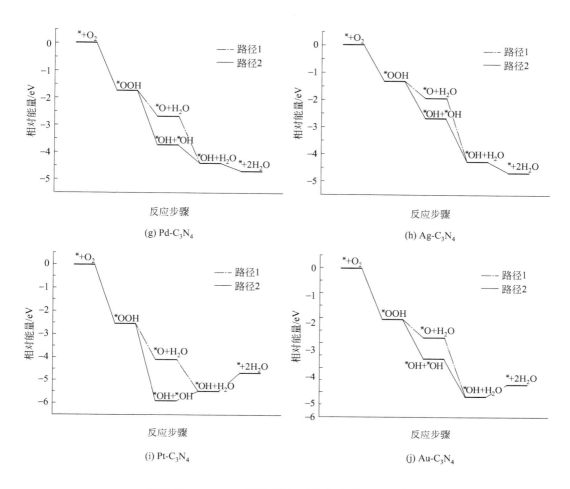

图 8-8 M-C_3N_4 催化剂上可能发生的 ORR 路径

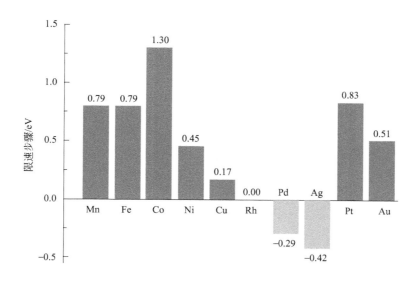

图 8-9 在 M-C_3N_4 上限速步骤的相对能量变化

8.4 小结

本章首先介绍了非金属原子掺杂 g-C_3N_4 的 ORR 性能研究。结果表明 O 元素的掺杂提高了费米能级，降低了功函数，提高了电子跃迁效率，从而提高了 ORR 活性。随后，对过渡金属原子掺杂 g-C_3N_4 进行了研究。结果表明，氧还原中间体与 M-C_3N_4 之间的吸附作用过强，导致大部分 M-C_3N_4 不具有 ORR 催化活性，而 Ag-C_3N_4 和 Pd-C_3N_4 这两种催化剂的催化活性虽不如 Pt(111)，但仍具有一定的催化能力。

参考文献

[1] T. W. Chen, J. X. Kang, D. F. Zhang, et al. Ultralong PtNi alloy nanowires enabled by the coordination effect with superior ORR durability. RSC Advances, 2016, 6: 71501-71506.

[2] L. Gan, S. Rudi, C. H. Cui, et al. Size-controlled synthesis of sub-10 nm $PtNi_3$ alloy nanoparticles and their unusual volcano-shaped size effect on ORR electrocatalysis. Small, 2016, 12: 3189-3196.

[3] K. L. Pickrahn, S. W. Park, Y. Gorlin, et al. Active MnO_x electrocatalysts prepared by atomic layer deposition for oxygen evolution and oxygen reduction reactions. Advanced Energy Materials, 2012, 2: 1269-1277.

[4] L. Dai, Y. Xue, L. Qu, et al. Metal-free catalysts for oxygen reduction reaction. Chemical Reviews, 2015, 115: 4823-4892.

[5] R. Wu, S. Chen, Y. Zhang, et al. Template-free synthesis of hollow nitrogen-doped carbon as efficient electrocatalysts for oxygen reduction reaction. Journal of Power Sources, 2015, 274: 645-650.

[6] R. Wang, T. Zhou, H. Wang, et al. Lysine-derived mesoporous carbon nanotubes as a proficient non-precious catalyst for oxygen reduction reaction. Journal of Power Sources, 2014, 269: 54-60.

[7] W. J. Ong, L. L. Tan, Y. H. Ng, et al. Graphitic carbon nitride (g-C_3N_4)-based photocatalysts for artificial photosynthesis and environmental remediation: Are we a step closer to achieving sustainability? Chemical Reviews, 2016, 116: 7159-7329.

[8] X. Wang, K. Maeda, A. Thomas, et al. A metal-free polymeric photocatalyst for hydrogen production from water under visible light. Nature Materials, 2009, 8: 76-80.

[9] K. Maeda, X. Wang, Y. Nishihara, et al. Photocatalytic activities of graphitic carbon

nitride powder for water reduction and oxidation under visible light. Journal of Physical Chemistry C, 2009, 113: 4940-4947.

[10] Q. Xu, B. Cheng, J. Yu, et al. Making co-condensed amorphous carbon/g-C_3N_4 composites with improved visible-light photocatalytic H_2-production performance using Pt as cocatalyst. Carbon, 2017, 118: 241-249.

[11] K. Wang, Q. Li, B. Liu, et al. Sulfur-doped g-C_3N_4 with enhanced photocatalytic CO_2-reduction performance. Applied Catalysis B: Environmental, 2015, 176: 44-52.

[12] K. Li, F. Su, W. D. Zhang. Modification of g-C_3N_4 nanosheets by carbon quantum dots for highly efficient photocatalytic generation of hydrogen. Applied Surface Science, 2016, 375: 110-117.

[13] X. Jian, X. Liu, H. Yang, et al. Construction of carbon quantum dots/proton-functionalized graphitic carbon nitride nanocomposite via electrostatic self-assembly strategy and its application. Applied Surface Science, 2016, 370: 514-521.

[14] J. Liang, Y. Zheng, J. Chen, et al. Facile oxygen reduction on a three-dimensionally ordered macroporous graphitic C_3N_4/carbon composite electrocatalyst. Angewandte Chemie International Edition, 2012, 51: 3892-3896.

[15] Y. Zheng, Y. Jiao, J. Chen, et al. Nanoporous graphitic-C_3N_4@carbon metal-free electrocatalysts for highly efficient oxygen reduction. Journal of the American Chemical Society, 2011, 133: 20116-20119.

[16] T. Sano, S. Tsutsui, K. Koike, et al. Activation of graphitic carbon nitride (g-C_3N_4) by alkaline hydrothermal treatment for photocatalytic NO oxidation in gas phase. Journal of Materials Chemistry A, 2013, 1: 6489-6496.

[17] Y. Wang, J. Hong, W. Zhang, et al. Carbon nitride nanosheets for photocatalytic hydrogen evolution: Remarkably enhanced activity by dye sensitization. Catalysis Science & Technology, 2013, 3: 1703-1711.

[18] Y. Zhang, T. Mori, J. Ye, et al. Phosphorus-doped carbon nitride solid: Enhanced electrical conductivity and photocurrent generation. Journal of the American Chemical Society, 2010, 132: 6294-6295.

[19] F. Chen, Q. Yang, Y. Wang, et al. Novel ternary heterojunction photocatalyst of Ag nanoparticles and g-C_3N_4 nanosheets co-modified $BiVO_4$ for wider spectrum visible-light photocatalytic degradation of refractory pollutant. Applied Catalysis B: Environmental, 2017, 205: 133-147.

[20] Y. Shang, X. Chen, W. Liu, et al. Photocorrosion inhibition and high-efficiency photoactivity of porous g-C_3N_4/Ag_2CrO_4 composites by simple microemulsion-assisted co-precipitation method. Applied Catalysis B: Environmental, 2017, 204: 78-88.

[21] W. Zhang, X. Xiao, Y. Li, et al. Liquid-exfoliation of layered MoS_2 for enhancing photocatalytic activity of TiO_2/g-C_3N_4 photocatalyst and DFT study. Applied Surface Science, 2016,

389: 496-506.

[22] W. Zhang, Z. Zhao, F. Dong, et al. Solvent-assisted synthesis of porous g-C_3N_4 with efficient visible-light photocatalytic performance for NO removal. Chinese Journal of Catalysis, 2017, 38: 372-378.

[23] N. Bao, X. Hu, Q. Zhang, et al. Synthesis of porous carbon-doped g-C_3N_4 nanosheets with enhanced visible-light photocatalytic activity. Applied Surface Science, 2017, 403: 682-690.

[24] L. Zhang, X. Chen, J. Guan, et al. Facile synthesis of phosphorus doped graphitic carbon nitride polymers with enhanced visible-light photocatalytic activity. Materials Research Bulletin, 2013, 48: 3485-3491.

[25] C. Lu, R. Chen, X. Wu, et al. Boron doped g-C_3N_4 with enhanced photocatalytic UO_2^{2+} reduction performance. Applied Surface Science, 2016, 360: 1016-1022.

[26] Q. Han, C. Hu, F. Zhao, et al. One-step preparation of iodine-doped graphitic carbon nitride nanosheets as efficient photocatalysts for visible light water splitting. Journal of Materials Chemistry A, 2015, 3: 4612-4619.

[27] X. Ma, Y. Lv, J. Xu, et al. A strategy of enhancing the photoactivity of g-C_3N_4 via doping of nonmetal elements: A first-principles study. Journal of Physical Chemistry C, 2012, 116: 23485-23493.

[28] S. Liu, D. Li, H. Sun, et al. Oxygen functional groups in graphitic carbon nitride for enhanced photocatalysis. Journal of Colloid and Interface Science, 2016, 468: 176-182.

[29] J. Wen, J. Xie, X. Chen, et al. A review on g-C_3N_4-based photocatalysts. Applied surface science, 2017, 391: 72-123.

[30] S. S. Shinde, A. Sami, J. H. Lee. Sulfur mediated graphitic carbon nitride/S-Se-graphene as a metal-free hybrid photocatalyst for pollutant degradation and water splitting. Carbon, 2016, 96: 929-936.

[31] Q. He, F. Zhou, S. Zhan, et al. Photoassisted oxygen reduction reaction on mpg-C_3N_4: The effects of elements doping on the performance of ORR. Applied Surface Science, 2018, 430: 325-334.

[32] L. Ruan, Y. Zhu, L. Qiu, et al. Mechanical properties of doped g-C_3N_4-A first-principle study. Vacuum, 2014, 106: 79-85.

[33] J. Liu. Effect of phosphorus doping on electronic structure and photocatalytic performance of g-C_3N_4: Insights from hybrid density functional calculation. Journal of Alloys and Compounds, 2016, 672: 271-276.

[34] B. Lin, H. An, X. Yan, et al. Fish-scale structured g-C_3N_4 nanosheet with unusual spatial electron transfer property for high-efficiency photocatalytic hydrogen evolution. Applied Catalysis B: Environmental, 2017, 210: 173-183.

[35] F. Dong, Z. Zhao, T. Xiong, et al. In situ construction of g-C_3N_4/g-C_3N_4 metal-free het-

erojunction for enhanced visible-light photocatalysis. ACS Applied Materials & Interfaces, 2013, 5: 11392-11401.

[36] S. M. Aspera, H. Kasai, H. Kwai. Density functional theory-based analysis on O_2 molecular interaction with the tri-s-triazine-based graphitic carbon nitride. Surface Science, 2012, 606: 892-901.

[37] Z. Zhao, Q. Liu. Effects of lanthanide doping on electronic structures and optical properties of anatase TiO_2 from density functional theory calculations. Journal of Physics D: Applied Physics, 2008, 41: 085417.

[38] B. Zhu, J. Zhang, C. Jiang, et al. First principle investigation of halogen-doped monolayer $g-C_3N_4$ photocatalyst. Applied Catalysis B: Environmental, 2017, 207: 27-34.

[39] Z. Pei, J. Gu, Y. Wang, et al. Component matters: paving the roadmap toward enhanced electrocatalytic performance of graphitic-C_3N_4-based catalysts via atomic tuning. ACS Nano, 2017, 11: 6004-6014.

[40] Y. Zheng, Y. Jiao, Y. Zhu, et al. Molecule-level $g-C_3N_4$ coordinated transition metals as a new class of electrocatalysts for oxygen electrode reactions. Journal of the American Chemical Society, 2017, 139: 3336-3339.

[41] W. Niu, K. Marcus, L. Zhou, et al. Enhancing electron transfer and electrocatalytic activity on crystalline carbon-conjugated $g-C_3N_4$. ACS Catalysis, 2018, 8: 1926-1931.

[42] F. He, K. Li, C. Yin, et al. Single Pd atoms supported by graphitic carbon nitride, a potential oxygen reduction reaction catalyst from theoretical perspective. Carbon, 2017, 114: 619-627.

[43] M. R. Mananghaya, G. N. Santos, D. Yu. Nitrogen substitution and vacancy mediated scandium metal adsorption on carbon nanotubes. Adsorption, 2017, 23: 789-797.

[44] J. Rossmeisl, J. Greeley, G. S. Karlberg. Electrocatalysis and catalyst screening from density functional theory calculations, in: M. T. M. Koper (Ed.). Fuel Cell Catalysis, John Wiley & Sons, Inc. 2009: 57-92.

[45] X. Chen, J. Chang, Q. Ke. Probing the activity of pure and N-doped fullerenes towards oxygen. Carbon, 2018, 126: 53-57.

[46] X. Chen, F. Sun, J. Chang. Cobalt or nickel doped SiC nanocages as efficient electrocatalyst for oxygen reduction reaction: A computational prediction. Journal of The Electrochemical Society, 2017, 164: F616-F619.

[47] X. Chen, R. Hu, F. Sun. Particle size effect of Ag catalyst for oxygen reduction reaction: Activity and stability. Journal of Renewable and Sustainable Energy, 2018, 10: 054301.

[48] F. A. Uribe, T. A. Zawodzinski. A study of polymer electrolyte fuel cell performance at high voltages. Dependence on cathode catalyst layer composition and on voltage conditioning. Electrochimica Acta, 2002, 47: 3799-3806.

[49]　X. Chen. Graphyne nanotubes as electrocatalysts for oxygen reduction reaction: The effect of doping elements on the catalytic mechanisms. Physical Chemistry Chemical Physics, 2015, 17: 29340-29343.

[50]　E. Yeager. Electrocatalysts for O_2 reduction. Electrochimica Acta, 1984, 29: 1527-1537.

[51]　C. Deng, R. He, D. Wen, et al. Theoretical study on the origin of activity for the oxygen reduction reaction of metal-doped two-dimensional boron nitride materials. Physical Chemistry Chemical Physics, 2018, 20: 10240-10246.

第9章
载体增强作用

9.1 概述

尽管 Pt 具有较高的氧还原催化活性,但其昂贵的价格和有限的储量使其难以在商业化燃料电池中实现大规模应用。此外,由于金属催化剂在燃料电池的工作条件下容易溶解或结块导致导电性降低,阻碍了氧还原反应(ORR)的进行。但是具有卓越导电性和热力学稳定性的石墨烯作为催化剂载体在氧还原催化剂的研究中发挥了重要作用。石墨烯的引入能最大限度地增加电催化剂的表面积、提高电导率,从而增强催化剂的活性和耐久性。

9.2 石墨烯负载的 Au 纳米团簇与 O_2 分子相互作用

众所周知,块体的 Au 非常稳定,基本不显示任何催化活性。然而,Au 纳米粒子却展现出了与块体材料明显不同的性质,并被认为在许多领域诸如催化、化学和生物传感器、先进给药系统以及光电等方面具有潜在的应用[1]。为了理解 Au 纳米粒子的催化机理,许多研究者对原子和分子 O 在 Au 团簇的吸附性质进行了研究。结果表明,O_2 分子在 Au 团簇上的吸附行为受团簇尺寸大小和电荷分布的影响非常大[2-4]。此外,O_2 分子在阴离子 Au 团簇上的吸附呈现出很明显的奇偶震荡关系。然而,对中性的 Au 团簇来说,现有的对其与 O_2 分子的相互作用的研究并不系统,且已有的结论并不十分一致。例如,有研究表明 O_2 分子不会在中性的 Au 团簇上吸附[5],但许多研究发现吸附是可以发生的[6-10]。

最近,有许多工作对石墨烯负载的 Au 团簇的性质,如稳定性及催化性质进行了研究。石墨烯是由单层碳原子以 sp^2 杂化轨道组成的六角型呈蜂巢晶格的二维平面薄膜，且能隙为零[11-14]。这种独特的几何结构和电子结构使其成为制作便携式电子设备的理想材料。此外，它还能用于金属催化剂的载体，用于异相催化反应。例如，最近有的研究将 Pt 和 Pd 纳米粒子负载到石墨烯氧化物上，发现具有很好的甲醇氧化能力[15-17]。Chen 等[18] 的研究结果表明当 Au_{16} 纳米粒子负载到石墨烯上时，其催化 CO 氧化的能力有了一定的提高。然而，目前为止，仍然缺乏对石墨烯负载的 Au 纳米粒子与 O_2 分子相互作用的研究。

本节用第一性原理方法系统地研究了氮掺杂石墨烯（N-graphene）负载 Au 团簇与 O_2 分子之间的相互作用。将 Au_n（$n=2\sim7$）团簇负载到 N-graphene 上，研究 N-graphene 负载对团簇催化性质的影响。

9.2.1 Au_n 团簇在 N 掺杂的石墨烯上的吸附性质

O_2 分子在催化剂上的吸附能大小是判断催化剂活性高低的重要指标。在本研究中，对吸附能的定义采用如下公式。

当 O_2 分子吸附到孤立的 Au_n 团簇上时，此时的吸附能为：

$$E_1 = E(\text{system}) - E(Au_n \text{clusters}) - E(O_2) \qquad (9\text{-}1)$$

式（9-1）中，$E(\text{system})$、$E(Au_n \text{clusters})$、$E(O_2)$ 分别代表 O_2 吸附在 Au_n 团簇表面的总能量、孤立的 Au_n 团簇的能量以及孤立的 O_2 分子的能量。

当 O_2 分子吸附到 N-graphene 负载的 Au_n 团簇上时，此时的吸附能为：

$$E_2 = E(\text{system}) - E(Au_n/C_{65}NH_{22}) - E(O_2) \qquad (9\text{-}2)$$

式（9-2）中，$E(\text{system})$、$E(Au_n/C_{65}NH_{22})$、$E(O_2)$ 分别代表 O_2 吸附在 N-graphene 负载的 Au_n 团簇表面的总能量、孤立的 N-graphene 负载 Au_n 团簇的能量以及孤立的 O_2 分子的能量。

类似地，当 Au_n 团簇吸附到 N-graphene 上时，吸附能为：

$$E_3 = E(\text{system}) - E(C_{65}NH_{22}) - E(Au_n \text{clusters}) \qquad (9\text{-}3)$$

式（9-3）中，$E(\text{system})$、$E(C_{65}NH_{22})$、$E(Au_n \text{clusters})$ 分别代表 Au_n 团簇吸附到 N-graphene 上的总能量、孤立的 N-graphene 的能量以及孤立的 Au_n 团簇的能量。

为了研究 O_2 与 N-graphene 负载的 Au_n 团簇的相互作用，首先计算了纯 Au_n（$n=2\sim7$）团簇在 N-graphene 上的吸附性质。表 9-1 给出了 Au_n 团簇与 N-graphene 平面垂直（⊥）和平行（∥）两种吸附方式的吸附数据。E_3 数据表明，对 Au_2、Au_3 和 Au_4 这三种团簇，与 N-graphene 平行的结构是最稳定的；而对 Au_5、Au_6 和 Au_7，与 N-graphene 垂直的结构最稳定。在所有研究的团簇当中，Au_7 在 N-graphene 上的吸附能最大，为 -1.15eV。MDC-q 电荷分析表明，对最稳定的团簇吸附构象，电子从 N-graphene 转移到了 Au_n 团簇上；而在相对不稳定的吸附构象中，电子转移的方向正好相反，如表 9-1 所列。从表中可以看出，吸附强度的大小主要取决于团簇与 N-graphene 之间的静电相互作用，若 Au_n 团簇上带的电荷越多（无论是正是负），吸附作用越大，相反就越小。

表 9-1 Au_n（n= 2~7）团簇在 N-graphene 上的吸附数据

Au_n 团簇	自旋多重性	E_3/eV	MDC-q 电荷
Au_2,⊥	2	−0.58	−0.103
Au_2,∥	2	−0.30	0.058
Au_3,⊥	1	−0.51	−0.107
Au_3,∥	1	−0.30	0.030
Au_4,⊥	2	−0.81	−0.089
Au_4,∥	2	−0.57	0.080
Au_5,⊥	1	−0.67	0.002
Au_5,∥	1	−0.79	−0.019
Au_6,⊥	2	−0.64	0.098
Au_6,∥	2	−0.74	−0.164
Au_7,⊥	1	−0.42	0.023
Au_7,∥	1	−1.15	−0.171

9.2.2 O_2 在 N 掺杂石墨烯负载 Au_n 团簇上的吸附性质

随后分别对 Au_n 团簇和孤立的 O_2 分子进行了结构优化，得到最稳定的 Au_nO_2 团簇的结构，如图 9-1 所示。从图中可以看出，随着 O_2 的吸附，Au_n 团簇的平面构型有了不同程度的扭曲，但基本维持吸附前的结构。然而，与其他团簇相比，对 Au_7O_2 和 Au_9O_2 来说，情况又有所不同。随着 O_2 分子在桥位吸附，Au_7 和 Au_9 团簇的结构发生了极大的变化。对于 Au_7O_2，得到了两个结构变化极大的异构体：能量最低的具有平面六角形结构，D_{6h} 对称；另一个可以通过前者的结构重排而得到。对于 Au_9O_2 的最稳定异构体见图 9-1。以上团簇的结构演变是非常有趣的，因为研究表明，对于孤立的 Au 团簇，这种现象只有可能在 400~500K 时才能够发生[19]。而当 O_2 分子吸附后，结构演变的原因很可能是团簇结构对称性的改变，因为有的研究表明团簇结构的稳定性和对称性是直接相关的，且高对称性的结构一般稳定性也更好[20]。

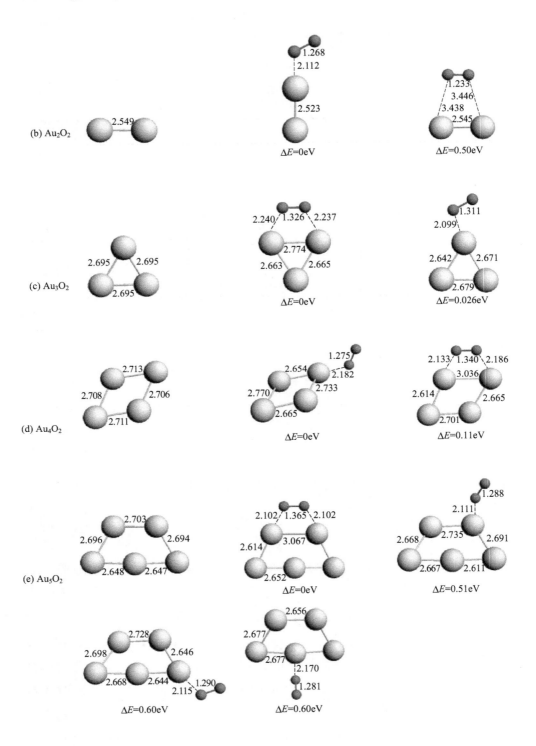

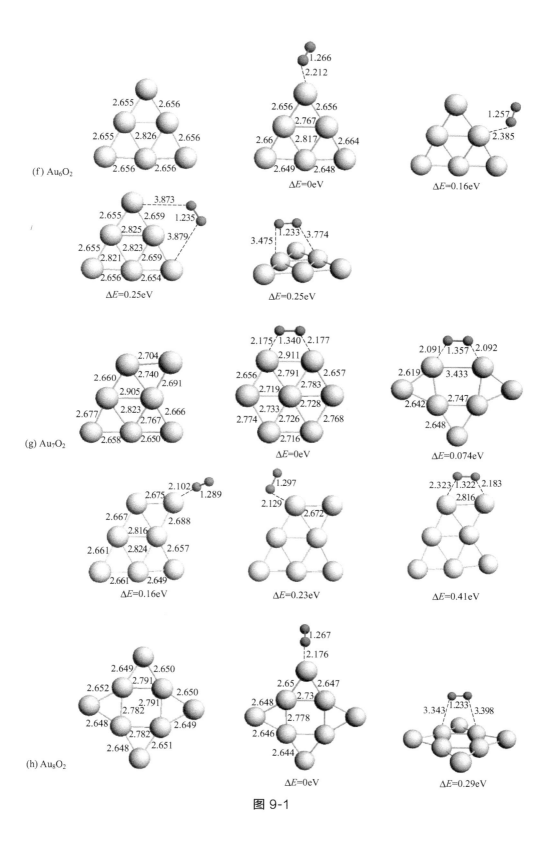

图 9-1

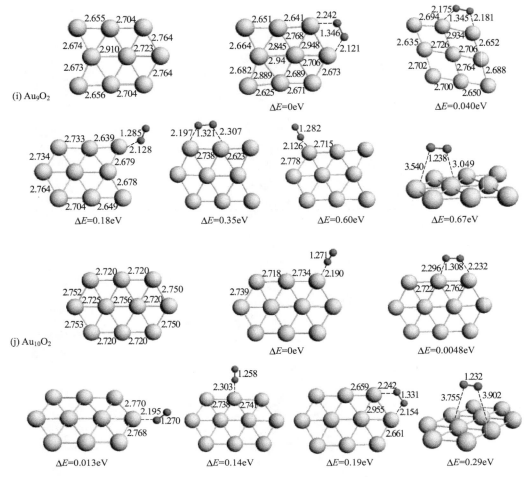

图 9-1　Au_n 团簇、单个 O_2 分子以及 Au_nO_2 复合物的优化结构图

在图 9-1 中，选择最稳定的 Au_nO_2（$n=2\sim7$）结构，然后将其负载到 N-graphene 上，比较 N-graphene 载体对 O_2 吸附性质的影响，计算的结果见表 9-2。数据表明，O_2 在 Au_n/N-graphene 上的 E_2 均比其在孤立 Au_n 上的 E_1 更强。毫无疑问，在一定的范围内，吸附能越强，意味着作用越强烈，则催化活性越高。例如，与孤立的 Au_3 和 Au_4 相比，O—O 键在 Au_n（$n=3$、4）/N-graphene 上伸长的程度明显更大。所得结果见书后彩图 44。从图中可以看出，在载体存在的情况下，Au—O 键的键长进一步缩短，同时 Au—Au 键的平均键长有所伸长。这种吸附结构的改变更加有利于电子从 Au 的 d 轨道转移到 O_2 的 π^* 反键轨道。从表 9-2 中也可以看出，在载体存在的条件下，O_2 分子上的负电荷明显更多。以上数据表明，当把 Au_n 团簇负载到 N-graphene 上时，其本身的 ORR 催化活性确实有了不同程度的提高。实际上，无论是在酸性还是碱性溶液中，N-graphene 本身即具有比较好的 ORR 活性[21,22]。因此，当将 Au_n 团簇负载到 N-graphene 上时，二者之间可能形成协同效应，这同样需要进一步的研究。

▷ 表 9-2　计算得到的吸附能 E_1 和 E_2 以及 O_2 上的 MDC-q 电荷

Au_n 团簇	E_1/eV		E_2/eV		$\Delta Q(O_2)$		$\Delta Q(O_2,负载)$	
	End-on	Bridge	End-on	Bridge	End-on	Bridge	End-on	Bridge
Au_2	−0.56	—	−0.83	—	0.041	—	−0.096	—
Au_3	−1.05	−1.07	−1.26	−1.69	−0.161	−0.191	−0.261	−0.272
Au_4	−0.36	−0.25	−0.42	−0.30	−0.077	−0.073	−0.157	−0.091
Au_5	−0.73	−1.25	−0.77	−1.32	−0.084	−0.203	−0.259	−0.223
Au_6	−0.34	—	−0.52	—	−0.126	—	−0.134	—
Au_7	−0.77	−0.93	−0.86	−0.99	−0.169	−0.231	−0.198	−0.248

为了更清楚地阐明 N-graphene 负载对催化活性的影响，进一步研究了两种 ORR 中重要的中间体 *O 和 *OH 在孤立的 Au_n 团簇以及 Au_n/N-graphene 上的吸附性质，所得结果见表 9-3。与分子 O_2 的吸附性质类似，原子 O 在 Au_n/N-graphene 上的 E_2 均比其在孤立 Au_n 上的 E_1 要大。有文献表明，如果一种催化剂对原子 O 的吸附能越大，那么其对 O—O 键的活化也越强，因此可以用催化剂与原子 O 的作用力大小来评估催化剂活性的高低[23-25]。因此，基于此观点，N-graphene 的负载使 Au_n 团簇催化活性得以提高进一步得到了验证。此外，实验研究表明 *OH 在 Pt 上的吸附能过大是导致过电势的主要原因之一[26]，其原理是 *OH 的吸附会占据 Pt 表面的活性位点，阻碍了 O_2 分子的进一步吸附。从表 9-3 中可以看出，当 *OH 吸附到 Au_n/N-graphene 上时，与在孤立的 Au_n 团簇上相比，吸附能有所下降，这意味着 N-graphene 的负载有可能会降低 Au_n 团簇催化过程中的过电势。

▷ 表 9-3　*O 和 *OH 在 Au_n (n=4、7) 和 Au_n (n=4、7) /N-graphene 上的吸附性质

单位：eV

Au_n 团簇	E_1(*O)	E_2(*O,负载)	E_1(*OH)	E_2(*OH,负载)
Au_4	−3.43	−3.96	−2.75	−2.97
Au_7,⊥	−4.21	−3.99	−3.80	−3.50
Au_7,∥		−4.34		−3.65

9.2.3　Au_n 团簇结构稳定性的改变

如上文所述，当 O_2 分子吸附到孤立的 Au_7 和 Au_9 上时，团簇的结构遭到了极大的破坏。前人研究表明催化剂形貌的改变会影响 O_2 的吸附方式及部位，进而影响催化剂的活性[27]。因此，在不改变催化活性的条件下保持催化剂的结构稳定性是催化领域的重要课题。书后彩图 45 给出了 O_2 分子在 Au_7/N-graphene 上的吸附构象。从图中可以看出，尽管与 N-graphene 平行的 Au_7 的结构有了一定的扭曲，

但仍然维持了基本的形貌。而对垂直的构象来说，当 O_2 吸附到桥位上，Au_7 的结构基本没有改变。也就是说，N-graphene 作为载体确实能够提高团簇的结构稳定性，这主要取决于载体和载物之间的相互作用。对垂直的结构来说，N-graphene 能够锚定 Au 团簇，使其难以进行结构演变；而对平行的结构，尽管没有直接的 Au—C（或 Au—N）相互作用，但由于二者之间的吸附强度特别大（−1.15eV），团簇的结构能够基本保持稳定。

9.3 氧气在缺陷石墨烯负载的铂纳米粒上的吸附

在低温燃料电池电极反应的研究中，ORR 一直是研究的焦点。尽管研究人员正在努力设法提高燃料电池的性能以提高效率，但缓慢动力学限制了其应用[28-31]。Pt 催化剂作为最好的 ORR 催化剂之一仍是氧还原反应研究的热点，主要关注点从块体相到纳米颗粒的机理和电子性质的变化。以往，铂在 ORR 领域的研究主要集中在不同类型的铂表面模型［即 Pt(111)、Pt(110) 或 Pt(100)][31-33] 或者团簇模型[34,35]。

近年来，石墨烯与沉积金属纳米颗粒（例如 Pt、Au 和 Pd）通过薄膜浇铸在电极表面上的方式为燃料电池的应用提供了一种有效的纳米复合材料[36-38]。在质子交换膜燃料电池中，以功能化的石墨烯为载体的铂纳米粒子 ORR 活性和稳定性与 Pt 催化剂相比均有提升[37]。相关研究表明铂纳米粒子在功能化石墨烯上的活性增强可能与电化学活性表面积的增强有关[36]。

对于 ORR 研究，必不可少的是阐明氧气在铂纳米颗粒上的吸附行为。Lim 等[39] 利用缺陷石墨烯负载的铂纳米颗粒对氧还原的催化活性进行了探究。该工作主要包括以下两项吸附研究：a. Pt_{13} 纳米粒子在石墨烯单空位缺陷上吸附；b. 氧气在 Pt_{13}-缺陷石墨烯上的吸附。

9.3.1 Pt_{13} 纳米粒子与缺陷石墨烯之间的相互作用

Lim 等[39] 基于密度泛函理论，使用 VASP 对缺陷石墨烯负载的铂纳米颗粒进行了研究。在研究 Pt_{13} 纳米粒子吸附缺陷石墨烯之前，通过优化 Pt_{13} 纳米粒子的三种不同几何形状：二十面体（I_h）、正立方体（O_h）、畸变立方体（D_{4h}），如图 9-2 (a) 所示，获得了一种稳定的 Pt_{13} 纳米粒子构型。在图 9-2 中，浅色和深色分别代表 C 和 Pt。结构表明，扭曲的长方体（D_{4h}）构型比其他对称构型更稳定，具有更低的总能量。这一结果与之前对铂纳米团簇的 DFT 研究一致——Pt_{13} 的最低能量构型是 D_{4h}，而不是二十面体构型[40]。

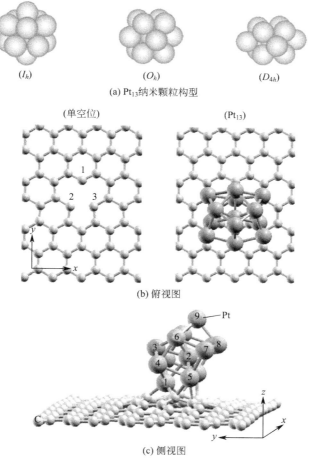

图 9-2 Pt_{13} 纳米颗粒,吸附在石墨烯单空位位点上的 Pt_{13} 纳米颗粒的俯视图和侧视图

基于相关的 Fe_{13} 和 Al_{13} 纳米粒子对缺陷石墨烯的吸附研究结果,Lim 等[39]对 Pt_{13} 纳米粒子在缺陷石墨烯上的吸附进行了探究,测试了 $Pt_{13}D_{4h}$ 的三种不同吸附构型,其中一个纳米粒子边缘的原子与碳的三个 sp^2 悬空键相互作用。与其他两种或三种纳米颗粒原子放置在单一阴性位点附近的模式相比,单一阴性位点显示出优异的稳定性。图 9-2(b)和图 9-2(c)表示 Pt_{13} 纳米颗粒在石墨烯单空位上最稳定的吸附构型。计算出最稳定的 $Pt_{13}D_{4h}$ 纳米颗粒的吸附能为 $-7.45eV$。纳米粒子与石墨烯中的碳空位缺陷之间的强相互作用归因于由碳-碳键裂解而在空位附近的三个相邻碳原子上形成的 sp^2 悬空键[41-43]。

吸附后 Pt_{13} 纳米颗粒的几何形状和缺陷石墨烯的表面都发生了扭曲和重构。缺陷石墨烯的初始表面具有很强的重构性,且具有与表面垂直的弛豫性,尤其是在缺陷位置附近。然而石墨烯晶格的横向弛豫并不显著,如图 9-2(c)所示。缺陷位置附近的碳原子的高度增加到 1.33Å,这与在有缺陷的石墨烯的单空位上的

Fe_{13}（1.09Å）和 Al_{13}（1.48Å）纳米颗粒吸附中所示的碳原子的高度增加相似[44]。碳原子在单空位处高度排序为 Fe 纳米颗粒＜Pt 纳米颗粒＜Al 纳米颗粒。其原因可能是原子半径的大小顺序[Fe(1.26Å)＜Pt(1.39Å)＜Al(1.43Å)[44]]所导致。

由于偏态密度（PDOS）分析有助于理解 Pt_{13} 纳米颗粒与缺陷石墨烯相互作用的细节。所以，Lim 等[39]对孤立的 Pt_{13} 纳米粒子和缺陷石墨烯以及吸附体系的价电子进行了 PDOS 分析。书后彩图 46 显示了吸附态 Pt[图 9-2(c)中的 Pt1]的 s、p、d 态的 PDOS 和离石墨烯单空位位置最近的碳的 s、p 态的 PDOS。孤立的 Pt_{13} 纳米颗粒中的铂原子在有限系统中具有窄而尖锐的峰带，其特征是有一组离散的能级[45]。然而，吸附的纳米颗粒中的 Pt 原子代表彩图 46（a）中－15～＋7eV 范围中离域、加宽和强修饰带，其类似于 Pt(111)[46]金属表面的 PDOS。比较彩图 46 中 Pt 和 C 原子的 PDOS，Pt 的 5d 态与缺陷石墨烯的 C 的 2p 态之间的强杂化几乎发生在整个能量区域，支撑着 Pt 和 C 原子之间的共价键合相互作用。这些铂的加宽和强修饰状态表明，铂纳米粒子与石墨烯单空位处的 sp^2 碳发生了强杂化。

9.3.2　氧气在 Pt_{13}-缺陷石墨烯上的吸附作用

为了确定缺陷石墨烯负载的 Pt_{13} 纳米颗粒上可能存在的 O_2 吸附构型，Lim 等[39]使用了一个简单的 Pt_{13} 模型进行了初步实验，为研究负载的 Pt_{13} 纳米颗粒上的 O_2 吸附提供了思路。简单的 Pt_{13} 模型直接从图 9-2（c）所示的吸附的 Pt_{13} 纳米颗粒构型中获得，方法是除去缺陷石墨烯，只固定 Pt1，以模拟石墨烯单空位处锚定的 Pt 原子。计算了在简单 Pt_{13} 模型上不同氧气吸附构型包括 Bridge 构型、Pualing 构型和 Griffith 构型[47]的相对总能量之后发现，O_2 倾向于在简单的 Pt_{13} 模型上以 Bridge 构型吸附。在简单 Pt_{13} 模型的各种可能的初始 O_2 吸附构型中，三种 Bridge 构型和一种 Griffith 构型在缺陷石墨烯的单空位上得到了充分的优化。如图 9-3 所示，在有缺陷的石墨烯负载的 Pt_{13} 纳米颗粒上的稳定的氧气吸附构型的吸附能为－2.30eV[Bridge 构型，图 9-3(a)]和－0.78eV[Griffith 构型，图 9-3(d)]。与其他 O_2 吸附研究相比，Bridge 构型中预测的 O_2 吸附能显著增强，其中在 Pt(111)上为－0.58～－0.72eV[48]，在 Pt(100)上为－1.30eV[49]，在 Pt(110)上为－1.48eV[50]，在 Pt_3 团簇上为－1.42eV[51]，在 Pt_3 团簇上为－1.08eV[51]，在 Pt_n 团簇上为－0.53～－0.83eV(n=2～5)[52]。在缺陷石墨烯负载的 Pt_{13} 体系上吸附时，作为自由气相分子的 O_2 键长由 1.23Å 分别被拉长至 1.44Å 和 1.38Å，而在 Pt(111)上被拉长至 1.35Å[53]。O—O 键的拉伸长度与向 O_2 转移的电荷量呈较强的线性关系(R^2=0.98)；从 Pt_{13}-缺陷石墨烯体系转移到 O_2 的电荷越多，O—O 键的拉伸长度越长。

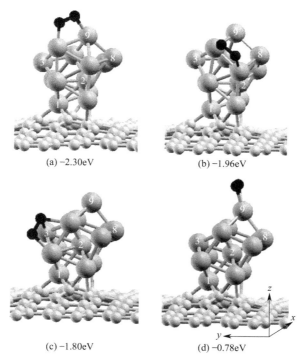

图 9-3 缺陷石墨烯载体 Pt_{13} 纳米颗粒对 O_2 的吸附，O_2 的吸附能分别为：
$-2.30eV$、$-1.96eV$、$-1.80eV$、$-0.78eV$

虽然缺陷石墨烯负载的 Pt_{13} 纳米颗粒可以增强 O_2 的吸附，但其吸附能比在气相中优化的孤立的 Pt_{13} 纳米颗粒更高（稳定性更差）。图 9-4 显示，在孤立的 Pt_{13} 纳米颗粒上的 O_2 吸附，与缺陷的石墨烯负载的 Pt_{13} 纳米颗粒相比，在 Bridge 构型中表现出高达 $-3.92eV$ 的吸附能。与其他不含 O_2 的 Pt_{13} 系统相比，这种异常稳定的 O_2 吸附给孤立的 Pt_{13} 纳米颗粒带来了显著的形变，如图 9-4 所示。一般来说，吸附作用越强引起的吸附质-基底系统的形变越大，正如先前的工作中所讨论的[53]关于 Fe_{13} 和 Al_{13} 纳米颗粒在有缺陷的石墨烯上的吸附。换句话说，为几何形变提供更多自由度的吸附质-基底系统可能更适合于吸附物和基底之间的增强吸附。为了验证这一假设，通过固定 Pt_{13} 纳米颗粒中原子的位置，重新计算了孤立 Pt_{13} 纳米颗粒上 O_2 的吸附能。计算了两个吸附位点，即如图 9-4(a) 和图 9-4(c) 所示的最稳定和最不稳定的位点，吸附能分别为 $-1.14eV$ 和 $-1.07eV$。与完全松弛的 Pt_{13} 纳米颗粒（最稳定和最不稳定位点分别为 $-3.92eV$ 和 $-1.19eV$）相比，该结果表明氧气与完全松弛的 Pt_{13} 纳米粒子相互作用的显著增强归因于在 O_2 吸附时完全松弛的 Pt_{13} 发生的几何形变。

单空位缺陷石墨烯作为载体稳定地将 Pt_{13} 纳米颗粒固定在空位位置，从而防止 Pt_{13} 纳米颗粒在 O_2 吸附后发生显著变化。这可能解释了缺陷石墨烯负载的 Pt_{13} 体系对 O_2 的吸附能力弱于孤立的 Pt_{13} 纳米颗粒，有利于该体系在催化方面的进一步应用，例如氧还原反应。如果反应物与催化剂表面结合得太紧密，就会大大降低反应速率。相反，应该寻求适度的吸附强度。值得注意的是，较大的 Pt 纳米颗粒（>Pt_{13}）在 O_2 吸附时提供较小的几何形变自由度，在有缺陷的石墨烯负载和自由 Pt 系统上的 O_2 吸附强度可能会有不同表现。

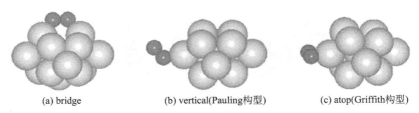

(a) bridge　　(b) vertical(Pauling构型)　　(c) atop(Griffith构型)

图 9-4　优化的孤立的 Pt_{13} 纳米颗粒对 O_2 的吸附，其吸附位置分别为：bridge、vertical（Pauling 构型）、atop（Griffith 构型）

图 9-5 显示了 x 和 y 方向（平行于表面）的差分电荷密度[$\Delta n(r)$]。在图 9-5 中，L1、L2、L3 分别代表底部 Pt 层、顶部 Pt 层和 O_2 层，把 z 方向上高度为 0Å 时的 L1 层作为参考标准。如先前的工作中所讨论的[44]，当吸附物在吸附时发生明显的形变，那么差分电荷密度可能被低估或高估。因此，选择 O_2-Pt_{13}-石墨烯体系的改进后的吸附几何结构[图 9-3(d)]用于电荷差密度分析。如图 9-5 所示，顶部 Pt 原子（Pt9）附近的明显电荷减少和 O_2 附近的电荷积累，定性地表明电荷从 Pt 转移到在吸附态的 O_2 上。另一个关于 Pt(111) 上的 O_2 吸附的 DFT 研究也报道了这种电子转移[54]。

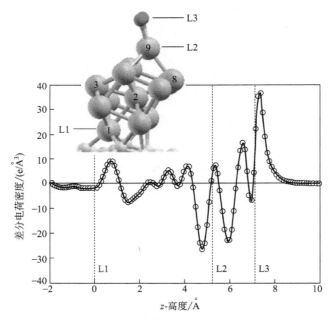

图 9-5　O_2 吸附在单空位缺陷石墨烯负载的 Pt_{13} 纳米颗粒上时，垂直于表面的 x 和 y 方向上的积分电荷密度的差分电荷密度

使用有缺陷的石墨烯作为铂纳米颗粒催化活性的载体有两个潜在的好处，即增强表面结合的铂纳米颗粒的稳定性和 O_2 吸附强度的可调性。石墨烯的单空位在锚定 Pt_{13} 纳米颗粒中起关键作用，由于 Pt 纳米颗粒与石墨烯单空位附近的相邻碳原子的 sp^2 悬空键的强烈杂化，产生了-7.45eV 的相对强的吸附能。这种较强的稳定性可以使最小的 Pt 纳米颗粒在石墨烯表面上聚集。

O_2 吸附在有缺陷的石墨烯负载的 Pt_{13} 纳米颗粒上导致 Pt 的电荷减少，而吸附态的 O_2 获得电子。O_2 在 Pt_{13}-缺陷石墨烯复合物和游离 Pt_{13} 纳米颗粒上的吸附能分别为-2.30eV 和-3.92eV。由于有缺陷的石墨烯载体的存在而导致了 O_2 吸附能减弱，从而调节其吸附能使其吸附强度达到平衡，有助于提升 Pt 纳米颗粒的氧还原催化活性。

9.4 载体

催化剂载体是质子交换膜燃料电池系统里非常重要的组成部分，其作用不仅仅在于降低贵金属的用量以减少催化剂成本，更重要的是对催化剂的性能、燃料和电荷的转移有着重要的影响。载体影响着催化剂的分散度、稳定性和利用率。具体表现在催化剂粒径大小的分布、催化剂合金化程度、催化剂层的电化学区域以及电池使用过程中催化剂的稳定性和寿命等方面；燃料的传质过程、燃料是否与催化剂层活性位点充分接触以及物质（包括燃料和产物）传输的速度都与载体有着直接或者间接的联系；载体的导电率关系到电荷传输效率和速度，上述因素均会直接影响着电池系统的工作效率。此外，载体并不仅作为惰性载体而存在，它也可能起着协同催化的作用。因此，载体的优化选择是质子交换膜燃料电池系统中非常重要的研究内容。

选择一个好的质子交换膜燃料电池催化剂的载体，需要考虑以下几个方面：

① 适合的比表面积及孔结构，提供高活性表面，能均匀负载活性物质，为催化反应提供场所；

② 高电导率；

③ 有足够的稳定性，耐酸和抗腐蚀；

④ 不含有任何使催化剂中毒的物质；

⑤ 制备方便，成本低。

目前应用于质子交换膜燃料电池的载体主要是碳材料。这是因为碳材料在酸性和碱性介质里都有很好的稳定性、高的电导率和活性面积。碳材料作为载体的很多性质，如活性位点、孔性质、形态、表面官能结构、电子导电性和耐腐蚀性等都需要被考虑，这些性质影响着制备方法和过程的选择。近些年来，对碳载体的研究主要集中在载体对催化剂的影响和新载体的开发利用上[55]。

碳纳米管是一种具有特殊结构的一维纳米材料，由呈六边形排列的碳原子构成单层或者多层同轴圆管，相邻的同轴圆管之间间距相当，约 0.34mm，根据纳米管管壁中碳原子层的数目可以分为单壁纳米管（SWNTs）和多壁纳米管（MWNTs）。碳纳米管具有优异的结构、高比表面积、低阻抗、高导电性和电化学稳定性，被认为是很有潜力的燃料电池催化剂载体材料[56-59]。原始的碳纳米管具有化学惰性，很难附着金属纳米粒子。因此，通过引入表面氧基（硝酸、硫酸等强酸）和其他离子液体以使碳纳米管表面更亲水并改善催化剂-载体的相互作用，从而使碳纳米管功能化的方法被普遍采用。自 20 世纪 90 年代末，首次报道了用于沉积催化剂纳米粒子的酸功能化碳纳米管以来[60]，该工艺一直被用于直接甲醇燃料电池和质子交换膜燃料电池中以获得分散性、粒径以及形貌俱佳的金属催化剂纳米粒子。使用贵金属和非贵金属进行表面改性的碳纳米管已被用于负载多种单一、二元（如 Pt-Ru、Pt-Co、Pt-Fe）以及三元催化剂（如 Pt-Ru-Pd、Pt-Ru-Ni、Pt-Ru-Os）系统[61-66]。Park 等[67] 对 MWNT 负载的 Pt 进行了加速应力试验，研究了 Pt 对质子交换膜燃料电池阴极的极化损耗和电化学行为。与 Vulcan XC-72 负载 Pt 相比，碳纳米管作负载的催化剂具有较高的电化学保留率、较小的界面电荷转移阻力和较低的燃料电池性能衰退速率。这最终证实了 MWNT 具有更高的耐腐蚀性，并且与 Pt 纳米粒子有更强的相互作用。在连续的阳极电位应力作用下，高耐蚀性的 MWNT 能长期保持电极结构和疏水性，防止阴极催化剂层发生严重的水浸。然而，尽管碳纳米管具有诸多优点，其在燃料电池中的应用仍面临诸多挑战。虽然碳纳米管的成本在过去几年中显著下降，但目前的碳纳米管合成技术不适合大规模生产，需要开发成本效益高的方法来实现大规模生产。

介孔碳材料属于多孔碳材料的一类，其孔径为 2~50nm，具有较大的表面积和较高导电性。根据它们的最终结构和制备方法，可以将它们分为两类：有序介孔碳（OMC）和无序介孔碳（DOMC）。通过有序介孔氧化硅模板或模板化三嵌段共聚物结构来制备 OMCs[68,69]。目前，研究人员已经对 OMC 的广泛应用进行了探索，包括其在锂离子电池和燃料电池领域的应用[70-73]。同时对它们作为燃料电池的催化剂载体材料也进行了广泛研究。众所周知，碳载体的结构是影响电催化剂性能的重要因素。它决定了反应物对催化位点的可及性以及产物的去除。介孔碳有趣的形态结构——具有大的比表面积和三维连接的单分散的中间层，有利于反应物和副产物的扩散，使它们成为非常有吸引力的催化剂载体材料。OMCs 还可以有效地将氢扩散到活性催化剂上。介孔碳还具有一些表面氧基团，这些表面氧基团可以改善金属催化剂和碳载体之间的相互作用，从而实现更好的分散。Yu 等[74] 合成了一系列的具有不同孔径（10~1000nm）的碳材料并将其应用在直接甲醇燃料电池中，他们发现孔径为 25 nm

左右的介孔碳材料负载催化剂具有最高的催化活性,以该材料为载体的催化剂比商业 E-TEK 催化剂性能高出 43%,这不仅由于该材料具有高的比表面积和高分散性,而且与碳材料的互相交联且周期重复的孔结构有关,该孔结构有利于反应物和产物的物质传递。

石墨烯是一种由六边形排列的碳原子组成的原子薄片,自从 2004 年被 Geim 等发现以来就备受关注[75]。该材料还具有高电子转移率、大表面积和高导电性[76-79]。因此,它被广泛研究应用于各种领域,其中就包括燃料电池催化剂负载材料。石墨烯提供的快速电子传输机制可以在燃料电池中更快、更有效地促进 ORR 的进行。氮掺杂的石墨烯已被证明具有良好的应用前景,特别是在反应迟缓的阴极 ORR 中[77,80]。石墨烯负载的 Pt、Pd、Pt-Ru、Pt-Pd 和 Pt-Au 等纳米粒子在催化 ORR 时催化活性和稳定性均增强。例如 Kou 等[81]将 Pt 纳米粒子稳定在氧化铟锡 (ITO)-石墨烯结合点上形成 Pt-ITO-GP 三重结合点,所制备的复合催化剂的活性和稳定性显著增强。并且石墨烯上的缺陷和官能团能有效地稳定 Pt 纳米粒子来提高催化剂的耐久性。此外,氮掺杂石墨烯后,石墨烯层中引入的无序和缺陷为催化剂纳米粒子的锚定位点[82,83]。Jafri 等[83]采用氮掺杂石墨烯纳米板作为铂纳米粒子载体进行电催化研究。采用石墨氧化物热剥离法制备了石墨烯纳米片,并在氮气等离子体中进一步处理,制备出掺氮[3%(原子数百分比)]的石墨烯纳米片。采用硼氢化钠还原法将 Pt 纳米粒子分散在载体上。使用 Pt/N-G 和 Pt/G 作为 ORR 催化剂制备的 MEAs 的最大功率密度分别为 $440mW/cm^2$ 和 $390mW/cm^2$。Pt/N-G 性能的改善是由于在 C 主链中 N 的掺入形成了五边形和七边形的结构,增加了相邻 C 原子的电导率。

纳米碳材料的使用明显改善了质子交换膜燃料电池催化剂载体的性能,因为它们对催化剂的耐用性和性能有很大的影响。遗憾的是,这些系统仍然存在碳腐蚀。尽管这种不良反应已经大大减少,但完全消除碳腐蚀还不可能实现。此外,被用来改善催化剂纳米粒子在载体上的锚定性并减少团聚的碳载体功能化可以使其更容易受到电化学氧化,从而导致活性表面积的损失。它还可以影响离聚物的分布,从而影响燃料电池电极的质子导电性[84]。因此,迫切需要探索其他非碳质载体来解决这些问题。惰性的非碳质氧化物载体,如 TiO_2 或 WO_3,使得它们在相对较强的氧化条件下的应用具有很大的吸引力,例如在工作燃料电池的阴极上[85]。最近,Lewera 等[86]对 TiO_2 和 WO_3 负载 Pt 进行了详细的 X 射线光电子能谱研究,以研究这些非碳质载体所提供的强金属-载体相互作用。沉积在氧化物载体上的 Pt 的 $4f$ 信号明显低于沉积在碳载体上的 Pt 的 $4f$ 信号。研究观察到 Pt 的 $4f$ 的 XPS 信号不对称的增加,表明 Pt 上的电子密度增加,Pt-载体体系对 ORR 的电催化活性也明显提升。

9.5 小结

本章首先运用第一性原理计算了石墨烯负载的 Au 纳米团簇与 O_2 分子相互作用,结果表明 N-graphene 能够锚定 Au 团簇,使其结构稳定性提高,同时其催化活性也得到增强。随后介绍了氧气在缺陷石墨烯负载的铂纳米粒上的吸附。研究表明,使用缺陷的石墨烯作为铂纳米颗粒的载体可以增强表面结合的铂纳米粒子的稳定性,并且可以调整氧气在缺陷石墨烯负载的铂纳米粒上的吸附强度,有助于提升 Pt 纳米颗粒的氧还原催化活性。最后介绍了载体在燃料电池体系中的重要作用——催化剂与载体之间良好的相互作用不仅提高了催化剂的效率,降低了催化剂的损耗,而且控制了电荷的转移。此外,载体还可以通过减少催化剂中毒来提高催化剂的性能和耐久性。纳米碳材料(如碳纳米管、介孔碳和石墨烯)以及非碳质氧化物作为载体在燃料电池系统中发挥着重要作用。随着对各种载体的研究深入,将新型电催化剂载体和改进的催化剂负载技术的融合可能带来革命性的变化,以追求高性能、长寿命的燃料电池。

参考文献

[1] T. V. Choudhary, D. W. Goodman. Oxidation catalysis by supported gold nano-clusters. Topics in Catalysis, 2002, 21: 25-34.

[2] B. Assadollahzadeh, P. Schwerdtfeger. A systematic search for minimum structures of small gold clusters Au_n ($n = 2\sim20$) and their electronic properties. The Journal of Chemical Physics, 2009, 131: 064306.

[3] G. J. Kang, Z. X. Chen, Z. Li, et al. A theoretical study of the effects of the charge state and size of gold clusters on the adsorption and dissociation of H_2. The Journal of Chemical Physics, 2009, 130: 034701.

[4] G. P. Li, I. P. Hamilton. Complexes of small neutral gold clusters and hydrogen sulphide: A theoretical study. Chemical Physics Letters, 2006, 420: 474-479.

[5] B. Yoon, H. Hakkinen, U. Landman. Interaction of O_2 with gold clusters: Molecular and dissociative adsorption. The Journal of Physical Chemistry A, 2003, 107: 4066-4071.

[6] G. Mills, M. S. Gordon, H. Metiu. The adsorption of molecular oxygen on neutral and negative Au_n clusters ($n = 2\sim5$). Chemical Physics Letters, 2002, 359: 493-499.

[7] X. Ding, Z. Li, J. Yang, et al. Adsorption energies of molecular oxygen on Au clusters. The Journal of Chemical Physics, 2004, 120: 9594-9600.

[8] E. M. Fernandez, P. Ordejon, L. C. Balbas. Theoretical study of O_2 and CO adsorp-

tion on Au_n clusters ($n = 5 \sim 10$). Chemical Physics Letters, 2005, 408: 252-257.

[9] A. Lyalin, T. Taketsugu. Cooperative adsorption of O_2 and C_2H_4 on small gold clusters. Journal of Physical Chemistry C, 2009, 113: 12930-12934.

[10] R. Coquet, K. L. Howard, D. J. Willock. Theory and simulation in heterogeneous gold catalysis. Chemical Society Reviews, 2008, 37: 2046-2076.

[11] T. Osada. Anomalous interlayer hall effect in multilayer massless dirac fermion system at the quantum limit. Journal of the Physical Society of Japan, 2011, 80: 033708.

[12] Y. B. Zhang, Y. W. Tan, H. L. Stormer, et al. Experimental observation of the quantum Hall effect and Berry's phase in graphene. Nature, 2005, 438: 201-204.

[13] K. S. Novoselov, E. McCann, S. V. Morozov, et al. Unconventional quantum Hall effect and Berry's phase of 2π in bilayer graphene. Nature Physics, 2006, 2: 177-180.

[14] A. H. C. Neto, F. Guinea, N. M. R. Peres, et al. The electronic properties of graphene. Reviews of Modern Physics, 2009, 81: 109-162.

[15] E. J. Yoo, T. Okata, T. Akita, et al. Enhanced electrocatalytic activity of Pt sub-nanoclusters on graphene nanosheet surface. Nano Letters, 2009, 9: 2255-2259.

[16] G. M. Scheuermann, L. Rumi, P. Steurer, et al. Palladium nanoparticles on graphite oxide and its functionalized graphene derivatives as highly active catalysts for the Suzuki-Miyaura coupling reaction. Journal of the American Chemical Society, 2009, 131: 8262-8270.

[17] A. Pulido, M. Boronat, A. Corma. Theoretical investigation of gold clusters supported on graphene sheets. New Journal of Chemistry, 2011, 35: 2153-2161.

[18] G. Chen, S. J. Li, Y. Su, et al. Improved stability and catalytic properties of Au_{16} cluster supported on graphane. Journal of Physical Chemistry C, 2011, 115: 20168-20174.

[19] H. S. De, S. Krishnamurty, D. Mishra, et al. Finite temperature behavior of gas phase neutral Au_n ($3 \leqslant n \leqslant 10$) clusters: A first principles investigation. Journal of Physical Chemistry C, 2011, 115: 17278-17285.

[20] J. Zhou, W. Li, J. Zhu. Particle swarm optimization computer simulation of Ni clusters. Transactions of Nonferrous Metals Society of China, 2008, 18: 410-415.

[21] L. Zhang, Z. Xia. Mechanisms of oxygen reduction reaction on nitrogen-doped graphene for fuel cells. Journal of Physical Chemistry C, 2011, 115: 11170-11176.

[22] L. Yu, X. Pan, X. Cao, et al. Oxygen reduction reaction mechanism on nitrogen-doped graphene: A density functional theory study. Journal of Catalysis, 2011, 282: 183-190.

[23] Y. Xu, A. V. Ruban, M. Mavrikakis. Adsorption and dissociation of O_2 on Pt—Co and Pt—Fe alloys. Journal of the American Chemical Society, 2004, 126: 4717-4725.

[24] X. Chen, S. Sun, X. Wang, et al. DFT study of polyaniline and metal composites as nonprecious metal catalysts for oxygen reduction in fuel cells. Journal of Physical Chemistry C, 2012, 116: 22737-22742.

[25] X. Chen, F. Li, X. Wang, et al. Density functional theory study of the oxygen reduction reaction on a cobalt-polypyrrole composite catalyst. Journal of Physical Chemistry C, 2012, 116: 12553-12558.

[26] F. A. Uribe, T. A. Zawodzinski. A study of polymer electrolyte fuel cell performance at high voltages. Dependence on cathode catalyst layer composition and on voltage conditioning. Electrochimica Acta, 2002, 47: 3799-3806.

[27] E. J. Lamas, P. B. Balbuena. Adsorbate effects on structure and shape of supported nanoclusters: A molecular dynamics study. The Journal of Physical Chemistry B, 2003, 107: 11682-11689.

[28] E. Yeager. Electrocatalysts for O_2 reduction. Electrochimica Acta, 1984, 29: 1527-1537.

[29] J. K. Nørskov, J. Rossmeisl, A. Logadottir, et al. Origin of the overpotential for oxygen reduction at a fuel-cell cathode. The Journal of Physical Chemistry B, 2004, 108: 17886-17892.

[30] S. R. Calvo, P. B. Balbuena. Density functional theory analysis of reactivity of Pt_xPd_y alloy clusters. Surface Science, 2007, 601: 165-171.

[31] Y. X. Wang, P. B. Balbuena. Ab initio molecular dynamics simulations of the oxygen reduction reaction on a Pt(111) surface in the presence of hydrated hydronium $(H_3O)^+(H_2O)_2$: Direct or series pathway? The Journal of Physical Chemistry B, 2005, 109: 14896-14907.

[32] N. M. Marković, T. J. Schmidt, V. Stamenković, et al. Oxygen reduction reaction on Pt and Pt bimetallic surfaces: A selective review. Fuel Cells, 2001, 1: 105-116.

[33] E. J. Lamas, P. B. Balbuena. Oxygen reduction on $Pd_{0.75}Co_{0.25}$ (111) and $Pt_{0.75}Co_{0.25}$ (111) surfaces: An ab initio comparative study. Journal of Chemical Theory and Computation, 2006, 2: 1388-1394.

[34] R. A. Sidik, A. B. Anderson. Density functional theory study of O_2 electroreduction when bonded to a Pt dual site. Journal of Electroanalytical Chemistry, 2002, 528: 69-76.

[35] M. Tsuda, H. Kasai. Proton transfer to oxygen adsorbed on Pt: How to initiate oxygen reduction reaction. Journal of the Physical Society of Japan, 2007, 76: 024801.

[36] B. Seger, P. V. Kamat. Electrocatalytically active graphene-platinum nanocomposites. Role of 2-D carbon support in PEM fuel cells. Journal of Physical Chemistry C, 2009, 113: 7990-7995.

[37] R. Kou, Y. Shao, D. Wang, et al. Enhanced activity and stability of Pt catalysts on functionalized graphene sheets for electrocatalytic oxygen reduction. Electrochemistry Communications, 2009, 11: 954-957.

[38] C. Xu, X. Wang, J. Zhu. Graphene-metal particle nanocomposites. Journal of Physical Chemistry C, 2008, 112: 19841-19845.

[39] D. H. Lim, J. Wilcox. DFT-based study on oxygen adsorption on defective graphene-supported Pt nanoparticles. Journal of Physical Chemistry C, 2011, 115: 22742-22747.

[40] W. Tang, E. Sanville, G. Henkelman. A grid-based Bader analysis algorithm without lattice bias. Journal of Physics: Condensed Matter, 2009, 21: 084204.

[41] Y. Ma, P. O. Lehtinen, A. S. Foster, et al. Magnetic properties of vacancies in graphene and single-walled carbon nanotubes. New Journal of Physics, 2004, 6: 68.

[42] O. V. Yazyev, L. Helm. Defect-induced magnetism in graphene. Physical Review B, 2007, 75: 125408.

[43] R. Singh, P. Kroll. Magnetism in graphene due to single-atom defects: Dependence on the concentration and packing geometry of defects. Journal of Physics: Condensed Matter, 2009, 21: 196002.

[44] D. H. Lim, A. S. Negreira, J. Wilcox. DFT studies on the interaction of defective graphene-supported Fe and Al nanoparticles. Journal of Physical Chemistry C, 2011, 115: 8961-8970.

[45] N. T. Cuong, A. Fujiwara, T. Mitani, et al. Effects of carbon supports on Pt nanocluster catalyst. Computational Materials Science, 2008, 44: 163-166.

[46] B. Hammer, Y. Morikawa, J. K. Nørskov. CO chemisorption at metal surfaces and overlayers. Physical Review Letters, 1996, 76: 2141.

[47] T. C. Leung, C. L. Kao, W. S. Su, et al. Relationship between surface dipole, work function and charge transfer: Some exceptions to an established rule. Physical Review B, 2003, 68: 195408.

[48] R. R. Adžić, J. X. Wang. Configuration and site of O_2 adsorption on the Pt(111) electrode surface. The Journal of Physical Chemistry B, 1998, 102: 8988-8993.

[49] J. Zhang. PEM fuel cell electrocatalysts and catalyst layers: Fundamentals and applications. London: Springer-Verlag London Ltd, 2008.

[50] M. C. S. Escaño, H. Nakanishi, H. Kasai. The role of ferromagnetic substrate in the reactivity of Pt/Fe overlayer: A density functional theory study. Journal of the Physical Society of Japan, 2009, 78: 064603.

[51] M. A. Petersen, S. J. Jenkins, D. A. King. Ridge-bridge adsorption of molecular oxygen on Pt{110} (1 × 2) from first principles. The Journal of Physical Chemistry B, 2006, 110: 11962-11970.

[52] P. B. Balbuena, D. Altomare, L. Agapito, et al. Theoretical analysis of oxygen adsorption on Pt-based clusters alloyed with Co, Ni, or Cr embedded in a Pt matrix. The Journal of Physical Chemistry B, 2003, 107: 13671-13680.

[53] V. Tripković, E. Skúlason, S. Siahrostami, et al. The oxygen reduction reaction mechanism on Pt(111) from density functional theory calculations. Electrochimica Acta, 2010, 55: 7975-7981.

[54] J. Friedel. Matellic alloys. Nuovo Cimento, 1958, 7: 287-311.

[55] H. Liu, C. Song, L. Zhang, et al. A review of anode catalysis in the direct methanol fuel cell. Journal of Power Sources, 2006, 155: 95-110.

[56] S. I. Pyun, C. K. Rhee. An investigation of fractal characteristics of mesoporous

carbon electrodes with various pore structures. Electrochimica Acta, 2004, 49: 4171-4180.

[57] G. Che, B. B. Lakshmi, C. R. Martin, et al. Metal-nanocluster-filled carbon nanotubes: catalytic properties and possible applications in electrochemical energy storage and production. Langmuir, 1999, 15: 750-758.

[58] T. Matsumoto, T. Komatsu, K. Arai, et al. Reduction of Pt usage in fuel cell electrocatalysts with carbon nanotube electrodes. Chemical communications, 2004: 840-841.

[59] W. Li, C. Liang, W. Zhou, et al. Homogeneous and controllable Pt particles deposited on multi-wall carbon nanotubes as cathode catalyst for direct methanol fuel cells. Carbon, 2004, 42: 436-439.

[60] T. M. Day, P. R. Unwin, N. R. Wilson, et al. Electrochemical templating of metal nanoparticles and nanowires on single-walled carbon nanotube networks. Journal of the American Chemical Society, 2005, 127: 10639-10647.

[61] Z. Liu, X. Lin, J. Y. Lee, et al. Preparation and characterization of platinum-based electrocatalysts on multiwalled carbon nanotubes for proton exchange membrane fuel cells. Langmuir, 2002, 18: 4054-4060.

[62] C. H. Wang, H. Y. Du, Y. T. Tsai, et al. High performance of low electrocatalysts loading on CNT directly grown on carbon cloth for DMFC. Journal of Power Sources, 2007, 171: 55-62.

[63] P. V. Dudin, P. R. Unwin, J. V. Macpherson. Electrochemical nucleation and growth of gold nanoparticles on single-walled carbon nanotubes: New mechanistic insights. Journal of Physical Chemistry C, 2010, 114: 13241-13248.

[64] V. Baglio, A. Di Blasi, C. D'Urso, et al. Development of Pt and Pt-Fe catalysts supported on multiwalled carbon nanotubes for oxygen reduction in direct methanol fuel cells. Journal of The Electrochemical Society, 2008, 155: B829-B833.

[65] L. Gan, R. Lv, H. Du, et al. High loading of Pt-Ru nanocatalysts by pentagon defects introduced in a bamboo-shaped carbon nanotube support for high performance anode of direct methanol fuel cells. Electrochemistry Communications, 2009, 11: 355-358.

[66] E. Antolini. Platinum-based ternary catalysts for low temperature fuel cells: Part II. Electrochemical properties. Applied Catalysis B: Environmental, 2007, 74: 337-350.

[67] S. Park, Y. Shao, R. Kou, et al. Polarization losses under accelerated stress test using multiwalled carbon nanotube supported Pt catalyst in PEM fuel cells. Journal of The Electrochemical Society, 2011, 158: B297-B302.

[68] R. Ryoo, S. H. Joo, S. Jun. Synthesis of highly ordered carbon molecular sieves via template-mediated structural transformation. The Journal of Physical Chemistry B, 1999, 103: 7743-7746.

[69] R. Ryoo, S. H. Joo, M. Kruk, et al. Ordered mesoporous carbons. Advanced Materials, 2001, 13: 677-681.

[70] J. Ding, K. Y. Chan, J. Ren, et al. Platinum and platinum-ruthenium nanoparticles

supported on ordered mesoporous carbon and their electrocatalytic performance for fuel cell reactions. Electrochimica Acta, 2005, 50: 3131-3141.

[71] F. Su, J. Zeng, X. Bao, et al. Preparation and characterization of highly ordered graphitic mesoporous carbon as a Pt catalyst support for direct methanol fuel cells. Chemistry of materials, 2005, 17: 3960-3967.

[72] S. H. Joo, C. Pak, D. J. You, et al. Ordered mesoporous carbons (OMC) as supports of electrocatalysts for direct methanol fuel cells (DMFC): effect of carbon precursors of OMC on DMFC performances. Electrochimica Acta, 2006, 52: 1618-1626.

[73] H. Chang, S. H. Joo, C. Pak. Synthesis and characterization of mesoporous carbon for fuel cell applications. Journal of Materials Chemistry, 2007, 17: 3078-3088.

[74] J. S. Yu, S. Kang, S. B. Yoon, et al. Fabrication of ordered uniform porous carbon networks and their application to a catalyst supporter. Journal of the American Chemical Society, 2002, 124: 9382-9383.

[75] K. S. Novoselov, A. K. Geim, S. V. Morozov, et al. Two-dimensional gas of massless Dirac fermions in graphene. Nature, 2005, 438: 197-200.

[76] S. Liu, J. Wang, J. Zeng, et al. "Green" electrochemical synthesis of Pt/graphene sheet nanocomposite film and its electrocatalytic property. Journal of Power Sources, 2010, 195: 4628-4633.

[77] L. Qu, Y. Liu, J. B. Baek, et al. Nitrogen-doped graphene as efficient metal-free electrocatalyst for oxygen reduction in fuel cells. ACS nano, 2010, 4: 1321-1326.

[78] N. Soin, S. S. Roy, T. H. Lim, et al. Microstructural and electrochemical properties of vertically aligned few layered graphene (FLG) nanoflakes and their application in methanol oxidation. Materials Chemistry and Physics, 2011, 129: 1051-1057.

[79] S. Guo, S. Dong, E. Wang. Three-dimensional Pt-on-Pd bimetallic nanodendrites supported on graphene nanosheet: facile synthesis and used as an advanced nanoelectrocatalyst for methanol oxidation. ACS nano, 2009, 4: 547-555.

[80] S. Scirè, C. Crisafulli, S. Giuffrida, et al. Preparation of ceria and titania supported Pt catalysts through liquid phase photo-deposition. Journal of Molecular Catalysis A: Chemical, 2010, 333: 100-108.

[81] R. Kou, Y. Shao, D. Mei, et al. Stabilization of electrocatalytic metal nanoparticles at metal- metal oxide-graphene triple junction points. Journal of the American Chemical Society, 2011, 133: 2541-2547.

[82] N. Jha, R. I. Jafri, N. Rajalakshmi, et al. Graphene-multi walled carbon nanotube hybrid electrocatalyst support material for direct methanol fuel cell. International Journal of Hydrogen Energy, 2011, 36: 7284-7290.

[83] R. I. Jafri, N. Rajalakshmi, S. Ramaprabhu. Nitrogen doped graphene nanoplatelets as catalyst support for oxygen reduction reaction in proton exchange membrane fuel cell. Journal of Materials Chemistry, 2010, 20: 7114-7117.

[84] S. Maass, F. Finsterwalder, G. Frank, et al. Carbon support oxidation in PEM fuel

cell cathodes. Journal of Power Sources,2008,176:444-451.

[85] H. Chhina,S. Campbell,O. Kesler. Ex situeValuation of tungsten oxide as a catalyst support for PEMFCs. Journal of The Electrochemical Society,2007,154:B533-B539.

[86] A. Lewera,L. Timperman,A. Roguska,et al. Metal-support interactions between nanosized Pt and metal oxides(WO_3 and TiO_2) studied using X-ray photoelectron spectroscopy. Journal of Physical Chemistry C,2011,115:20153-20159.

第10章 结论与展望

由于质子交换膜燃料电池具有高效、高能量密度、零/低排放等特点,被公认为是最有可能在交通运输领域代替内燃机的动力源以及用作移动或固定电源。虽然近年来燃料电池技术发展迅速,但在成本、性能、寿命和氢源等问题上仍需努力。开发催化活性高、价格低的非贵金属催化剂是降低燃料电池成本、提高电池性能的关键因素。同时,对这一科学问题的研究和经验的积累也可延伸到其他相关的领域,如多相催化领域和材料设计领域。因此具有重大的学术价值和科学意义。

本书系统地研究了质子交换膜燃料电池多种阴极催化剂的结构及其催化氧还原反应的机制,并探讨了催化剂载体对催化性能的增强作用。通过掺杂、共掺杂等方式对催化剂进行改性,调控其电子结构或催化机制,可以显著提高氧还原催化性能。总体而言,氧还原催化活性受多方面因素的影响,例如:①几何结构,包括活性中心的局域结构以及活性中心周围的空间环境等;②电子结构,包括HOMO、HOMO-LUMO能隙、偏态密度分布等;③中间体的吸附方式、部位以及反应机理等。

与纯粹的实验研究相比,理论模拟方法能够详细揭示中间体的吸附、过渡态信息以及基元反应的活化能等,能够更好地理解氧还原机理,为发展长寿命、高活性、低成本燃料电池催化剂提供理论参考与依据。DFT计算和理论分析使其可能会成为一种更通用的催化剂设计策略。然而,其仍然面临以下许多挑战。

①由于使用计算氢电极(CHE)模型,非电化学步骤的机理不能直接分析。这使得研究不涉及质子-电子转移的反应(如非电化学反应,或质子和电子转移解耦的基本反应)变得复杂。

②现有的DFT等理论模拟方法,在建模和理论方法的选取时有时过于简化,丢失了很多重要的信息。计算涉及多步电子和质子转移的O_2电催化还原过程还面临诸多挑战。首先由于阴极的氧还原一般是在溶液中进行的,如何有效地模拟电极/界面,例如双电层对整个反应的影响仍然十分困难。其次,现有的考虑溶剂效应的方法通常为采用静态的H_2O分子簇或H_2O分子层,如何

考虑在实际催化环境下的溶剂波动问题仍面临着诸多困难。此外，目前一些研究氧还原的常用方法，诸如吸附能以及吉布斯自由能分析等属于纯热力学方法，并未提供任何关于氧还原动力学方面的信息。纯热力学方法为研究材料的催化活性提供了一个必要但不充分的论据，这对于预测活性趋势和起始电位是有用的，但没有提供更多的细节预测。

就 DFT 而言，LDA/GGA 泛函对过渡态势垒描述存在系统误差，其低估了过渡态的势垒。并且 DFT 计算也存在一定的局限性，但由于所有的点均由同一误差计算而得，计算结果中误差相互抵消隐藏了其局限性，使得 DFT 计算可以获得相对可靠的结果。尽管如此，但仍未达到与实验一一对应的效果。

因此，为了更好地模拟真实环境下的电催化氧还原过程，需要发展更精确的计算方法，如交换-相关泛函，以准确地描述溶剂效应、电子转移活化能、双电层对催化动力学的影响以及催化剂表面与吸附物的相互作用和其他的作用（如范德华力）等问题。相信不久的将来随着计算方法的发展和计算条件的改善，理论模拟方法在电催化领域将会发挥越来越重要的作用。

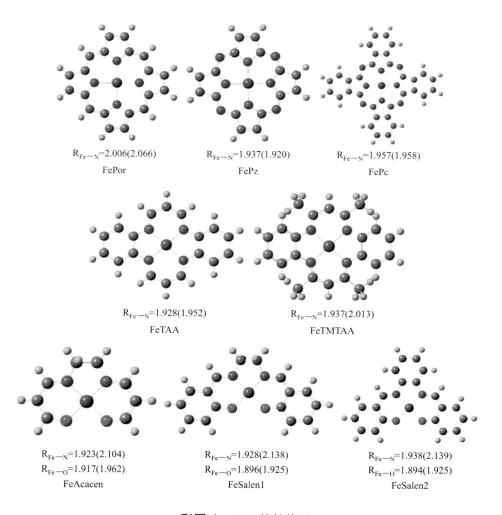

彩图 1 FeX 的结构图

（单位为 Å，栗色球代表 Fe 原子，蓝球代表 N 原子，红球代表 O 原子，墨绿色球代表 C 原子，青绿色球代表 H 原子；R_{Fe-N} 表示 Fe 和与其配位的 N 原子之间的距离，R_{Fe-O} 表示 Fe 和与其配位的 O 原子之间的距离，括号中数字表示原子之间的键长）

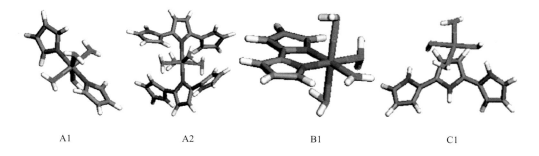

彩图 2 优化得到的可能的活性中心结构

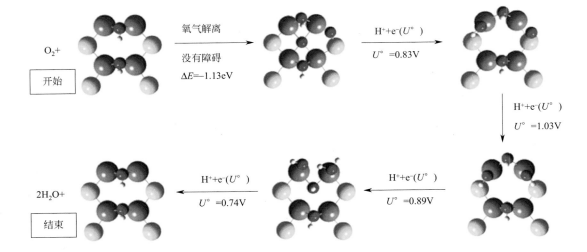

彩图 3 Co_9S_8 催化的 ORR 的可逆电势

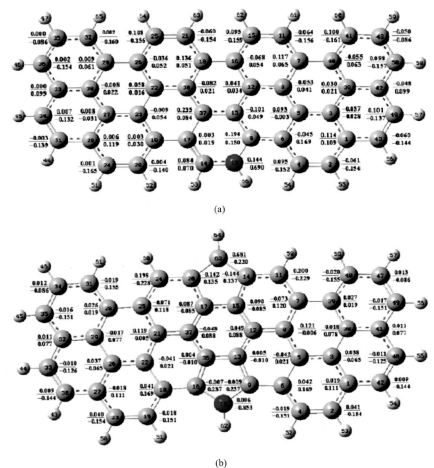

彩图 4

1.921×10⁻⁴ 2.921×10⁻⁴

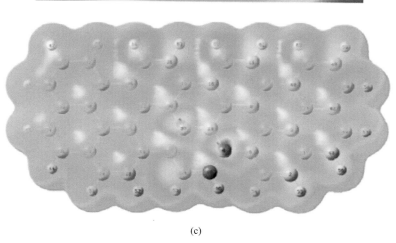

(c)

1.921×10⁻⁴ 2.921×10⁻⁴

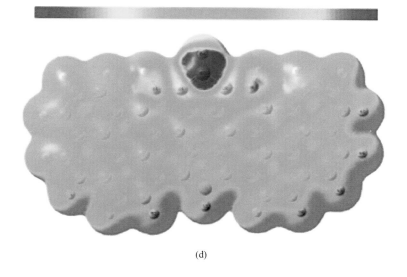

(d)

彩图 4　N 掺杂石墨烯的电荷密度分布和自旋密度分布

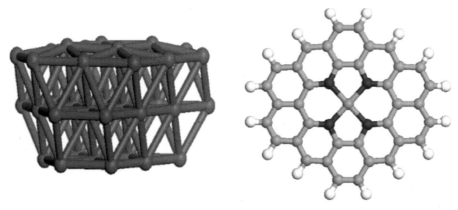

(a) Pt₃₅团簇用于模拟Pt(111)催化剂的结构示意 (b) Fe—N₄/G催化剂的结构示意

彩图 5 Pt(111) 和 Fe—N₄/G 两种催化剂的计算模型

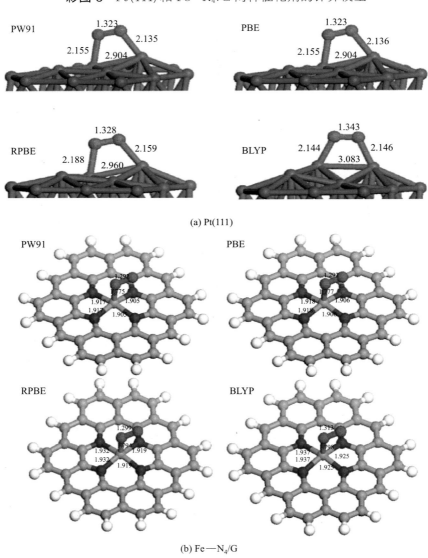

彩图 6 O_2 吸附在 Pt(111) 和 Fe—N₄/G 上的优化构型图

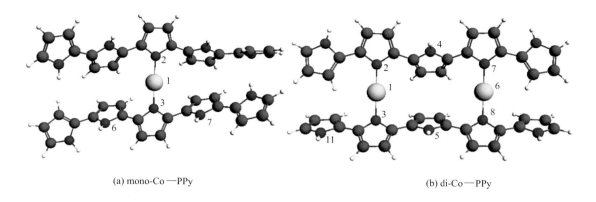

(a) mono-Co—PPy (b) di-Co—PPy

彩图 7　两种 Co—PPy 模型的优化结构图

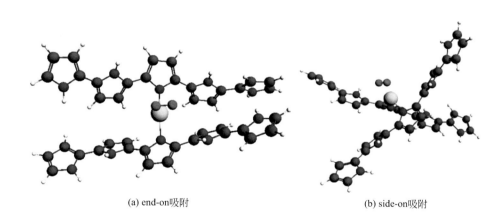

(a) end-on 吸附　(b) side-on 吸附

彩图 8　O_2 分子在 mono-Co—PPy 上分别以 end-on 吸附和 side-on 吸附构型图

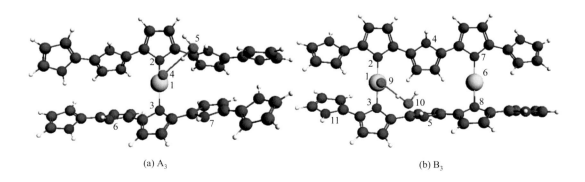

(a) A_3　(b) B_3

彩图 9　状态 A_3 和 B_3 的优化结构图

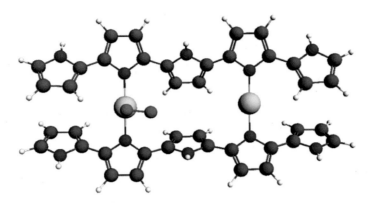

彩图 10 O_2 分子在 di-Co—PPy 上的吸附构型图

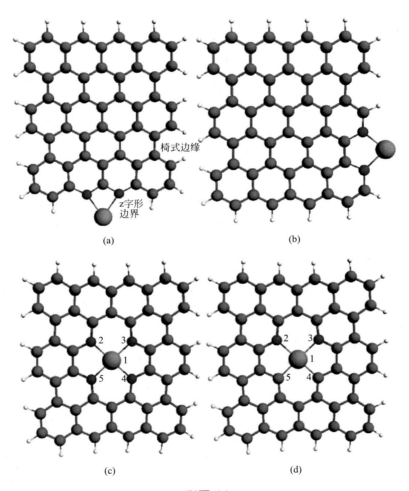

彩图 11

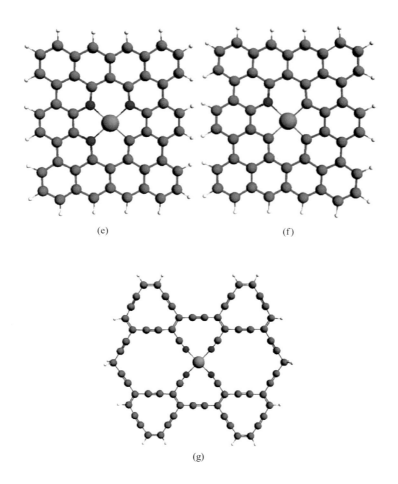

彩图 11 石墨烯和石墨炔结构中不同的 M—N_xC_{4-x} 活性位点

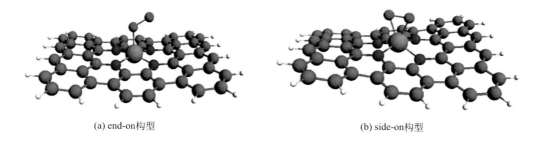

(a) end-on构型　　　　　(b) side-on构型

彩图 12 O_2 分子在 Fe—N_4 的吸附构型图

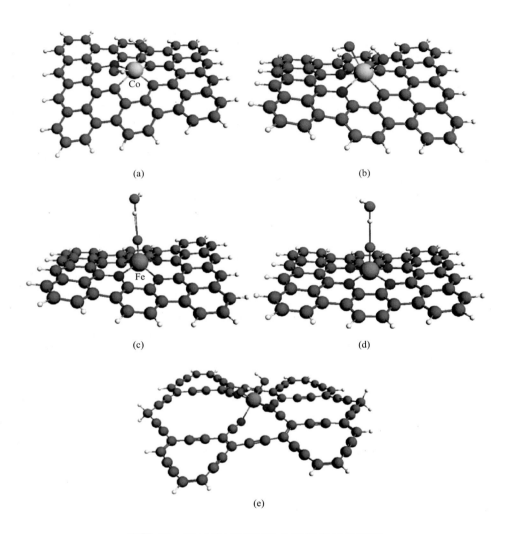

彩图 13 第二步电子转移之后的优化结构图

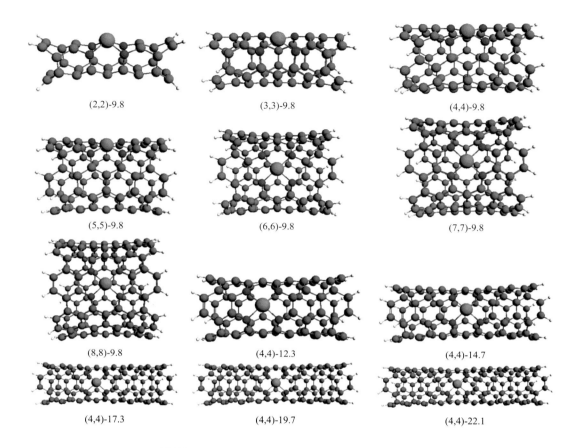

彩图 14 CNTs 中 Fe—N_4 位点优化的构型图

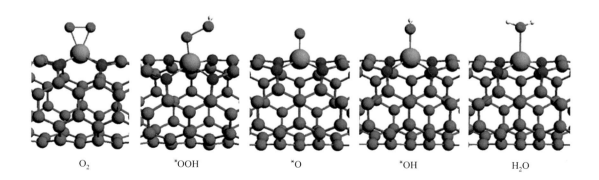

彩图 15 在 Fe—N_4(4,4)-9.8 上各 ORR 物种的吸附构型

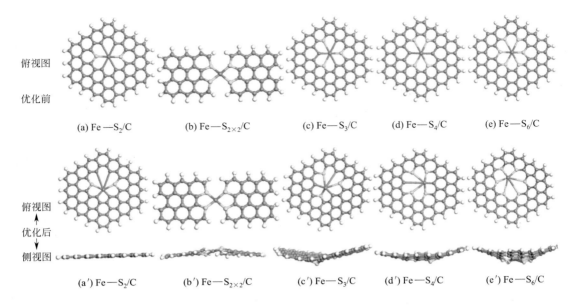

彩图 16 优化前和优化后 Fe—S_2/C、Fe—$S_{2\times2}$/C、Fe—S_3/C、Fe—S_4/C、Fe—S_6/C 的结构图

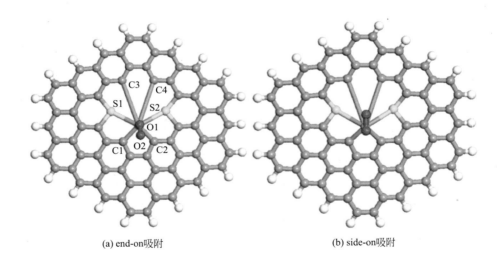

(a) end-on 吸附   (b) side-on 吸附

彩图 17 O_2 分子在 Fe—S_2/C 上两种吸附构型图

(a) 总电子密度等值面   (b) 差分电子密度

彩图 18 O_2 分子在 Fe—S_2/C 上的总电子密度等值面和差分电子密度(侧基式氧气的吸附量为 $0.05e^-/Å^3$)

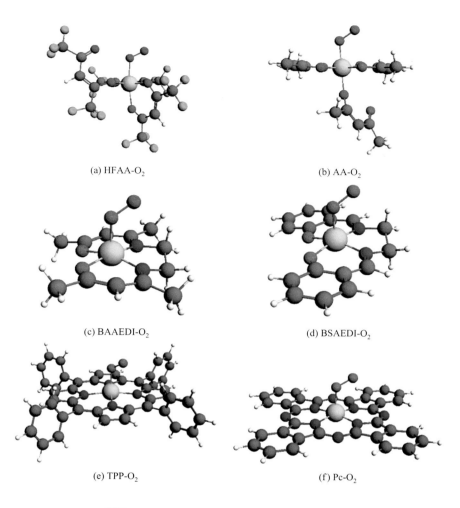

(a) HFAA-O$_2$ (b) AA-O$_2$
(c) BAAEDI-O$_2$ (d) BSAEDI-O$_2$
(e) TPP-O$_2$ (f) Pc-O$_2$

彩图 19 O$_2$ 分子在 Fe 螯合物上的吸附结构

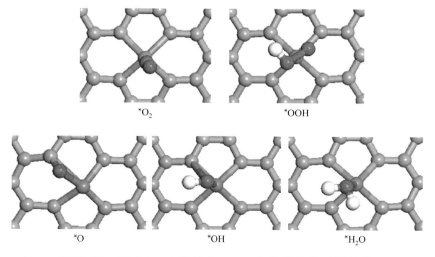

*O$_2$ *OOH
*O *OH *H$_2$O

彩图 20 各 ORR 中间体在 Co-G 上的最稳定吸附结构

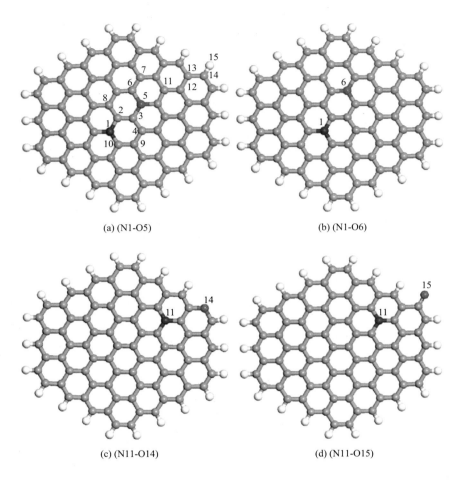

(a) (N1-O5)　　　　　　　　(b) (N1-O6)

(c) (N11-O14)　　　　　　　(d) (N11-O15)

彩图 21 4 种共掺杂结构

（灰色、蓝色、红色和白色的球分别代表 C、N、O 和 H 原子）

(a) O_2 离解

彩图 22

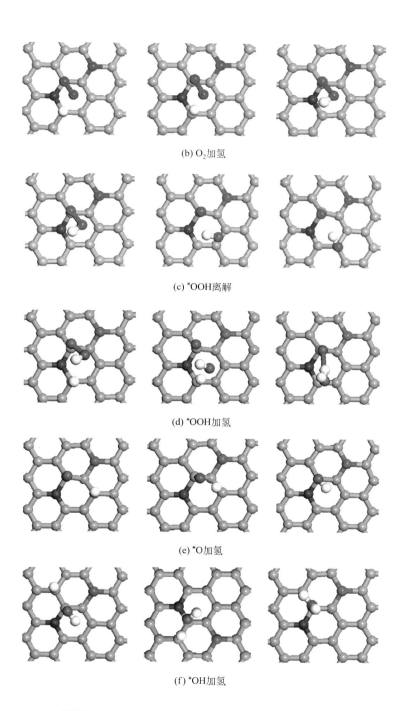

(b) O_2加氢

(c) *OOH离解

(d) *OOH加氢

(e) *O加氢

(f) *OH加氢

彩图 22 N1-O5 上各反应的初始状态（左列）、过渡状态（中间列）和最终状态（右列）的优化结构

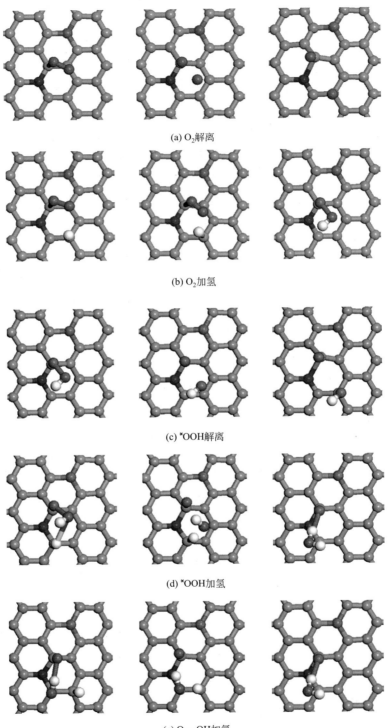

(a) O_2解离

(b) O_2加氢

(c) *OOH解离

(d) *OOH加氢

(e) O—OH加氢

彩图 23

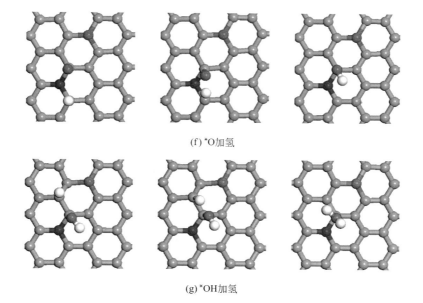

(f) *O加氢

(g) *OH加氢

彩图 23 N1-O6 上各反应的初始状态（左列）、过渡状态（中间列）和最终状态（右列）的优化结构

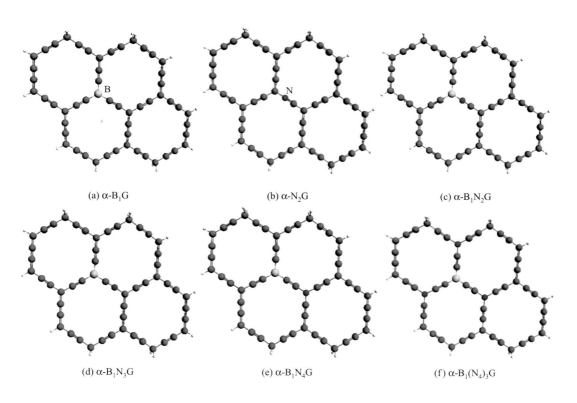

(a) α-B$_1$G (b) α-N$_2$G (c) α-B$_1$N$_2$G

(d) α-B$_1$N$_3$G (e) α-B$_1$N$_4$G (f) α-B$_1$(N$_4$)$_3$G

彩图 24 所研究的各种掺杂部位的优化结构图

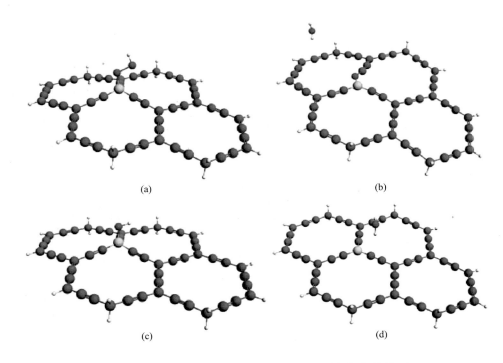

彩图 25 α-B₁G 催化的整个 ORR 过程的优化结构图

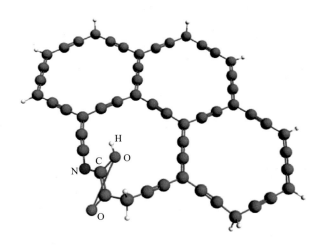

彩图 26 经过第一步电子转移后的产物结构优化图

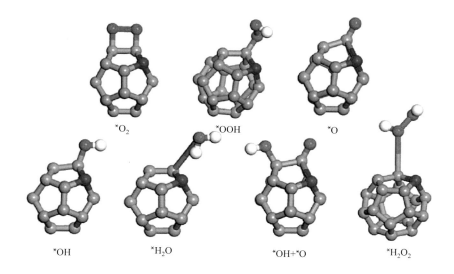

彩图 27 $C_{19}N$ 上所有 ORR 物种的最稳定吸附构型（*代表吸附位点）

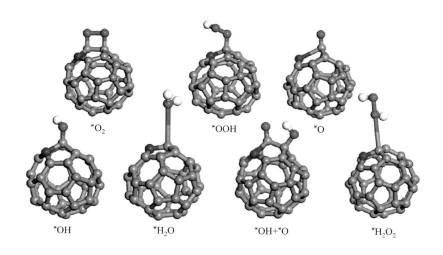

彩图 28 $C_{39}N$ 上所有 ORR 物种的最稳定吸附构型（*代表吸附位点）

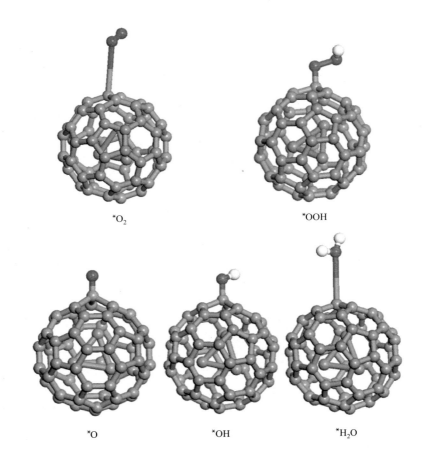

彩图 29　$Fe_3@C_{60}$ 上各 ORR 中间产物的吸附结构图

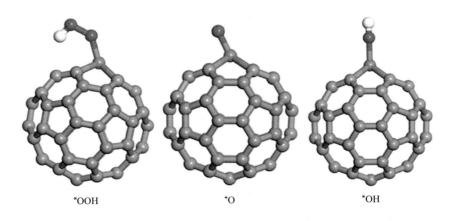

彩图 30　$C_{58}Co$ 上各 ORR 中间产物的吸附构型（*代表吸附位点）

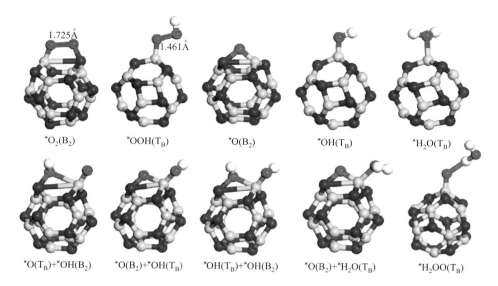

彩图 31 在 $B_{12}N_{12}$ 催化下，参与整个 ORR 过程的一些中间体的吸附构型

（红色球代表氧原子，白色球代表氢原子）

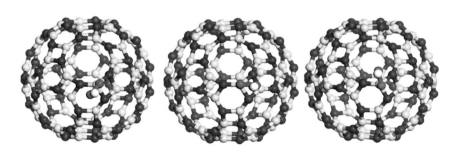

彩图 32 $B_{60}N_{60}$ 上的三种 *OOH 吸附形态

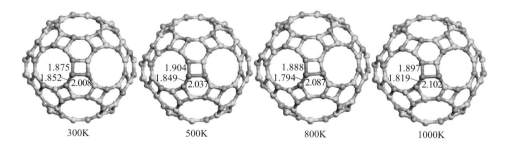

彩图 33 不同温度下分子动力学模拟的最终 $Ni_1Si_{59}C_{60}$ 结构（单位：Å）

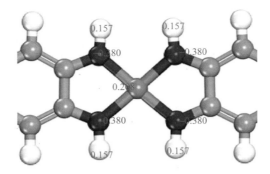

彩图 34 Ni、N 以及 H 原子上的电荷分布情况

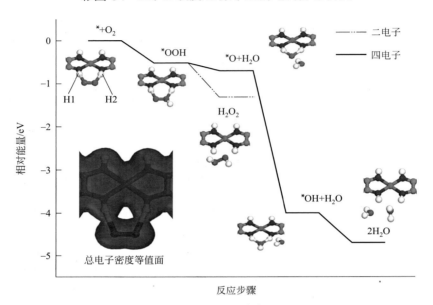

(a) B_{H-H} 位点

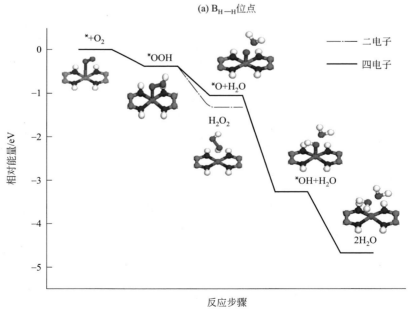

(b) T_{Ni} 位点

彩图 35 氧还原过程中的相对能量变化

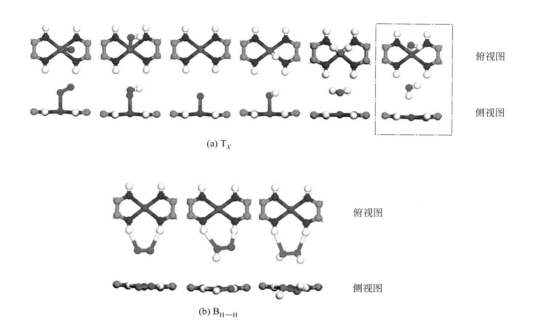

(a) T_X

(b) B_{H-H}

彩图 36 含氧物种在 T_X 与 B_{H-H} 位点上的吸附构型

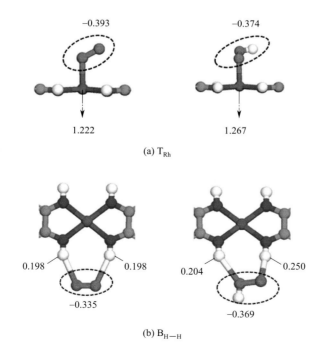

(a) T_{Rh}

(b) B_{H-H}

彩图 37 O_2 与 *OOH 吸附在 $Rh_3(HITP)_2$ 催化剂上之后 Mulliken 电荷的分布

彩图 38 含氧物种在 $Ir_3(HITP)_2$ 与 $Rh_3(HITP)_2$ 的 T_X 上吸附后的电子密度等势面图（等势面的值为 $0.05e/Å^3$）

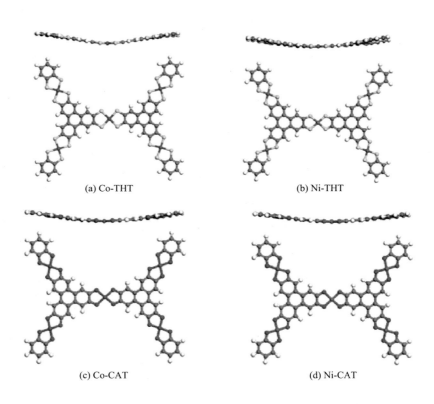

(a) Co-THT　　(b) Ni-THT

(c) Co-CAT　　(d) Ni-CAT

彩图 39 Co-THT、Ni-THT、Co-CAT 以及 Ni-CAT 在 800K 时分子动力学模拟结果

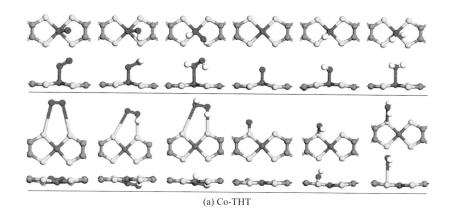

(a) Co-THT

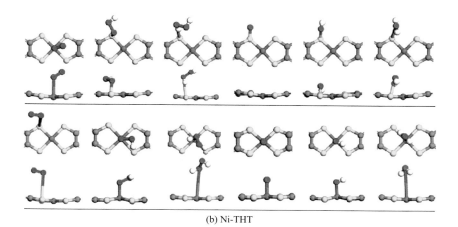

(b) Ni-THT

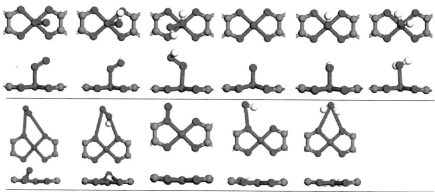

(c) Co-CAT

彩图 40

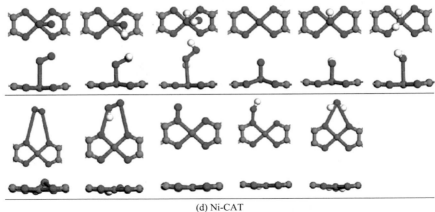

(d) Ni-CAT

彩图 40　含氧物种在 Co-THT、Ni-THT、Co-CAT 以及 Ni-CAT 上的最低能量构型吸附示意

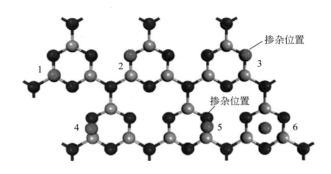

彩图 41　吸附 O_2 的 $g-C_3N_4$、$O/g-C_3N_4$、$S/g-C_3N_4$ 和 $Se/g-C_3N_4$ 模型

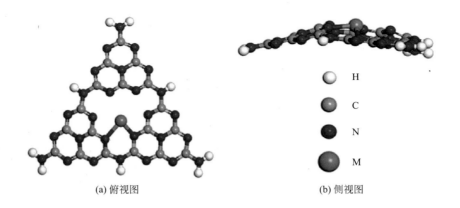

(a) 俯视图　　　　　　(b) 侧视图

彩图 42　$M-C_3N_4$ 结构

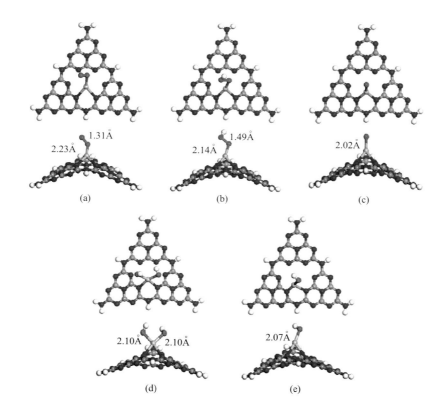

彩图 43 在 Ag-C₃N₄ 上的各种 ORR 物种吸附构型的俯视图和侧视图

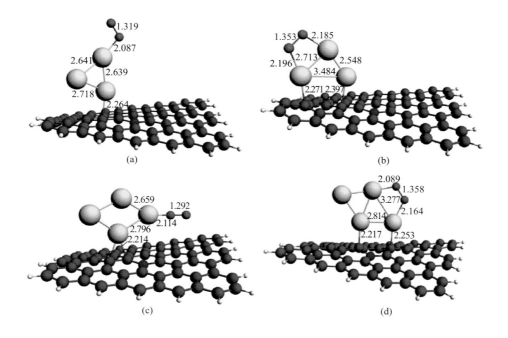

彩图 44 O₂ 分子在 Au$_n$ (n=3、4)/N-graphene 上的吸附构型

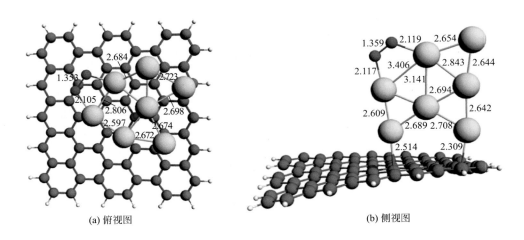

(a) 俯视图　　　　　　　　　　　　(b) 侧视图

彩图 45　O_2 分子在 Au_7/N-graphene 上的吸附构象

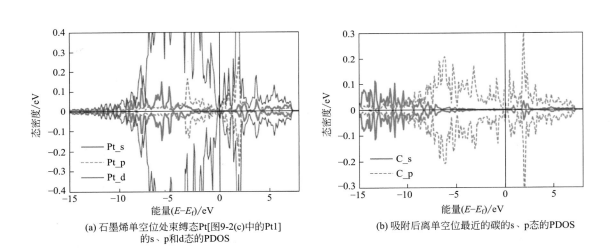

(a) 石墨烯单空位处束缚态Pt[图9-2(c)中的Pt1]　　(b) 吸附后离单空位最近的碳的s、p态的PDOS
的s、p和d态的PDOS

彩图 46　吸附态 Pt [图 9-2(c) 中的 Pt1] 的 s、p、d 态的 PDOS 和离石墨烯单空位位置最近的碳的 s、p 态的 PDOS